U0184584

西方服饰与时尚文化：文艺复兴

A Cultural History of Dress and Fashion
in the Renaissance

［英］伊丽莎白·柯里（Elizabeth Currie） 编
施霁涵　李思达　译

重庆大学出版社

I 西方服饰与时尚文化：古代

玛丽·哈洛 （Mary Harlow） 编

II 西方服饰与时尚文化：中世纪

莎拉-格蕾丝·海勒 （Sarah-Grace Heller） 编

III 西方服饰与时尚文化：文艺复兴

伊丽莎白·柯里 （Elizabeth Currie） 编

IV 西方服饰与时尚文化：启蒙时代

彼得·麦克尼尔 （Peter McNeil） 编

V 西方服饰与时尚文化：帝国时代

丹尼斯·艾米·巴克斯特 （Denise Amy Baxter） 编

VI 西方服饰与时尚文化：现代

亚历山德拉·帕尔默 （Alexandra Palmer） 编

身体、服饰与文化系列

《巴黎时尚界的日本浪潮》
The Japanese Revolution in Paris Fashion

《时尚的艺术与批评：关于川久保玲、缪西亚·普拉达、瑞克·欧文斯……》
Critical Fashion Practice : From Westwood to van Beirendonck

《梦想的装扮：时尚与现代性》
Adorned in Dreams : Fashion and Modernity

《男装革命：当代男性时尚的转变》
Menswear Revolution : The Transformation of Contemporary Men's Fashion

《时尚的启迪：关键理论家导读》
Thinking Through Fashion : A Guide to Key Theorists

《前沿时尚》
Fashion at the Edge : Spectacle, Modernity, and Deathliness

《时尚与服饰研究：质性研究方法导论》
Doing Research in Fashion and Dress : An Introduction to Qualitative Methods

《波烈、迪奥与夏帕瑞丽：时尚、女性主义与现代性》
Poiret, Dior and Schiaparelli : Fashion, Femininity and Modernity

《时尚的格局与变革：走向全新的模式？》
Géopolitique de la mode : vers de nouveaux modèles?

《运动鞋：时尚、性别与亚文化》
Sneakers : Fashion, Gender, and Subculture

《日本时装设计师：三宅一生、山本耀司和川久保玲的作品及影响》
Japanese Fashion Designers : The Work and Influence of Issey Miyake, Yohji Yamamoto and Rei Kawakubo

《面料的隐喻性：关于纺织品的心理学研究》
The Erotic Cloth : Seduction and Fetishism in Textiles

即将出版：
《虎跃：现代性中的时尚》
Tigersprung : Fashion in Modernity

《视觉的织物：绘画中的服饰与褶皱》
Fabric of Vision : Dress and Drapery in Painting

前　言

15 世纪末，一个前往伦敦旅行的意大利人报告说，当时的英国人都喜欢身穿模仿法国时尚的拙劣服装。这句话无异于一种双重的批评，暗示英国人不仅选择抄袭另一个国家的服装，而且最终的结果显然是低人一等的。[1] 几十年后，一本著作《会谈集》（*Colloquies*）里提到，中世纪尼德兰（今荷兰和比利时）著名的人文主义思想家兼神学家德西德里乌斯・伊拉斯谟（Desidrius Erasmus）取笑一个从国外回来的人说，他的着装表明他“从荷兰人变成了法国人”[2]。讨论来自外国的影响对服装和人造成的“污染”，成为欧洲文艺复兴时期的一个主旋律，同时也激发了威廉・哈里森（William Harrison）这位英国神父将“穿紧身衣的狗”与时髦的英国人进行比较的那一番著名的言论。在哈里森的《英国印象》（*Description of England*，1587 年）一书中，英国人的外表被描写为毫不自然甚至缺乏人性，因为他们穿的是“高日尔曼”、土耳其、“摩里斯克”、法国、西班牙和“野蛮人”风格拼凑在一起的服装。[3] 尽管哈里森对不同国家的时尚有着敏锐的感知，而且生活在一个日益由商品联系在一起的世界里，但他仍然认为同胞穿着这样的外来服装是叛徒般的行径，因为这意味着动荡和被征服，同时也是对本地产品的背叛。

15 世纪的印刷革命在传播这种关于服装的文化和政治意义的尖锐观点方面发挥了至关重要的作用。这场革命通过文字和图像确保了时尚的日益传播，还从规定性的文字、礼仪手册、家庭管理手册、旅游账目和节日书籍等不同的角度衍生出很多与服装有关的文本。有关表现、道德、性别、地位和权威的政治在服装上或通过服装体现出来，人们越来越意识到服装的细微差别所具有的含义。在这些来源迥然不同的资料中反复出现的一些问题揭示了不同类型的身份，包括性别、地理和政治身份等，而所有这些都与着装息息相关。围绕时尚的讨论变得更加复杂和迫切，就像服装本身也变得更加复杂——具有更多结构、剪裁、层次、蕾丝、钩扣和固定别针一样。到了 16 世纪，时髦的服装往往需要仔细辨认才能分辨出它们的组成部分，而这种视角也跟当时的评论家用科学和医学论文中的术语谈论穿着衣服的身体并逐一剖析它们的组成部分如出一辙，因为在科学和医学论文中，身体本身也通常被视为是“组合在一起”的[4]。

文艺复兴时期的许多文化形式都透过服装探讨了思考世界的新方式，以及作为人类到底意味着什么。也有一些文化形式受到了从 15 世纪后半期开始由葡萄牙和西班牙探险家主导开创的探索航行的影响，西班牙探险家先是到了非洲西海岸，然后到了印度群岛，后来又到了美洲。在 16 世纪下半叶流行起来的印刷版服装类书籍中，服装是一种组织世界的机制，用于对其他文化进行分类，有时甚至统领其他文化形式。克里斯汀·艾娜·格莱姆斯（Kristen Ina Grimes）分析了服装在绘制全球地图中的作用，指出服装书籍和地图制图之间的相似之处，即两者都依赖于“陌生和熟悉之间的相互作用”。[5]服装和姿态被认为在不同民族的“知识建构”中起着至关重要的作用，这一点在16世纪晚期雅格布·利戈齐（Jacopo Ligozzi）著的一本土耳其人和动物画册（图0.1）中有所体现。[6]欧洲一些作家将美洲土著半裸身体的习俗解释为天真的标志，认为这些习俗远比他们自己那奢华、繁复和改变人身体形状的时尚自然得多。[7]约翰·布尔沃（John Bulwer）在1650年出版的《人体变形记》（*Anthropometamorphosis*）一书中详细阐述了这些观点，而这本书被史蒂芬·格林布拉特（Stephen Greenblatt）称作“最早对服装和身体进行人类

图0.1《被鹦鹉迎往大塞利姆》（*Usher to the Grand Selim with Parrots*），雅格布·利戈齐绘制在皮纸上的油彩和水粉画，大约绘于1580—1585年。Photo by De Agostini/Getty Images.

学解释的作品之一”。[8] 身为一名英国医生的布尔沃则认为，自己这本书是“对自然规律之美和诚实的辩护”，尤其针对被他认为“原始”的塑身方式。出于同样的原因，他还谴责了英国时尚对人体自然状态的否定，以及它对夸张或变形的服装比如甜面包帽的推崇[9]。在这本书的扉页上，一群罪犯正在向大自然的宝座靠拢，而这群罪犯中包括一名英国女子，她的低领紧身胸衣在她背部造成明显的背槽，使她的身体显得畸形（图 0.2）。

服装与那个时期的所有重大历史辩题都是相关的，而这也反映在服装研究的跨学科性质上。其中起到关键作用的是服装的研究人员和从业者，包括戏剧和历史服装的制作者、管理员和策展人等，因为他们把服装和纺织品视为“历

图 0.2　约翰·布尔沃所著《人体变形记》［伦敦，威廉·亨特（William Hunt）绘制，1653 年，第 2 版］的扉页。Folger Shakespeare Library, Washington DC.

史文档”，突出了以实物为基础的研究。[10] 此外，来自考古学、人类学、经济学、性别与文学研究、艺术史和哲学史等各个领域的学者也越来越多地参与到近代早期服装研究中来，从而产生了非常多样化和潜在互补的研究方法，也让我们幸运地拥有了越来越多的资源来研究这一时期的时尚。现存的档案文件更加详细，一些过去的配饰和服装也保留了下来，尽管它们的范围和数量仍然非常有限。这促进了各种创新的、多学科的研究和问题的产生，而这些研究和问题已经超越了传统上对炫耀性消费和规范行为的关注，转而开始考察代理机构的不同想法及各种社会行为和体验。这些研究和问题在本卷中都进行了讨论，同时也揭示了服装在吸收、反映和塑造近代早期跨越不同主题的一系列不断变化的文化实践方面的潜力。这篇引言也对当时的服装系统的一些定义性特征进行了概述，如时尚如何、在哪里、为什么兴盛，以及服装和外观如何与性别和自我的文化建构相交融。这样一来，它既强调了目前塑造近代早期服装研究架构的各项议题，同时又为后续章节中将要详细阐述的话题提供了一个框架。

透过服装来感知世界

由于服装能够传递有关穿着者的基本信息如社会地位、性别和政治信仰等，因此服装作为一种具有确定性的控制机制，在欧洲整个文艺复兴时期都是根深蒂固的。也就是说，服装有将人们维持在各自的社会地位上的潜力。它可以将个体绑定到一个精心构建的等级体系中，定义他们与周围人的互动方式。由于大多数近代早期社会非常重视地位和家谱，因此服饰是一个重要的试金石。彼得・斯塔利巴阿斯（Peter Stallybrass）和安・罗莎琳德・琼斯（Ann

Rosalind Jones）就曾把文艺复兴时期的服装描述为“名字的携带者”。我们也可以看到，社会地位高的人真的会用衣服来标记自己，譬如玛丽亚·波提纳里（Maria Portinari）的尖头埃宁帽上就用珍珠镶嵌出她和她丈夫姓名的首字母（图 0.3）[11]。衣服可以将纹章的颜色或装饰与家族的器具和象征结合起来。最富有的阶层可以负担起非常昂贵的定制纺织品，并且经常将其用于公开的政治目的。例如，来自米兰的斯福尔扎（Sforza）家族的卢多维科·莫罗（Ludovico il Moro）穿着一件带有一系列设计的斗篷，反映出他作为统治者的地位，而他的妻子比阿特丽丝·德埃斯特（Beatrice d' Este）拥有一件绣有热那港口灯塔图案的连衣裙，那个地方前不久刚回到米兰的统治之下。[12]1599 年，奥地利玛格丽特女大公（Margaret of Austria）的结婚礼服上绣有字母组

图 0.3 《波提纳里祭坛画》（*Portinari Altarpiece*）的细节，雨果·凡·德·古斯（Hugo van der Goes）作于 1480—1483 年，布面油画。Photo by DeAgostini/Getty Images.

合图案以及卡斯蒂利亚 - 莱昂自治区（Castile-León）和哈布斯堡王朝（House of Habsburg）的盾形纹章，以纪念她与西班牙国王费利佩三世（Philip Ⅲ of Spain）的王朝联姻。[13]

这本书里涵盖的两个世纪正好与“大立法禁止奢侈的时代”重合，而那时，那些旨在加强秩序的法律法规，例如规定谁在什么时候应该穿什么衣服，在英国、法国、西班牙和意大利这样的国家最为盛行[14]。尽管这类立法的无效性已经被多次论述，并且它们所做限制并不总会渗透到实际的着装实践中，但是它们提供了一些体现服装的优先级是如何随时间、场所变化的重要指标。[15]纵览一份意大利法律，可以看到政府的类型与法律制定的重点之间并没有明确的相关性。共和政体在其目的上并不比法院更民主，而这表明立法的政治意义小于它的道德或重商主义意图。[16]法律主要侧重于保护和调节经济、社会的结构和性别角色。查理五世（Charles Ⅴ）[1]在1534年出台的一部法律就非常典型地强调了对浪费的长期担忧，并试图取缔用最昂贵的面料制成的衣服和配饰，如锦缎或金银线织成的丝绸等[17]。1580年，伊丽莎白一世（Elizabeth Ⅰ）治下的一条法律也谴责“低级阶层当中……过度繁复的服饰”。[18]正如安·罗莎琳德·琼斯（Ann Rosalind Jones）在本书第五章“性别和性”中所论述的那样，女性并不是亨利八世（Henry Ⅷ）颁布的节俭法案所针对的目标。因为在当时的人们看来，英国女性的外表已经被男性亲属充分控制住了，只不过在其他大多数国家里女性的着装仍然受到相当大的关注。立法只是一种试图加强可渗透的性别界限和监管性行为的方式，琼斯对此也进行了描述：法律常常试图区

[1] 查理五世（1500—1558年）：即西班牙国王查理一世，1519年战胜法国国王弗朗索瓦一世，加冕为神圣罗马帝国皇帝，称查理五世（1519—1556年），1556年退位。——译注

分表象上的“好女人”和“坏女人”，比如使用黄色面纱这样的配饰来对妓女进行公开标记；再如对女性结婚前几年和后几年的着装进行严格的规定，因为届时那些年轻女性要么没有丈夫，要么还没有孩子，而这种着装上的限制能够让异性打消追求她们的念头。[19]

节制消费的规定反映了一种仍然深深植根于礼仪观念的服装制度，而人们的穿着也需要符合身份和礼仪的要求。正如本书内容所证明的那样，具体的文化背景也影响了这些排序原则。在第七章“民族”中，作者埃米古尔·卡拉巴（Emingul Karababa）对那些奥斯曼帝国的旅行者——例如德国的汉斯·德恩施瓦姆（Hans Dernschwam）和斯特凡·格拉赫（Stephan Gerlach）等——如何利用自己国家的知识体系来对他们所看到的新服装种类进行分类展开了分析。只要遇到完全不熟悉的衣服或配饰，他们就会努力去探究穿着它们的社会群体。此外，在本书第四章“信仰”中，作者科迪莉亚·沃尔（Cordelia Warr）也探讨了服装、信仰、权威和道德礼仪之间的关系。从教会的法衣和宗教秩序的习惯到世俗人的服饰礼仪，她举例说明了宗教变革的特征有多少争议反映在外表上。在英国，服装的视觉等级制度被用来支持君主制这一概念，节制消费的立法也被用来代表君主的至高无上，作为君主辉煌成就的象征，君主的最富有或最有权势的臣民都无法与之比肩。[20] 在 17 世纪的荷兰共和国，服装的社会内涵甚至可以与新的家庭生活文化联系起来。例如，艾米莉·戈登克（Emilie Gordenker）的论述就表明，当时荷兰人在家中宽衣解带的程度根据家庭建筑的格局而定，因为对于拥有的特权越多、可以深入家宅的重要客人，主人的接待服装就愈加随意。[21]

有人曾经认为，这些礼仪形式是时尚的障碍，而这两种驱动力之间不断演化的动态平衡则标志着服装从前现代性向现代性的转变。[22] 当然，许多文艺复兴时期的评论家也认为，有一套明确规则的传统服装形式是由理性引导的，而不是像新时尚那样由欲望所掌控。人们经常对时尚提出道德上的批评，认为它是公序良俗和良好判断力的敌人，加剧了事物自然平衡的瓦解。在荷兰，改革派大臣威廉·提林克（Willem Teellinck，1579—1629 年）曾告诫人们不要穿新奇的衣服，因为“当一种时尚仅仅是新奇和不同寻常的时候，它就违背了基督教教义……这些新时尚就像害虫一样在人们中间传播，感染了许多人”[23]。时尚和虚空派劝世静物画的可怕融合构成了画家阿德里安·范·德·维恩(Adriaen van de Venne)创作的一幅版画的主题(图 0.4)。在这个场景中，一对穿着时髦的夫妇正在打板球，而一具骷髅从幕布后浮现出来，出现在背景

图0.4 《为了每个人自己的消遣》(*Elck Sijn Tijt-Verdrijff*)，阿德里安·范·德·维恩，创作于 17 世纪的红色粉笔和水彩画。The Metropolitan Museum of Art, New York.

里，它的头骨欢快地歪向一边，好像正随着空中飞来飞去的羽毛球而转来转去。此外，画家还细致入微地刻画了这个家庭里的最新时尚，如地板上散落的烟斗、扑克牌和酒杯等寻欢作乐的物品，它们凸显了这家人的闲情逸致。

可以说，文艺复兴时期，人们在保持衣服信息的易读性及其身份标识能力上的坚定信念是独一无二的，而这种信念同时也包含了人们对这一制度可能崩溃的强烈恐惧。[24] 鉴于服装为有效的社会交流提供的基础性作用，颠覆这一基本规则的新着装方式遭到了尖锐的批评。这个问题在 16 世纪的许多著作中都有所体现，如特凡诺 · 瓜佐（Stefano Guazzo）所著的《公民对话》（*La Civil Conversazione*，1574 年）一书："……你可以看到，农民在穿着上竞相向工匠靠拢，工匠竞相向商人靠拢，商人竞相向贵族靠拢。所以一旦一个杂货商开始穿着贵族的衣服、手持贵族的宝剑，你就无法（通过外表）判断他的身份，直到你看到他在他的商店里卖商品。"[25]

1596 年，英国诗人和剧作家托马斯 · 洛奇（Thomas Lodge）撰写的一本说教小册子《智慧的不幸和世界的疯狂》（*Wits Miserie and the World' s, Madnesse*）里也详细阐述了类似的话题："过去满足于粗布罩衫的农夫，现在必须拥有一件宽大的剪裁时髦上衣和用上好丝绸制作的吊带袜，才能在周日去见他的妹妹；过去有黄褐色粗布外套和充绒袖子就满足的农场主，现在却不得不在复活节卖掉一头牛，从而为自己购买的丝绸披肩买单。"[26] 和许多这样的指责一样，尽管其目的是描绘一幅时尚正在广泛传播的画面，但其同时也揭示出，社会下层群体对穿着仍有明确的期望，无论是在颜色还是面料方面。

时尚和人口流动

作为一种随时间而变化的服装形式，时尚的起源可以追溯到文艺复兴之前的几个世纪。然而在16世纪，尤为明显的现象是时尚的加速变化，以及人们对新事物的兴奋或渴望。1590年，塞萨尔·维塞利奥（Cesare Vecellio）在描述自己努力跟上女性服饰新形式的过程时，将其与月亮的盈亏作了比较，强调女性本性里潜在的不稳定性。维塞利奥悲叹道："因为女性的衣服变化太快，而且比月亮的形状更多变，所以不可能把所有关于她们的东西都用一种描述加以概括。而我所关心的是，当我描述一件衣服的时候，它会'变'成另外一件，以至于我不能公平地对待所有的人。"[27]17世纪早期，观察家们越来越多地注意到特定时间范围内的这些变化，并且它们传递着一种时尚的"更替"感。一位住在伦敦的安特卫普商人写道："英国人穿着优雅、轻便、昂贵的服装，但他们非常反复无常，渴望新鲜事物，他们的时尚每年都在变化，无论男女。"[28]

欧洲法院权力和影响力的增长也促进了时尚的发展势头上涨。在本书第三章"身体"中，作者伊莎贝尔·帕雷西（Isabelle Paresys）将改良和夸大人体形态的时尚——包括收腹紧身上衣、侧翻领和裙撑"法勤盖尔（farthingales）"等——与在宫廷中日益推广的区分文化和身体控制联系了起来。这样的风格塑造了体态，以强化那些后来被视为文明表现的姿态和仪态。此外，廷臣们还通过人员、思想和商品的流通，加速了时尚赖以兴盛的流动性形式变化。奥地利的埃莉奥诺拉·迪·托莱多和安妮等女性常常被认为是引领时尚潮流变化的人物，因为她们的婚姻经常要求她们带着随行人员和本国习俗迁移到其他国家。[29]维塞利奥在描述一幅版画《佛罗伦萨和伦巴第的女性服饰》

(*Women' s Clothing worn in Florence and Lombardy*)时也提到了这一现象，并解释说这种服饰最初并不是来自佛罗伦萨，而是由大公爵夫人的侍女或大公爵侍臣的妻子们引入的[30]。

一款被称为"法国头巾"的头饰的演变说明了女性之间的联盟和社交网络是如何在某种特定风格的流行中扮演关键角色的：这款头饰绘在女性统治者的头像上，比如绘于15世纪90年代早期的奥地利的玛格丽特女大公的肖像，或者绘于约1508年的布列塔尼的安妮公主（Anne of Brittany）肖像（图0.5），以及16世纪50年代的玛丽一世（Mary I）和凯瑟琳·德·美第奇

图0.5 让·布尔迪肯（Jean Bourdichon）绘制，插图描绘了诗人让·马罗（Jean Marot）将他的作品《去往热那亚的旅程》（*Le Voyage de Gênes*）交给布列塔尼的安妮公主，图尔斯约作于1508年。Bibliotheque nationale de France，Paris. MS Fr.5091. Photo：SuperStock/Getty Images.

（Catherine de’Medici）肖像。当然，女性也可以让某种时尚变得不再受欢迎：当安妮·巴塞特（Anne Bassett）从法国回来做英国王后简·西摩（Jane Seymour）的侍女时，王后就命令她脱掉了所有的法国服装。[31] 此外，宫廷的信件往来也告诉我们时尚是多么容易跨越地域界限，比如费德里科·贡扎加（Federico Gonzaga）[2] 就曾在1515年写信给他的母亲伊莎贝拉·德·埃斯特（Isabella d’Este），为的是向后者传递法国国王弗朗索瓦一世（François Ⅰ）的一个请求，即索要一个穿着伊莎贝拉最喜欢的衣服的时装娃娃，以便他宫廷里的女士能够对这些衣服进行仿制。[32] 安妮·巴塞特的母亲里斯尔夫人（Lady Honor Lisle）和她的仆人约翰·休瑟（John Husee）的几封往来信件也详细描述了前者认识的英国贵妇给她寄到加莱的一些织物和衣服，以便她在产褥期也能够保持时髦。[33] 在托马斯·米德尔顿（Thomas Middleton）写的戏剧《为平静的生活而做任何事》（*Anything for a Quiet Life*，1621年）中，作者通过克雷辛厄姆夫人一角对紧跟最新时尚的渴望心态予以了讽刺。剧中克雷辛厄姆夫人轻蔑地对绸缎商人沃尔特·坎姆特说：“我丈夫向你买的那些贵重的东西，品相（设计）太普通了。我另外请了一位荷兰画家来画一些图案。等他画好以后，我会把图案送到你们那里去，比如意大利的佛罗伦萨和拉古萨，也就是出产这些面料的地方，请工人按照我发过来的新样式另外做一些布料给我。哪怕我只能再活一年，我也会让我在巴黎、威尼斯和西班牙的瓦拉多里德的代理人替我打听各种时尚潮流的最新消息。”[34]

尽管剧作家鼓励我们嘲笑克雷辛厄姆夫人的做作，但这也不吝为一篇对

[2] 即费德里科二世·贡扎，1519年4月3日被加冕为曼图亚侯爵。——译注

17 世纪早期服装领域里存在的创新欲望的传神描述。此外，它还传达出一种时尚世界正在缩小的感觉，即一个英国贵族可以让远在法国、西班牙、荷兰、意大利和西西里岛的服装买手和制造商都为其工作。

除了宫廷贵族之外，城市的发展也进一步强化了服饰的文化内涵。凯伦·纽曼（Karen Newman）在对早期的现代伦敦和巴黎的研究中，提出时尚是一个“差异本身的指征”，并将 16 世纪晚期时尚在英国社会里的崛起和“人口结构的转变、受教育机会的扩大、国家官僚机构的发展，通过扩大国内外贸易而形成的资本积累”等因素联系了起来。[35] 到了 1500 年，德国、法国、意大利、英国、西班牙和荷兰等共 109 个城市的居民都达到了 1 万名以上[36]，而其中最大的城市就是伦敦，其人口在 1550—1650 年从 8 万多增长到 40 多万。[37] 许多因素促成了佛罗伦萨、里昂、马德里、布鲁日和伦敦等城市的突出地位，如贸易网络、地理位置和靠近生产中心的距离等，但从某种程度上来说，它们也是一个日益国际化的市场上的竞争对手，这些城市能否大获成功还远不能确定，例如 17 世纪早期对法国风潮的推崇就对阿姆斯特丹本土的产品产生了负面影响[38]。这些中心城市是“时尚之都”现象的早期例子，也被认为是 17 世纪晚期以后的时尚历史的关键点。由于他们在制造方面的优势和塑造品味的能力，这些中心城市的影响力非常大，以至于将时尚定位于“塑造城市秩序的关键文化和经济进程的交叉点”已经成为一种惯例。[39]

伊拉斯谟（Erasmus）在关于旅馆的一本会话录里声称，城镇居民更加具有世俗的智慧，因为他们与时尚有着更亲密的接触。此外，他还特意对比了巴黎、罗马和威尼斯这样的城市和德国的小旅馆：在前者，“没有什么能引起人们的惊讶”；而在后者，“如果人们看到一个外国人，只要他的衣服和别人有点不一样，那么人们都会目不转睛地盯着他看，仿佛他是某个从非洲进口的新物种”。[40] 城市聚集了服装工业的主要参与者——消费者、商人和工匠等——从而让人们更容易获得新款服装。服装放大了人与人的差异，但也让这种差异性更容易被复制，进而培养出一种竞争精神。这种城市生活的“大熔炉”现象在一本名为《威尼斯人的生活方式》(*Habiti D' huomeni et Donne Venetiane*，1609 年）的服饰书的一幅版画［由贾科莫 · 弗兰克（Giacomo Franco）绘制］中也有所体现（图 0.6)。画中前景描绘的是来自希腊、法国、西班牙、土耳其和英国的男人，而画中的情色、狂欢气氛则通过 C 位女主角的表演突出体现出来，画中还有一位戴着面具，仔细打量她并在她身边高举着

图 0.6　贾科莫 · 弗兰克创作的《威尼斯人的生活方式》里的图画（威尼斯，1609 年）。Folger Shakespeare Library, Washington DC.

一条蛇的老人。最后，一群穿着迥异的外国人更加强化了整个场景里暗流涌动下的欲望和僭越情绪。

随着城市中心的发展，商店开始兴起，并逐渐取代集市和市场，成为人们购买某些商品（包括服装和缝纫用品）的首选场所。近几十年来，基于学术界对消费的兴趣，已经形成了一幅日益发达的购物文化图景，其通常涵盖的远不止简单的金融交易。买衣服并不总是一件愉快的事情，正如玛莎·C. 豪威尔（Martha C. Howell）指出的那样："商品的数量和品种越多，人们的选择就越多；而选择越多，人们就会开始对自己的选择水平感到焦虑。"遍布纺织品的城市街道也吸引了许多游客，比如1645年造访威尼斯的约翰·伊夫林（John Evelyn）就曾这样写道："因此，我走过了麦切瑞亚河（Merceria）。这条河是世界上最甜美的河段之一，因为它风景秀丽，而且河道两边都散布金色的织物、华丽的锦缎和其他丝绸品种……它们的样式是如此多变，以至于我在这个城市待了快半年，都不记得看过两块相同样式的布料。"[42]

早在15世纪，服装和其他纺织品的销售商就已经在意大利的不同城市中聚集，这不仅提高了他们的知名度，也促进了工坊之间的合作。法布里奇奥·讷瓦拉（Fabrizio Nevola）的研究表明，意大利锡耶纳市里那些提供丝绸、羊毛料和皮草等奢侈品的商店均位于该市最著名和最热闹的区域［如坎波和罗马路（Strada Romana）］，因为"众所周知，行会和贸易是使城市富裕、热闹和美丽的关键"。[43]只不过，英国与意大利的明显不同之处在于，尽管到了16世纪晚期英国大部分地区的小镇上都有商店，但伦敦仍然是时尚消费者的最终目的地，而1568年建成的皇家交易所（Royal Exchange）更是巩固了伦敦的这一地位。英国上流阶层的成员——如17世纪早期专程从诺福克海岸

（Norfolk）的亨斯坦顿（Hunstanton）远道而来购买伦敦最新商品的勒·斯特兰奇家族（Le Stranges）——都表现出这种被认为有损农村经济的消费偏好。1616 年，英国国王詹姆斯一世（James Ⅰ）在议会的一次演讲中公开反对这一消费习惯，但同时也对当时流行的一种观点予以认同，那个观点就是“最新的时尚只在伦敦才有”。

对城镇和城市居民体验的关注也使人们对时尚向着不那么富裕的社会群体传播有了更深入的了解。[46] 着装成为社会和文化变迁的常见隐喻，而且常常勾起人们与这些变迁相关的恐惧，因此也为各行各业的人们所熟悉。然而，很难确定更广泛的人群对时装的实际参与程度。在《文艺复兴时期佛罗伦萨的经济分析》（*The Economy of Renaissance Florence*，2009 年）一书中，理查德·戈德斯威特（Richard Goldthwaite）指出，佛罗伦萨的纺织业，其“供应内部市场的生产发展到产生了一些新消费，但并没有引发像 18 世纪的‘消费革命’那样的螺旋式上升”。[47] 类似地，保罗·马拉尼马（Paolo Malanima）也计算出，即使在 17 世纪早期，佛罗伦萨也只有 5%~10% 的人受到衣着变化的影响，而对生活在托斯卡纳大公国（Tuscan Grand）其他更偏远地区的人们来说，这一比例甚至进一步缩小。[48] 直到 17 世纪早期，“la mode”或“alla moda”等表示时尚的现代词汇才开始被广泛使用，而这再次提醒我们，时尚在当时只是一种少数人才有权享受的乐趣。[49]

虽然像遗嘱、遗赠这样的档案记录让我们得出了一些有价值的见解，但要更全面地了解中世纪的普通人的经历，仍然缺乏具有定性价值的证据，尤其是对于 15 世纪的历史来说 [50]。把我们带出精英时尚历史的一些最有意义的研究集中在某些特定类别的商品上，如成衣，而这样的研究就包括琼·特斯克（Joan

Thirsk）那篇颇有影响力的关于英国制袜业的研究论文。[51] 随着 16 世纪服装和配饰种类的不断增加，为一套服装添加一些时尚元素的同时又不产生过于沉重的经济负担逐渐成为可能。[52] 在研究意大利中等或较低档次物品时，人们发现了大量可拆卸的装饰性物品，如袖子、紧身胸衣和小配件。[53] 在 15 世纪的（意大利）帕多瓦，一位绸缎商的女儿卡特琳娜 · 达尔 ' 阿泽尔（Caterina dall'Arzere）的嫁妆里就列举了带锦缎和天鹅绒袖子的羊毛衣服，而一些医生、律师以及包括染工和一名窑工在内的工匠则拥有用蚕丝或金属线织成的物品。[54] 一幅瓦茨拉夫 · 霍拉尔（Wenceslaus Hollar）绘制的版画则展示了仆人的典型着装是如何体现时尚的（图 0.7）。画中这位女仆虽然没有身着宽蕾丝领子、提花丝绸或毛皮手笼——这些是霍拉尔在《英国妇女的多套装扮》（*The Severall Habits of English Women*，1640 年）一书中用来表现当时最

图 0.7　瓦茨拉夫 · 霍拉尔绘制的《英国妇女的多套装扮》（伦敦，1640 年）里的图画。Folger Shakespeare Library, Washington DC.

新时尚的单品，但是她的衣服和帽子上饰有蕾丝花边，她的披肩上也是，另外她的鞋子足够时髦——垫有一副保护性的木套鞋。这些问题将在本书第六章“身份地位”中进行更加深入的探讨。凯瑟琳·理查森通过分析不同阶层人口的消费模式，展示了社会结构是如何通过一系列的家庭、城市和皇室服装来划分的。理查森不仅强调了这些群体之间的鲜明对比，还强调了他们之间的互动和共同的实践活动，尤其是那些中间群体之间的互动和共同实践活动。

服装与身份的形成

在一篇关于 20 世纪服装的文章里，弗雷德·戴维斯（Fred Davis）提到了服装在“矛盾心理管理”中的作用，即可将它与人类其他一些自我表达的方式如身体姿势或面部表情等搭配使用，对社会关系进行梳理和判断。[55] 这似乎是一个与这个时期的关联度也非常高的概念，尤其是在旅行或城市生活可能导致社交网络的流动性增加、遇到陌生人的概率更高的时候。不论是在舞台上还是在现实生活中，因为着装等而导致身份错位的场景比比皆是。黛安·欧文·休斯（Diane Owen Hughes）就讲述了一个方济会修士的故事：这位修士在 1437 年从佛罗伦萨跋涉了将近 200 英里 [3] 来到雷卡纳蒂。在那里，他把广场上的两个基督徒错认成了犹太人。休斯认为这种错误不会发生在像安科纳这样的小镇，因为在安科纳这样的地方，犹太人都会被强制佩戴黄色徽章。这段插曲被用来支持在雷卡纳蒂实施这种标记方式。[56] 这也是服装的指示功能缺

[3] 1 英里 ≈1.61 千米。——译注

失或难以分辨时可能引起身份混淆的一个例子。然而，人们也越来越认识到，这些指示功能是可以被人为操纵的。《廷臣》(*The Book of the Courtier*)[4]一书就对“看见陌生人”或“被陌生人看见”这一仍然矛盾重重的情况提出了进一步的见解，正如书中费德里科·弗雷戈索（Federico Fregoso）向廷臣建议的那样，他“应该自行决定自己以何面目示人，以及如何通过服装让人们认识他，并确保服装尤其能够帮助他被那些原本听不见他说话也看不见他动作的人看到”。[57]

与对服装的操控和转变类似的情况成为本卷第九章——由格里·米利根（Gerry Milligan）撰写的“文学表现”的主题。这一章将文本本身视作一种布料的概念展开讨论，即作者和读者都可以对其进行剪裁和重新制作。米利根借鉴了讨论服饰的各自类型的意大利文学作品，尤其将服饰作为一种塑造身份的手段来考察，从而表明了这种自我意识不仅是《廷臣》里那时髦且优雅的主题的一个特征，而且是一种更广泛现象的表现。巴尔达萨雷·卡斯蒂廖内所倡导的过程就是斯蒂芬·格林布拉特（Stephen Greenblatt）提出的著名的“自我塑造”理论的一个典型例子。[58]虽然彼得·伯克（Peter Burke）注意到在这个时候谈论自身经历和意识是有挑战性的，但是他仍然指出：“人们越来越意识到内在的自我和外在的自我之间的区别。”[59]近几十年来，研究服

[4]《廷臣》：16世纪意大利最知名的著作之一，体现了文艺复兴时期人文主义思想文化的内涵和特征，享誉欧洲，对后来欧洲的思想文化进程产生了独特的影响。该书虚构了发生在1507年间乌尔比诺公爵与其廷臣之间的谈话，谈话的主题是如何成为一名“完美的廷臣”和“完美的宫廷贵妇”；描绘了当时宫廷的生活、历史、文化场景，提出“优雅”和“漫不经心”两个概念是廷臣的基本素质，生动反映了文艺复兴时期宫廷贵胄的思想意识。作者巴尔达萨雷·卡斯蒂廖内（Baldassare Castiglione，1478—1529年），文艺复兴时期意大利诗人，曾服务于宫廷，后成为神职人员。——译注

装的历史学家指出，服装为自我观念的不断变化提供了清晰的证据，包括对人的衣着外表是人内心的简单直接的投射这一概念的更为复杂的解释。然而，这些变化的看法并没有取代人们关于服装的构成性权利及它体现道德品质或属性的能力的信念。正如玛莎·C. 豪威尔描述的那样：“1300 年到 1600 年可能更应该被描述为有一场关于物质力量的激烈竞争的时期，而不是一个将物质作为真实世界的表现而被和平抛弃的时代。”[60] 以维塞利奥为例，在 16 世纪末，他仍然认为穿着是个人性格的标志。[61] 在《英格兰的名人》（*The Worthies of England*，1622 年）一书中，托马斯·富勒（Thomas Fuller）对英国大使罗伯特·雪莉爵士进行了一段引人入胜的描述，在这段描述中，他将人、国家和衣服混为一谈：“就仿佛他的衣服是他的四肢，（雪莉爵士）认为自己只有在拥有一些波斯服饰之后才会准备好。”1638 年，英国学者兼作家露西·哈钦森（Lucy Hutchinson）也意识到她未来丈夫的性格和他的衣着之间存在一种共生关系，并称“他穿的衣服又好又华丽……他成为这些衣服，这些衣服也成为他，而他穿起这些衣服来自然、一丝不苟，这是我很少见到的”。[63]

文艺复兴时期，对于那些在当时日益强大和结构严密的宫廷中寻求进步的人来说，服装是完善表演和伪装艺术的必要工具。哈里·伯杰（Harry Berger）认为，“人们越来越强调彰显地位的必要性、发展自我表现策略和阶级自我定义的必要性”。[64] 学者们经常强调宫廷服饰本身所具有的戏剧性，而也有人提出，同时期戏剧的繁荣也同样激发了人们对时尚的兴趣。[65] 这一时期，许多肖像可以被解读为一种静态表演，即通过将其与窗帘、道具等背景结合，构成一个个人的形象，因为他或她“希望被尊重”。霍斯特德（Hawstead）创作的威廉·德鲁里（William Drury）的画像（图 0.8）就是这样使用物质属

图 0.8 《萨福克议员威廉·德鲁里》(*William Drury of Hawstead, Suffolk*),不知名艺术家作于 1587 年,布面油画。Yale Center for British Art, Paul Mellon Collection.

性来创造不同层次的意义的一个显著例子。显然,德鲁里对时尚有着特别的兴趣,因为他和妻子向英国女王赠送了各种精美的纺织品和服装作为新年礼物,其中就包括 1578 年的"一件烟灰色丝缎宫廷礼服,装饰着金银丝线绣制的云状和虫形图案,内衬是黄色的薄绸"。[67]1578 年,伊丽莎白一世入住霍斯特德宫(Hawstead Hall),而不久之后,德鲁里获封爵士,他在霍斯特德创作的肖像中所穿着的黑色吊袜带就是纪念这一荣誉的,只不过没过多久,他又失宠了。艾伦·奇雷尔斯坦(Ellen Chirelstein)认为,"垂头丧气"[5] 和"被

[5] 原文为"sconsolato",意大利语。——译注

云雾遮挡的太阳”暗指的是德鲁里与伊丽莎白女王的矛盾关系。画中，德鲁里身穿的战甲和他身旁那柄倾斜的长矛这一不寻常的结合突出了他的军事能力以及他参与登记日刺击赛（Accession Day Tilts）的事实。画中的其他一些元素，如德鲁里的盾形披风上的金色、绿色和黑色图案，以及包裹着他那被拉长的双腿的黄色丝质长筒袜，都意在将他刻画为当时理想的男性贵族形象。正如安娜·雷诺兹（Anna Reynolds）在本书第八章“视觉表现”里对诺丁汉女伯爵凯瑟琳·凯里（Catherine Carey，Countess of Nottingham）肖像的论述一样，服装和配饰可以暗示个人地位的提升和对君主的尊敬之间潜在的紧张关系。雷诺兹讨论了这一时期的艺术形式和技术的激增对服装描绘的影响，揭示了当其他形式的证据缺乏时这些艺术形式和技术对服装的细致描绘是如何填补了这一空白的。

亚历山德罗·皮科洛米尼（Alessandro Piccolomini）撰写的《拉菲拉：女性创造美丽的对话》（*La Raffaella*，1539 年）是一本专门针对女性读者的书。它和《廷臣》一样，同样大张旗鼓地宣扬了对外表的操纵行为。丹妮拉·科斯塔（Daniela Costa）向我们展示了皮科洛米尼是如何勾勒出这门“将自己呈现在别人的注视之下，并且在隐藏和展示之间创造出一种微妙平衡”的艺术的。[68] 这本书以对话录的形式展开，书中，拉菲拉这位年长顾问经常告诉年轻的玛格丽塔要学会处理别人对她的看法，比如要表现出她“天生丽质，没有任何矫饰，而这可以通过有时候在早上面对进屋的人，假装自己刚刚起床、还没来得及穿衣打扮来实现”[69]。对各种社会群体——包括妓女和年轻人——的外表的研究表明，那些没有以具体方式确定社会地位的人甚至更有进一步的动力来利用时尚打造他们的身份。[70] 西班牙人对长裙的偏爱和威尼斯人对低胸礼服的喜好都曾被解读成女性为了获得更大的可见度而有意识使用的策略。[71] 在意大利，妇女们曾经公开反对关于禁止奢侈消费的立法，因为服装对她们确立价值感和社会地位来说至关重要，例如在 16 世纪晚期，切塞纳的妇女就曾对着装限制提出抗议，因为她们很少有机会（穿着华服）参与公民生活。[72]

随着人们越来越意识到服装可能有掩盖身份的功能，人们对其腐败影响的担忧也日益加剧，而这种影响通常体现在关于性别角色的语境中。服装可能会制造出不受人欢迎的混合物，正如菲利普・斯塔布斯在他的《对滥用的剖析》（*Anatomie of Abuses*）一书中所警告的那样——他断言服装“被认为是性别之间的明显标志”。[73] 对于斯塔布斯担心的这种“掺假行为”，历史学家也从异装行为里找出了许多表现形式，例如用面纱来遮掩自己的西班牙妇女和柔弱的时髦男青年；或者是在一些受控情况下，如在剧院表演或参加狂欢节，有意为之的男扮女装或女扮男装。[74] 性别建构领域之外，评论家们还对不同社会经济群体之间界限模糊提出批评。在意大利，彼得・阿雷蒂诺（Pietro Aretino）哀叹说：“连裁缝和屠夫都能拥有自己的画像，这是我们这个时代的耻辱”，而维森特・卡杜乔（Vicente Carducho）在他的《关于绘画的对话》（*Diálogos de la pintura*，1633 年）一书中也抱怨过“普通人”可以穿着更高阶层的人的衣服来请人为自己画像。[75] 在那些工匠的肖像画中，工匠们往往穿着自己最好的衣服在干活。这在一定程度上是一种荣誉的象征，反映了“象征资本”在塑造欧洲工匠群体身份方面的重要性，因为提升社会地位的机会通常非常有限。[76] 威尼斯丝织工人协会的标志就是这种情况的一个鲜明的例子，因为这些丝织工人都会身穿染成深红色且带有时髦装饰的多层服装。由此我们知道，在所有社会阶层中服装对于身份的形成是处于中心位置的。（图 0.9）

图 0.9 16 世纪的威尼斯丝织工人协会的招牌，布面油画。Photo：DeAgostini/Getty Images.

面料与制造商

在过去的几十年里，学者们已经解决了消费和生产这二者的历史之间的长期分歧，以便在更广泛的文化和经济背景下考查服装和其他纺织品的原材料质量、设计、构成和构造。与此同时，近代早期研究中的材料转向（material turn）引入了关于研究对象的新思维方式，以及研究对象在定义多种社会互动形式时的核心作用。学界最近对近代早期服装的分类、提取样式和重建研究的推动，无疑将对这一时期关于身体体验和身体变化的研究产生影响。通过研究服装的制作方法和材质，我们可以了解文艺复兴时期的服装更深层次的内涵，比如珠宝的护身符属性以及故意隐藏服装以保护建筑的做法等。[77] 意大利最近一项关于预防医学的研究发现，衣服和香水配饰可以通过净化周围的空气和保暖为人体提供一道“防护屏障”。[78] 与此类似的，卡伦·拉伯（Karen Raber）也指出，珍珠作为一种美丽的动物分泌物的凝结，关于其起源的知识在当代观念中与纯洁和堕落都有联系。[79]

在本书第一章“纺织品”中，作者玛丽亚·海沃德（Maria Hayward）讨论了文艺复兴时期在日益国际化和竞争激烈的市场的刺激下开发出来的许多新型织物。她概述了纤维组合、编织和印刷技术方面的创新以及染色技术的改进，在染色方面有时还会使用来自新大陆的原木或胭脂虫等昂贵的进口原料。正如海沃德所指出的那样，那时的人们也为这些新诞生的色彩取了时髦的名字，以表明它们在贸易和商业世界里的价值。这些名字大概是为了刺激需求而发明的，或者如威廉·哈里森（William Harrison）所言，是为了取悦那些“异想天开的人”，威廉·哈里森还提供了几个自己取的名字作为例子——“鹅屎绿、麦片黄、鹦鹉蓝、精力旺盛的豪汉、树篱中的恶魔”等。[80] 服装和其他纺织品在许多国家的经济中扮演的核心角色使它们成为民族自豪感的载体，因此它们也成为理想的外交礼物，例如，弗洛伦萨公爵夫人埃莱奥诺拉达·托莱多（Eleonorada Toledo）就曾向亨利八世赠送了四顶佛罗伦萨草帽。同样地，外国纺织品也会对本国产品构成威胁，例如，在16世纪的英国，意大利和西班牙制造的丝绸就对英国本土的纺织品产业造成了威胁，于是当时的英国政府鼓励人们多穿用本地纺织的宽布制成的衣服。[82] 对商品和工匠的地理分布的重建可以为我们提供通过文本和时尚绘制世界地图这一概念的另一种视角，而纺织品贸易和生产的复杂性再一次将我们带到了欧洲以外的地方。为了说明这一点，玛塔·艾玛（Marta Ajmar）和卢卡·莫拉（Luca Molà）用波斯或叙利亚纺织的丝线、西班牙商人从墨西哥带回的染色胭脂虫和一种土耳其明矾媒染剂制成了一种面料，其设计本身又受到东方（或中东）主题的影响，而包裹那些丝线的金属则是从撒哈拉以南非洲[6]的矿场运出的。[83]

正如苏珊·文森特（Susan Vincent）在第二章中对生产和分配的研究所提示我们的那样，在近代早期欧洲，纺织品和服装为当时很大一部分劳动人口提供了就业机会。虽然发掘个体经历的信息可能会比较困难，因为很多时候，工人群体只有在被卷入更大的历史发展历程中，例如，当他们的自由受到贸易保护主义经济措施或宗教迫害的限制时，这些群体在历史上的作用才会变得突出，就像胡格诺派织工从圣巴托罗缪节大屠杀中逃离时的情况那样[7]，但是他们创造的物品总是可以显示他们的技能和创造性的。那些留存至今的服装，其功能性的方面被创造性地转变为时尚，这也说明工匠手中的创造空间在不断扩大。乌林卡·鲁布莱克（Ulinka Rublack）也在研究中发现，16 世纪奥格斯堡和安特卫普的一些鞋匠的成功也要归因于他们的创新产品。[84] 从 16 世纪下半叶西班牙和意大利的裁缝之书，到被描述为“每一位公主的美丽风景”的意大利文艺复兴时期雕刻师兼画家塞萨尔·维塞利奥（Cesare Vecellio）绘制的蕾丝图案（图 0.10），印刷术也为自我推销提供了新的机会。本书第二章也显示，在定制服装的生产过程中，客户往往也发挥了积极的作用，因为他们为

[6] 撒哈拉以南非洲：泛指撒哈拉大沙漠中部以南的非洲。——译注

[7] 胡格诺派是 16—18 世纪法国新教教派（属加尔文宗），主要包括反对国王专制、企图夺取天主教会地产的封建贵族，以及力求保证城市“自由”的资产阶级和手工业者。胡格诺派运动的发展，引起法国长期内战。1598 年法王亨利四世颁布《南特敕令》，胡格诺派教徒获得信教自由。1685 年路易十四废除敕令，大批胡格诺派教徒被迫流亡国外。法国大革命时期，胡格诺派教徒获得与天主教徒同等的权利。圣巴托罗缪节大屠杀即圣巴托罗缪惨案，是 1572 年法国宗教战争期间发生的针对胡格诺派的大屠杀事件，因发生于 8 月 24 日圣巴托罗缪节前夜和凌晨而得名。——译注

图 0.10 塞萨尔・维塞利奥创作的《贵族装饰品，用于每个贵妇人》（威尼斯，1620 年）。Folger Shakespeare Library, Washington DC.

一个通常会涉及数量惊人的个体——如亲戚、佣人，以及零售商和工匠等——的流程带来了专业技术和判断。

将服装的生产和消费放在一起考察，有助于将服装重新嵌入其文化语境中。藏于英国德比郡哈德威克厅的一幅以“所罗门的审判”为主题的刺绣挂毯就描绘了一些穿着非常时髦的丝织长袜的男人，类似威廉・德鲁里（William Drury）穿过的那种（图 0.11）。得益于织袜机的发展，这一时期的针织产业是一个经常因为创新性而出挑的领域，这幅刺绣挂毯所描绘的场景的构图就是为了让左边男人的袜子展示出最佳效果——虽然其核心主题是暴力威胁，以至于对丝袜的展示在画面中显得有些不协调。另外，挣扎中的婴儿也打乱了画中对优雅安逸和时尚品味的描绘。对于其他一些类似的针织制品，也有人认为

图 0.11　刺绣挂毯，《所罗门的审判》，约 1575—1600 年，在亚麻帆布上用羊毛和真丝织成。Hardwick Hall, Derbyshire. ©National Trust Images/Brenda Norrish.

它们所描绘的场景包含了政治信息。[85] 在这里，创作者似乎是有意把卖弄时髦的男人和右边两只孔雀联系起来的，也是在向一种信念致意，即“时尚与基督教美德格格不入”。对于这样一种信念，法国传教士米歇尔·梅诺特（Michel Menot）认为，花在衣服上的财富如果流向穷人，会是更加善良的去处：“你穿的衣服就是用最穷的人的血买的。”[86] 的确，虽然他并没有刻意强调工匠的困境，但以现代人的眼光看来，这些看似制作起来毫不费力的服饰与生产它们所需要的辛劳之间存在着巨大的差异。最近对意大利针织制造业的一项研究表明，在那些不那么昂贵的羊毛制品的生产过程中，少不了成千上万名年龄在 7~14 岁的童工的参与，而保护他们免受暴力的迫切需要正是针织女工崛起的重要驱动因素之一。作为贵族生活的证据，这幅刺绣挂毯也提醒着我们，服装连接着非常迥异的社会领域。它集中体现了本卷的精神，因为本卷的每位撰稿人都探索了许多像这样的对比性和互补性叙述，从而向我们展示出文艺复兴时期服装和时尚的文化力量。

目　录

1　第一章　纺织品
29　第二章　生产和分销
58　第三章　身　体
84　第四章　信　仰
114　第五章　性别和性
145　第六章　身份地位
175　第七章　民　族
203　第八章　视觉表现
238　第九章　文学表现
270　原书注释
300　参考文献

第一章　纺织品

玛丽亚·海沃德

引　言

1606 年，托马斯·德克（Thomas Dekker）写了《伦敦的七宗罪》（*The Seven Deadly Sinnes of London*）一书。书中，他描述了注重衣着的英国年轻人穿着来自四面八方的面料和款式服装的场景：

> 他的遮阳布（codpiece）……在丹麦；他的紧身上衣（belly doublet）在法国，他的衣袖在意大利；他的短裤被挂在了乌特勒克的荷兰肉店里；他的半长马裤（slope）在西班牙……[1]

德克主要是将不同的服装风格与不同的地理位置联系了起来，如果他列出各种服装的材料、饰品和服装配饰的来源，那么他也可以很好地阐明自己的观点。与许多国家一样，英国也与传统与创新相结合的国际纺织品贸易密不可分。本章分为五个部分——纤维、纺织品生产、用于制作和装饰服装的其他材料、经济和贸易以及染料，来说明为什么纺织品在近代早期社会中如此重要。

面 料

用天然纤维织成的面料是用于制作德克所描述的那种衣服的最重要的材料。一个人为自己和他人选择的面料类型反映了他们的社会地位和可支配收入。当然，他们的选择还取决于所订购的服装款式，即是否需要外层面料、衬布、里布和填充物，以及纺织品的褶皱和手感等。有一个例子可以说明这一点。1510 年 10 月 14 日，亨利八世送给他的一个男仆约翰·威廉姆斯（John Williams）一套衣服作为结婚礼物。这些衣服必须反映出威廉姆斯和英国国王的身份，同时也要跟他们第一次身穿这些衣服的特定场合相吻合。因此，威廉姆斯收到的衣服如下：一件由五码的茶色布料制成的长袍，该布料每码价值 5 先令；139 张黑色羊羔皮皮草，每张价值 3 便士；[1] 还有用 6 码 [2] 黑色锦缎制成的夹克，每码价值 7 先令；用 3 码黑色天鹅绒制成的紧身上衣，每码价值 11 先令；用 3 尺亚麻布做成的衬衫，每尺价值 14 便士；最后是一双价值 8 先令

[1] 先令、便士是英国的旧辅币单位，1 英镑 =20 先令，1 先令 =12 便士，在 1971 年英国货币改革时被废除，辅币单位改为新便士。——译注

[2] 码（yard）：英制单位，1 码 ≈0.914 米。——译注

的猩红色长筒袜和售价 3 先令 4 便士的帽子。[2]

从这份清单中可以看出来的第一点是，近代早期用于制造织物的纤维主要有两种：一种是蛋白质纤维，另一种是纤维素纤维。蛋白质纤维包括羊毛、蚕丝、马海毛、羊驼毛、安哥拉羊毛和开司米羊绒，其中羊毛和蚕丝是最常见的，而亚麻和棉花纤维是最常见的纤维素纤维（图 1.1）。

可以用同一种纤维作经纱（垂直线）和纬纱（水平线）织成布料，也可以用这些纤维织成交织或混纺的布料（所谓混纺就是用一种纤维作经纱，另外一种纤维作纬纱）。

威廉姆斯得到了一件用羊毛料制成的长袍，这种长袍是其男性地位的标志。这并不奇怪，因为在近代早期，无论是从产量还是从经济价值上来看，羊

图 1.1　带蚕丝、金属线和亮片刺绣的女式亚麻布上衣，约 1600—1625 年。©Victoria and Albert Museum, London.

毛无疑都是最重要的纤维。这与两个因素有关：首先，羊毛纤维是温暖的、柔软的、卷曲的，它们覆盖在羊的身体（家绵羊）上成簇生长，不容易受潮。其次，当时的欧洲饲养了大量的绵羊。这也符合威廉姆斯来自中下阶层的社会地位。羊毛的质量因羊的品种而有很大不同，并且其价值受市场趋势的影响。例如汤森德（Townsend）家族，也就是诺福克郡的一个地主家族，在15世纪80年代就拥有8 000~9 000只羊。[3] 英国羊毛面临的主要挑战来自西班牙的美利奴羊毛，后者是一种非常柔软、精细的羊毛，出自一种生长在卡斯提尔的麦地那德尔坎波的山羊身上。这种羊毛经塞维利亚和布尔戈斯出口到毕尔巴鄂，然后再出口到佛兰得斯。[4] 最后，羊养殖和羊毛生产对于西班牙非常重要，那里每年有200万~300万只羊会做牧场大迁徙。然而，羊主团（Mesta）[3] 向国王提供贷款，导致西班牙贸易严重失衡——因为贸易的重点变成了羊毛而非布料，这阻碍了巴塞罗那和瓦伦西亚纺织业的发展。[5]

其他蛋白质纤维也很受欢迎，其中最重要的是马海毛、产自安哥拉山羊的丝滑羊毛、产自克什米尔和尼泊尔山羊的开司米羊绒，以及双峰驼的驼毛。动物的外层粗毛和下层绒毛也会被利用，或是与羊毛进行混纺。这些骆驼原产于土耳其、西伯利亚、蒙古国和中国等地，但是欧洲对这些纤维的需求在不断增长。1637年，坎特伯雷市长对城里工作的瓦隆织工的数量质疑，并指出，“近来，大量的莫哈尔或土耳其纺织品”和“用驼毛制成的土耳其毛线越来越重要”。[6]

威廉姆斯的夹克和紧身上衣分别选用了黑色真丝锦缎和天鹅绒。当时，人

---

[3] 羊主团：15—16世纪，羊养殖业是西班牙重要的财政来源，这一行业控制在数个大公手中，他们组织成立了羊主团以保护自身利益，羊主团拥有畜牧业垄断权，但要向政府缴纳赋税。——译注

们对真丝的渴望比对羊毛的更高，而这也体现在它们每码的价格上：普通布料的价格为 5 先令，真丝锦缎的价格为 7 先令，天鹅绒的价格则为 11 先令。蚕丝的价格高企与几个因素有关，其中一个是丝蚕只以中国本土出产的白桑叶为食。丝蚕会吐出两根被丝胶包裹的蚕丝，而一旦去除丝胶，蚕丝纤维就会变得纤细、柔软、绵长、半透明且有光泽，这些品质继而会传递到由它们织成的纺织品上。养蚕业在近代早期很普遍，例如中国、日本、韩国和印度都养蚕，但是孟加拉产的丝绸质量很差。[7] 安达卢西亚和西西里岛从 11 世纪开始有了养蚕业；到 16 世纪，养蚕业已经传播到意大利——或者更具体地说，是传播到了意大利的伦巴第、下皮埃蒙特、托斯卡纳和威尼托等地（图 1.2）。[8] 到了 17 世纪，法国开始生产生丝，而英国国王詹姆斯一世也想通过鼓励种植桑树，在英格兰和弗吉尼亚州的詹姆斯敦建立丝绸产业。

再来说说纤维素纤维，上文中的威廉姆斯还得到了一件亚麻衬衫。亚麻

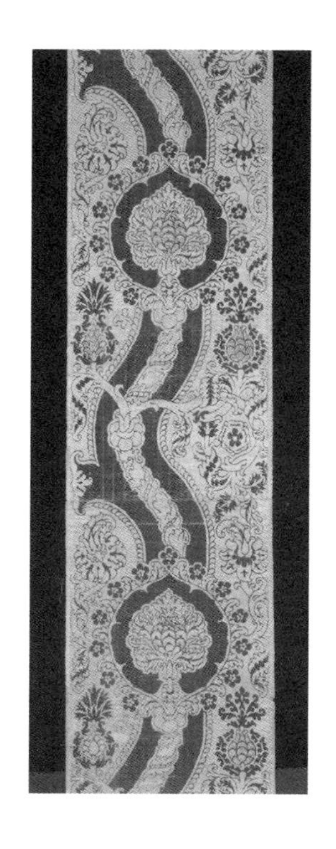

图 1.2　一块金色丝绒布，上面有用镀银的丝线制作的环状刺绣，意大利，1475 年。©Victoria and Albert Museum, London.

是由亚麻植物的纤维制成的，后者能产生一种厚且结实、能够吸湿且无弹性的韧性纤维。在1450年到1650年，亚麻主要出产于西欧，而随着时间的推移，亚麻的生产区域转移到了波兰和俄罗斯。[9] 旅行家兼作家菲尼斯·莫里森（Fynes Morrison，1566—1630年）于1593年在荷兰北部的哈勒姆逗留时，注意到"锡蒂盛产亚麻衣服，并且有着500个从事这种工作的姑娘"。[10] 相比之下，英国和爱尔兰的亚麻生产规模相对较小。在某种程度上来说，这是因为亚麻植物对土壤的要求很高，所以要将它与其他作物轮流种植，以帮助土壤保持肥沃。亚麻生产也是劳动密集型，因为植物在成长周期里需要定期护理和无杂草的生长条件。[11] 不过，英国政府通过立法促进了亚麻种植业发展，也体现了其对亚麻的重视。例如，1531年通过的一项英国法案就要求，每60英亩[4] 可开采的土地中必须有1路德（四分之一英亩）用于生产亚麻和大麻。[12]

授予威廉姆斯的服装中没有出现的一种面料是棉布，而这也是亨利八世为他的家族和他自己所签发的其他服装赠予的一项典型特征。然而，这并不意味着棉花在现代欧洲早期是不存在的。原棉（Gossypium），有时也被称作棉毛，是一种非常柔软的种籽纤维。它的纤维较短或是标准长度，吸湿性强，可作为垫料，也可以用来纺纱。在16世纪，印度、波斯、叙利亚和埃及都在生产原棉，并且由葡萄牙人和意大利人负责出口到德国南部，那里是原棉的主要市场，为斯瓦比亚的纺织产业提供原料。[13] 此外，16世纪的西班牙殖民者还在秘鲁和墨西哥发现了当地人种植棉花的痕迹，而法国珠宝商兼旅行家约翰·夏丹（John Chardin）则在接下来的一个世纪里发现萨非王朝和古波斯也种植

[4] 1英亩≈4 046.86平方米。——译注

过棉花。从欧洲的角度来看，更重要的是，卡拉布里亚和西西里岛以及西班牙的科尔多瓦和塞维利亚周边地区也在种植棉花。到了 17 世纪末，棉纤维几乎要取代羊毛纤维成为欧洲使用最广泛的纤维。[14]

面料的制造

据英国王室的账簿记载，所有送给威廉姆斯的衣服采用的布料都是特别采购的，这表明伦敦的纺织品市场非常活跃。选择布料并将其制成服装是漫长而通常复杂的制衣过程的高潮，这个过程的第一个阶段是制作用于编织、缝纫或刺绣的纱线。使用滴锭、手锭或纺车（包括较小的亚麻轮和毛纺轮）来纺纱。纱线在纺织的过程中会向左或向右扭曲（也就是所谓的 s 字捻或 z 字捻），而当两根或更多相同重量的纱线被捻在一起时，它们就会变得更结实。更时髦的纱线还包括螺旋花线，也就是在一根芯线外面缠绕另外一根线，那根缠绕在外面的线往往是细细的金属线（图 1.3）。[15]

图 1.3　由真丝和银线手工织成的女式夹克，意大利，约 1600—1620 年。©Victoria and Albert Museum, London.

随后，这些纱线会被织成织物，用到的织布机包括脚踏式织机——也就是通过脚踏板将机轴降下或升起的织机。[16] 拉丝织机是一种比脚踏式织机复杂得多的织机，它从 6—7 世纪就开始用于生产有图案的织物，直到 19 世纪初才被提花织机取代。拉丝织机通常需要一名织工和一名拉丝男孩一起操作，后者需要按照设计图样的要求把机器上相应的综片抬起来。

当时人们采用多种方法对织物进行整理，提高了织物的外观和价值。这些织物的染色过程将在后面的章节里进行讨论，其他织物的整理技术还包括起毛和剪绒。“红布（scarlets）”这个词来自西班牙语“eskalata”，后者的意思是“经过仔细修剪的”，而非现在用来描述颜色的“猩红色”的意思。[17] “cottoned”一词也从 15 世纪起就被用来形容羊毛织物，意思是羊毛织物已经起毛。毛织品和精纺毛料（由经过精梳的、长毛的光滑纱线制成）最后都要经历一道毡制的工序。压毡的结果就是，羊毛织物经过两个滚筒的碾压，其表面要么变得光滑发亮，要么形成花纹式压花。棉织物和亚麻织物则会被漂白，使得纤维乃至整片织物都变白。漂白的方法可以是阳光曝晒，也可以是化学漂白。

约翰 · 威廉姆斯的长袍是用黄褐色布料做的，并且很可能是用的阔幅布料，也就是一种传统的羊毛织物或“旧布料”。这类织物中最重要的品种包括阔幅布（宽幅超过 27 英寸 [5]）、精纺毛料（用精梳的长绒羊毛织成的纱线制成）、克尔赛呢（用粗梳毛纱织成的斜纹布）和直条布（一种表面有褶皱的斜纹布，宽度是阔幅布的一半）。毛纺织物——包括平纹织物，通常是用各种平纹织法来织造的，通常只有一根经纱和一根纬纱。平纹织物可以是经面或纬面，此外

[5] 1 英寸 ≈2.54 厘米。——译注

还有席纹面或篮纹面。斜纹如人字斜纹和钻石斜纹，也很流行。当时整个欧洲都在生产这些传统的羊毛织物，但是意大利是主要的生产中心。然而到了16世纪，上述几种传统羊毛织物都面临着来自“新布”的竞争。新布的新鲜感主要来自三个方面：原料取自高度弯曲的长纤维羊毛，如“ostaden”和“rassen”［相当于英语里的“worsted（精纺毛料）”］，纺织过程中将羊毛与其他纤维如驼毛和山羊毛进行了混纺（如罗缎），它们都被设计成看起来更像丝绸（如充丝绒和灯芯绒）的样子。

从15世纪50年代起，生丝就从卡拉布里亚、格拉纳达和亚洲经由热那亚和威尼斯进口到博洛尼亚、佛罗伦萨、热那亚和威尼斯等重要纺织中心，为这些地方的纺织产业提供原料。[18] 这一时期还有一些较小的纺织中心，包括米兰和锡耶纳。[19] 到了16世纪，丝绸织造在法国的阿维尼翁、里昂、图尔，以及德国的奥格斯堡、科隆和纽伦堡都得到了长足发展，也从侧面反映出丝绸的吸引力及其经济价值。[20] 在土耳其城市布尔萨（Bursa）还是拜占庭帝国的一部分时，它就已经是一个重要的丝绸生产地了；到了15世纪中期，该市已成为波斯和土耳其出口的生丝在全世界的第二大市场。在1502年，布尔萨有1 000多台织机，生产着91种面料。[21] 到了16世纪晚期，布尔萨出产的绸缎（Atlas）和金布或银布（Serāser）、掺金属线的彩色丝绸（Kemhā）、彩色丝绸（Serenk）、天鹅绒（Kadife）、双面天鹅绒（Kadife-idūhāvī）和掺金属线的天鹅绒（Çātma）都被出口到俄罗斯，以换取那里的皮草。[22]16世纪，丝绸织造业在君士坦丁堡发展起来。[23]

印度的丝绸织造业主要集中在艾哈迈达巴德、坎贝、帕坦和苏拉特。[24] 该国从中国进口生丝和丝线用于纱丽生产，本土丝绸的生产则主要集中在孟加拉，并在该国逐渐取代了中国丝绸。[25]中国也有相当程度的丝织产业，但明朝时大部分中国生产的丝绸都用于国内消费，并且当时中国人对进口意大利丝绸没有什么兴趣。尽管如此，还是有证据表明，一些中国丝绸确实通过西班牙到达欧洲，而且这些织物可能是专门为出口而生产的。证据包括一块石蓝色绣花丝绒布的碎片，上面绣着插在大型艺术花瓶里的花朵和叶子的图案，这些图案采用的是毛圈绒，图案的基底采用的则是割绒。[26]

与毛织品相比，丝绸的种类更广泛，其可能包括缎子和锦缎，它们可以算是经面或纬面斜纹呢和缎子的结合。工艺更复杂的丝绸品种包括由割绒、未割绒、两者结合及以不同绒高生产出的天鹅绒（一种经起毛织物）、彩花细锦缎（由两根经纱和一根纬纱织成的织物）。这些纺织品的例子在世界各地随处可见，比如在意大利佛罗伦萨纺织成形的“Riccio Sopra Riccio”（一种有着未割和已割绒头的金色布料）——英国都铎王朝的第一位君主亨利七世定制的一套长袍就是用它制作的。[27]轻质到中质的平纹亚麻布在整个近代早期被用于制作衬衫、工作服（图1.4）、紧身小衫和头巾，而较重的亚麻布或帆布则被用作衬里；复合织物如菱纹布和锦缎等，则更多地用于制作餐巾。

亚麻布的纺织在整个欧洲都很盛行。例如在15世纪，英国城市赫尔就是一个亚麻纺织中心，但它同时也从德意志、爱尔兰、几个低地国家、普鲁士和苏格兰进口亚麻。[28]很多集中在法国东北部城市兰斯附近的亚麻纺织厂都受到了宗教战争的破坏，但帆布等较重织物的生产继续在布尔讷夫湾、莫尔莱、雷恩和布列塔尼区的维特雷等地蓬勃发展。[29]

13世纪，伦巴第利用当地生产的棉花和经由热那亚和威尼斯从亚洲进口的棉花发展起了棉纺织业。[30]印度是16世纪棉织品的主要生产国，其主要生

图 1.4　一件丝绣女式亚麻罩衫（1575—1585 年）。©Victoria and Albert Museum, London.

产地区是德干高原。原本这种布料大部分是在亚洲次大陆消费的，但是到了 16 世纪晚期，原棉从亚洲和美洲进口到了欧洲。到了 16 世纪末，原棉又被进口到英国，关税是每英担 [6]3 英镑 6 先令 8 便士，同样重量的精纺棉的关税则是 5 英镑。[31] 棉纺织业在曼彻斯特建立起来，但是当时的生产规模很小。亚洲的棉花直到 17 世纪晚期才在欧洲变得常见起来，而也是在那个时候才有大量印花布、棉布和平纹细布开始出口到欧洲，这些布料都对妇女的时尚产生了非常重要的影响。[33]

除了用单一纤维织成的织物，混纺或联合织物在这一时期的重要性也日益

[6]　1 英担 ≈50.80 千克。——译注

凸显，其中一些被称为“新布”，包括丝绸和羊毛质地的羽纱和绵绸。[34] 在法国，这些 16 世纪的纺织品被分为“轻布（draperies légères）”和“新轻布（nouvelles draperies légères）”。传统上，混合纤维被认为是有问题的，因为这可能是一种欺骗买家的手段，但它也有很多优点，尤其是不同的纤维组合可以满足人们对新奇布料的需求，而且它们的价格更便宜，让人们更负担得起，因此更有利于推动人们对不断变化的时尚的追求。此外，一些较轻的布料比一些较硬的传统布料的褶皱效果好，许多新款布料也更适合印花。当时流行的复合面料包括亚麻和羊毛混纺（例如林赛 - 羊毛衫），亚麻和棉的混纺（例如绒布），以及棉、蚕丝、羊毛和亚麻的混纺（例如黑羽缎）。1580 年，亚历山德罗 · 帕斯奎林（Pasqualin d 'Alessandro）和威尼斯的其他丝织工提出的一个要求就证明了这些布料的流行和价值：

> “下面提到的这些世界各地都在生产的布料，我们也应该能够做出来，比如带羊毛纬纱的真丝锦缎、带羊毛纬纱的多布罗尼（dobloni）、带羊毛纬纱的布拉提（buratti）、带亚麻和绢丝纬纱的平纹布、带绢丝和亚麻纬纱的羊毛衫、带亚麻和棉质纬纱的斜纹拉瑟提（rasetti）等……不断大量进口这些布料，给我们这些可怜的织工造成了严重的损害。”[35]

用于制作和装饰服装的其他材料

虽然文艺复兴时期的大多数服装和配饰都是由纺织品制成的，但还是有另外三种原材料需要简单地介绍一下。其中两种是以动物皮肤为基底制成的，即皮革和皮草，且它们都出现在1510年11月亨利八世及其亲信所收到的服装中。[36] 这些人都得到了狐狸皮和黑色的羔羊皮，可用来装饰他们的长袍、双层底皮鞋和皮夹克。皮革由动物的真皮制成，真皮就是动物皮肤中最厚的一层，取自各种哺乳动物、鸟类、鱼类和爬行动物，并通过各种鞣制方法被保存下来。[37] 皮革更多地用于制作男士而非女士服装，尤其是坎肩[38]、紧身上衣、长筒袜和麂皮制服，还有男女式手套、鞋子（包括靴子）、钱包和烟袋等。[39] 精心炮制的皮革对于裁缝来说具有各种理想的特性，因为它们可以非常精细、柔软，并且具有很好的弹性。此外，它们还很容易进行染色、裁剪、打孔、冲压和缝制。虽然欧洲大多数国家都出产皮革，但是来自科尔多瓦的西班牙皮革的口碑尤其出众，并且经常被其他地方的皮革工坊进行不同程度的仿制。

当时，同样被富有的男人和女人珍视的还有貂皮、豹皮和猞猁皮，而家养动物的皮如兔皮、猫皮和狐狸皮，则更容易买到。与中世纪相比，近代早期的人们对动物皮的使用量有所减少。以松鼠皮为例，它的流行度在15世纪下降的部分原因与人们品味的变化有关，但也与过度捕猎有关，因为后者减少了合适动物皮的供应量。[40] 即便如此，皮草仍然是一种受推崇的物品，并经常用于制作衬里，装饰礼服、袖子和兜帽，以及制作皮草配件等，比如“zibellino”（源自意大利语，意为“黑貂”，一种在15世纪晚期和16世纪妇女穿着的皮草披肩）。[41] 它们通常由男性送给他们的妻子，比如亨利八世就给凯瑟琳·霍华德（Catherine Howard）送过一张华丽的貂皮。[42] 虽然“zibellino”在任何时候都可以穿着，但是皮草的使用往往是有季节性的，比如毛皮衬里通常在冬天拿出来保暖，在夏季就会收起来。

第三种原材料是毛毡，由羊毛和其他动物纤维制成，但它没有机织结构，这与其他纺织品略有不同。一些动物的皮也可以用硝酸汞来毡化，包括海狸皮和兔子皮。从17世纪中期开始，人们就用毡化后的海狸皮和兔子皮来制作帽子（这个过程被称为“毡合预处理”）。[43]

羊毛和毛毡有各种各样的功能和性能，比如可以保暖、隔热和衬垫，以及有防水性、延展性和可塑性等。此外，毛毡还非常适合做帽子。在16世纪的伦敦，毛毡制造是一个重要行业，共有3 000名毛毡制造商。1576年，他们从服装商公会中分离出来，建立了自己的公会。[44]制毡行业在法国南部也是一个重要的行业，尤其是在塞文山脉和朗格多克地区，但在沙特尔、马赛、巴黎、鲁昂和色顿等城市也有。在16世纪早期的巴黎，制毡行业是第三大重要行业。[45]

虽然布料是服装的主要组成部分，但一旦剪裁和缝纫成为服装制作过程的重要步骤，一件服装的完成就需要一系列配件。在最基本的情况下，裁缝要用线来缝合布片，以及将织物黏合在一起。纱线会纺得很紧实，以达到所需的韧度。另外，根据一件服装的复杂程度，还需要不同重量、纤维种类和颜色的纱线。刺绣时可能还会用到羊毛、蚕丝或含金属的线。此外，人们还会用蜡（通常是蜡烛的形式）来烧灼缝纫线，使它更容易穿线，并防止它打结。

16世纪晚期和17世纪早期的西方服装使用衬垫和硬化技术来创造独特的时尚造型。这点在17世纪伦敦共同委员会（Common Council of London）通过的一项旨在限制女仆服装的规定中有所暗示。该规定称，这些女仆“根本不被允许使用任何裙撑……也不能用除帆布、硬纸板以外的东西如铁丝、鲸须或其他硬物来为裙身或袖子做支撑”。确切地说，鲸须是从滤食性鲸身上提取出来的。它的优点是坚固、轻便、柔韧，而且可以切割成窄条。鲸须的一种更便宜的替代品是穗糠草，即一种干燥的草茎。在巴塞罗那的罗卡莫拉服装收藏（Rocamora Collection）当中，有一组来自17世纪早期的亚麻裙身就是用20根一捆的穗糠草草茎来支撑加固的。此外，当时的人们也会用棉絮(bambagio)来填充绗缝紧身上衣和睡衣。其他填充物还有锯末、麸皮和马毛。[48]

这些服装，尤其是男式紧身衣越来越多地使用了包括纽扣在内的一系列紧固件，其中许多是用金、银、铜锌合金和锡等金属制成的（图1.5）。[49]

线和织物钮扣也很容易获得。其他一些紧固件还包括钩眼扣、饰带、针片和别针。[50] 细绳和绳辫经常用来做系带，即可以把男人的紧身裤固定在他外衣的带子上或者固定他们的遮阳布的一种小配件。丝绸和羊毛镶边也被用来装饰新衣服和翻新旧衣服。用“金银线镶边（passamenterie）”“小物件（small wares）”和“小配件（haberdashery）”这几个词就概括了丝绸女工和男工生

图1.5　由水波纹羊毛、真丝塔夫绸、亚麻布和鲸骨制成的男式紧身上衣，用丝线和亚麻线缝制，饰有镀金银丝辫，制于1615—1620年。©Victoria and Albert Museum, London.

产的价格通常昂贵的各种产品。[51]

欧洲纺织业的一个重要发展是制作蕾丝的两种技术的兴起。第一种是使用纱线、线轴和一个硬枕头，以丝线、亚麻线和金属线来制作编织和扭曲结构（图 1.6）。英国 16 世纪晚期和 17 世纪早期盛行梭结蕾丝（bobbin lace），它的名字来源于制造它时用到的骨线轴（bone bobbin）。它在法国被称为丹代尔（dentelle），在意大利被称为梅里托（merletto），在西班牙则被称为蓬塔斯（puntas）。第二种技术被称为针绣蕾丝，是从 16 世纪早期的刺绣发展而来的。当时的蕾丝主要出产于佛兰德斯[7]、德意志、西班牙和意大利，到了 16 世纪晚期，这些国家为国际贸易提供了越来越多的资源。[53]

图 1.6 由亚麻布制成的男子衣领边缘镶有蕾丝，流苏由打结的亚麻线制成，约 1630—1640 年制作于英国。©Victoria and Albert Museum, London.

[7] 佛兰德斯：Flanders，中世纪欧洲的伯爵领地，包括现比利时及法国各地区。——译注

经济和贸易

因为其贸易规模、经济价值、产生的税收等较大，布料生产业对于近代早期经济非常重要，并且是制造业的主要类型。因此，纺织品贸易吸引了具有创业目标的两大群体。第一个群体形成了包括汉萨同盟（Hanseatic League）、黎凡特公司（Levant Company）、莫斯科夫公司（Muscovy Company）和东印度公司（East India Companies）在内的贸易集团，它们对各种商品进行买卖，其中包括纺织品。第二个群体则试图使布料的生产更加商业化，或是开发新的生产领域，比如，它们曾经试图在国王詹姆斯一世时期将丝绸织造引入英格兰。[54] 根据尼古拉斯·格芬（Nicholas Geffe，fl.1586—1593 年）的说法，英国需要建立自己的丝绸工业，因为，“在英格兰制造丝绸……没有比这更好的机会了……制作缎子、天鹅绒、塔夫绸和其他各种各样的丝织品，勤劳的人会准备好并且愿意参与工作，而那些闲散的人可能会被迫参与。”[55] 另外，技术发展上的投资也有助于这个产业从手工生产向机械化生产过渡。例如，手工编织行会很早就在巴黎（1366 年）、巴塞罗那（1496 年）、图尔奈（1429 年）和考文垂（1496 年）成立了。[56] 然而，1589 年威廉·李（William Lee）发明了针织机，1599 年又发明了丝织机。新技术很快传播开来，部分原因是威廉·李没有在伦敦得到他所希望的支持。1611 年，威廉·李同意为皮埃尔·德·考克斯（Pierre de Caux）制作四台丝织机。皮埃尔·德·考克斯是一位来自鲁昂的丝织工，他和威廉·李之前在伦敦认识。[57]

机器生产规模大，意味着纺织品贸易可以在许多国家产生税收收入。结果在 1450 年，米兰的统治者弗朗西斯科·斯福尔扎（Francesco Sforza）公爵宣布，在他的国土之上可以免税，以此促进从热那亚到伦巴第再到阿尔卑斯山脉地区的纺织品贸易，以及伦巴第的布料出口贸易[58]。不过，纺织品贸易的国际性意味着其也容易受经济大趋势的影响。例如，16 世纪，欧洲不断加剧的通货膨胀对西班牙羊毛贸易产生了重大影响；16 世纪 50 年代，西班牙的羊毛价格大幅上涨，导致羊毛销量下跌；到 16 世纪 60 年代，西班牙羊群的数量下降了 20%。[59]

纺织品的普及促使许多国家政府想确保所生产的产品的质量。相应的这些规定可以确定特定织物的长度和宽度，而彩色镶边可以表明织物的生产地，印章则是用来证明布料是按照这些规定进行过检查的。例如，在 1483 年，英国政府颁布法令，要求本国生产的每一种阔棉布必须为 2 码宽、24 码长，并且要经过水洗。[60] 其他形式的规章旨在令某些纺织品具有排他性。例如，在 1574 年，只有伊斯坦布尔的托普卡帕宫的纺织工被允许使用金银线，因为他们织造的丝绸是进献给皇帝的。当这些规定被藐视的时候，其重要性就体现出来。1630 年，一家英国东印度公司在马苏利帕塔姆的代理商就抱怨说："这些地方出产的布料非常具有欺骗性，长度和宽度都不够，这对我们赚取利润非常不利。"[62]

纺织品的制作依靠的是熟练工，丝绸制作尤其如此。由于各种宗教和政治方面的原因，这种技术熟练的劳动力往往是流动的，从而导致了知识的广泛传播。从 13 世纪开始就有被称作"穆德哈雷斯（mudéjares）"的阿拉伯织工在西班牙工作。1492 年，天主教君主统一西班牙后，这些织工中的许多人离开西班牙前往北非及其他地区。[63]16 世纪，意大利织工来到西班牙，带来了天鹅绒织物。[64] 法国和荷兰的移民织工则喜欢定居在伦敦郊区，包括阿尔特盖特、主教门、克里普尔盖特、肖迪奇、南华克、斯皮塔佛德、斯特普尼和哈姆雷特塔等地区，而他们当中许多人是宗教改革的信徒。到了17世纪50年代，来自非洲的几百名奴隶被带到加勒比海地区，起初是为了让他们种植烟草，但很快就开始让他们种植棉花。从17世纪80年代开始，奴隶数量和棉花生产规模都出现了激增。[66]（图1.7）

纺织品贸易还与城市发展有着密切的联系，并且其往往产生了积极的影响。例如，约克与肯德尔镇一起发展成为英格兰北部的转口港，并成为皮革和西部布料的交易市场。[67]相比之下，英国西南部城市埃克塞特在16世纪的大部分贸易是与法国进行的。该市将布匹出口到英国西南部各郡，并进口帆布和亚麻布。他们的贸易在17世纪早期下降，17世纪60年代时因从低地国

图1.7　用中国丝绸制成的床罩，制作于16—18世纪。©Victoria and Albert Museum, London.

家进口亚麻布和出口哔叽布料而逐渐恢复。[68] 英国的诺危奇市也在 16 世纪 80 年代至 17 世纪 20 年代从新织物带来的金融影响和低地国家的移民行为中获益。[69] 当时的一些企业家如布商威廉·斯顿普（William Stumpe）甚至会为自家的纺织工人建造住房。

斯顿普买下了马姆斯伯里修道院（Malmesbury Abbey）的土地和建筑，“为了在城墙内的修道院后面的空地上给裁缝开辟一两条街”。[70] 然而，这一时期也出现了城市贫困现象，因此纺织品和服装贸易也被用来给人们提供工作机会和教授技能。例如，1623 年 9 月 17 日，伦敦发布的一份公告宣布：“我们的数千名贫民，包括男人、女人和儿童，[将被雇用来] 从事梳理、打浆、制毡、装饰、打孔、制胚和染色等与制作毡料有关的工作。”[71]

纺织品的贸易网络形成了两个相互联系的组别。其一是形成了以大城市和港口为核心的大规模的国内国际陆路和海上航线网络。欧洲的航海探索对其发展产生了显著的影响，而威尼斯的地理位置正是利用所有这些因素的理想之地。这座城市有着广泛的贸易网络——网络覆盖从伦敦、里斯本到巴勒莫、君士坦丁堡、亚历山大和大马士革等的多个城市，同时成为毛织品贸易中心。16 世纪头 10 年，这里生产的毛织品约有 2 000 件，到了 1602 年，这一数字已经上升到 28 729。此外，威尼斯商人还在奥格斯堡和纽伦堡采购西欧的羊毛和亚麻织物，同时出售从东方带来的丝绸和香料。其二是基于内陆和陆路贸易的区域或地方销售网络。道路和河网以及沿海贸易的发展促进了这一组别的形成，运输用于销售的布料变得更容易、便宜，从而使这些布料的价值相对较低。[74] 南安普顿的交易中间人账本记录了包括纺织品、染料和媒染剂以及起绒机（一种简单而有效的纺织品整理工具）在内的货物的数量、成分和目的地，这些货物通过城门（北门）离开该镇，前往汉普郡内和其他地方，包括布里斯托尔、考文垂、肯德尔和索尔兹伯里。[75] 正如这些事例所表明的，纺织品贸易是复杂、广泛的，而且越来越国际化。

染 料

对染料、染色和印花的重视反映了色彩在近代早期社会的经济、社会和审美意义。染色过程以两种方式增加了织物的价值。首先，织物获得了颜色。其次，一些颜色的织物（主要是红色、紫色和黑色）比其他颜色的要贵得多，这一点从英国对普通的“一码绸缎和卡法绸缎”征收 8 先令的进口税，却对“一码深红色或紫色纹路的绸缎和卡法绸缎”征收 13 先令 4 便士的进口税就可以看出。[76] 有些颜色相当稀缺，而且往往只限于精英阶层使用。因此，更便宜的染料可以替代更昂贵的染料，并且行会越来越关注对使用的染料质量的规范，以及它们对光照、水洗、污渍清洁技术和汗水的反应速度。[77] 大多数染色都是在纱线或织物上进行的，也存在过度染色和重新染色的现象。

染色是一种技术性职业，并且染色工的专业化程度在近代早期也在不断提高。例如，在康斯坦茨、爱尔福特、马格德堡和纽伦堡，那些“Schönfärber”，也就是高级染色工，他们只染一种颜色；而“Färber”或“Schwarzfärber”，即普通染工，则只为中级布匹染色，且颜色不是深色就是暗色。[78] 作为熟练劳动力的一部分，染工们常常出于经济和其他原因而移民，如希望获得宗教自由等，有一批来自亚眠的菘蓝染色工后来就去了伦敦的坎德威克街定居。大多数纺织品的染色活动在商业层面都是由染色行会组织开展的，但到了 16 世纪末至17世纪初，收据簿上开始出现家庭染色的配方。

染料贸易既存在于国家层面，也存在于国际层面，染料的天然来源则是全球各地。染料可以从几个方面进行划分。第一，按应用方法，其可分为媒染染料（可溶于水，但只有加入媒染剂即可溶性金属盐，其才能与纤维结合的染料）、缸染染料（不溶于水，需要转化为可溶性物质才能应用于纤维的染料）和直接染料（溶于水，不需要媒染剂的染料）。[79] 第二，按产生的颜色，其可分为：蓝色染料（如菘蓝、紫色地衣、靛蓝，参见图1.8）、红色染料（如茜草、胭脂虫红颜料，以及某些苋草）、黄色染料（如木犀草、单叶金雀花）、绿色染料（如沙棘果、荨麻叶，16世纪时开始用菘蓝或靛蓝与木犀草混合制成）和黑色染料（如洋苏木）。

图1.8 亚麻和棉质地的毛巾，用靛蓝或菘蓝染色，来自意大利，1400—1500年。©Victoria and Albert Museum, London.

蓝色在文艺复兴时期的欧洲是一种流行的颜色，它主要是用两种染料——菘蓝和靛蓝来实现的。菘蓝生长在英格兰［林肯和格拉斯顿伯里附近］和苏格兰。从12世纪开始，菘蓝也从法国北部进口；从1237年开始，来自皮卡迪的商人在伦敦专门设立了一个存放菘蓝的仓库。[80] 到了14世纪，菘蓝植物开始在西西里、塞维利亚、伦巴第、朗格多克和图林根种植，并出口到拜占庭和伊斯兰世界。[81] 菘蓝染色技术的传播体现在它被用于染色师为从手艺人晋升大师级工匠并进入行会而制作的作品（即由想成为大师级工匠的短工或学徒制作的长幅染色布）的生产中——它于14世纪出现在埃尔福特、鲁昂和图卢兹，15世纪出现在米兰，16世纪出现在巴黎和纽伦堡。[82] 与之相对，靛蓝从13世纪中期开始从黎凡特的巴格达传入马赛，印度的阿格拉和艾哈迈达巴德周围也有种植。[83]

至于说红色，荷兰是茜草在欧洲的主要生产国，它于16世纪在佛兰德斯和泽兰被大规模种植。马格德堡是德国的茜草贸易中心，尤其是德国与斯拉夫国家的贸易中心。[84] 鉴于此，英国商人热衷于在美洲鼓励种植茜草也就不足为奇了，因为那里是茜草的一个新生产地区和潜在市场。1633年4月，英国政府要求“为莱恩先生提供种植茜草的所有设施”。[85] 克玫兹胭脂虫（Kermes vermilio）则可以产生浓烈的深红色和猩红色。

欧洲的新染料是在美洲新大陆发现的。例如，原产于墨西哥的一种胭脂虫（Dactylopius coccus）于1543年2月9日首次被带到威尼斯。[86] 这是一种非常贵重的红色染料。1608年11月，485箱价值333 437金币的胭脂虫从印度群岛被运到了塞维利亚。[87] 其他新染料包括洋苏木（legno tauro）——这是一种新的黑色染料，以及巴西木或苏木（Caesalpinia sapan）——一种从南美洲、西印度群岛和东印度群岛的苏木树皮中提取的红色染料。

染色需要一系列添加剂，如碳酸钾（从波罗的海出口），以创造合适的染浴条件。其中最重要的添加剂是明矾，也就是一种钾和铝的硫酸盐，它开采于黑海周围地区和热那亚人在斯麦那湾的福西亚管理的矿井中。当明矾在教皇国[8]境内的奇维塔韦基亚附近的托尔法被发现时，尤利乌斯二世(Julius Ⅱ)对其进行了开采，并将其分销权授予一些意大利银行家，包括佛罗伦萨的美第奇家族（Medici of Florence）和出身名门的阿古斯提诺·基吉（Agostino Chigi，1465—1520 年）。1544—1545 年，威尼斯共和国拒绝履行教皇关于禁止基督徒使用奥斯曼帝国明矾的禁令，因为“不仅异教徒的货物被带到了教会的土地上，异教徒自己也在各地进行贸易，尤其是在安科纳”。[88]

这一时期，欧洲第一本关于染色的著作 *Mariegola dell 'arte de tentori* 于 1429 年在威尼斯出版。[89] 不过这个时期最为著名的一本染色方面的书籍是乔万图拉·罗塞蒂（Giovanventura Rosetti）写的，书中介绍了 108 种染色方法。它的全称是《染色工艺指南》(*Instructions in the art of the dyers*)，但它通常被称为“The Plictho”，书中教授如何通过卓越或普通的染色技艺给羊毛衣服、亚麻布、棉布和丝绸着色。这一时期，染色业的实际发展包括荷兰人科内利斯·德雷贝尔 (Cornelis Drebbel，约 1572—1633 年) 所进行的努力，他于 1607 年在斯特拉特福德建立了一家染色厂。德雷贝尔生产的猩红色布料

[8] 教皇国：位于欧洲亚平宁半岛中部，由罗马教皇统治的政教合一的君主制国家，与神圣罗马帝国有着密切关系，建立于 754 年，是欧洲各国长期政治斗争的产物。1861 年，教皇国的绝大部分领土被并入撒丁王国即后来的意大利。1870 年罗马城也被并入意大利，教皇国领土缩至梵蒂冈。1929 年，墨索里尼与教廷枢机主教签订《拉特兰条约》，罗马教廷正式承认教皇国灭亡。——译注

是用胭脂虫红加上锡和王水（盐酸和硝酸的混合物）媒染剂制成的，这能让染出来的布料颜色更鲜亮。[90]

颜色在两方面都很重要。第一，朴素的颜色可以让织物更具吸引力，特别是当它们与织物的表面纹理结合时，如缎面的光泽或织法迥异的锦缎（图 1.9）。

在近代早期，可供选择的色系越来越多地与色彩和时尚之间的关系联系在一起，这也反映在颜色的命名上。吉万·安德里亚·科苏西奥（Giovan Andrea Corsuccio）在 1581 年的一部作品中提到了各种颜色，包括桃金娘色（fior di persica）、啄木鸟头部的颜色（capo di picchio）、蚕豆花色（fior di fava）和猫毛色（pel di gatto）。[91] 到了 17 世纪，意大利丝绸的颜色已经包括柠檬绿、青柠绿、鲑鱼粉、松石绿和橄榄绿等。[92]

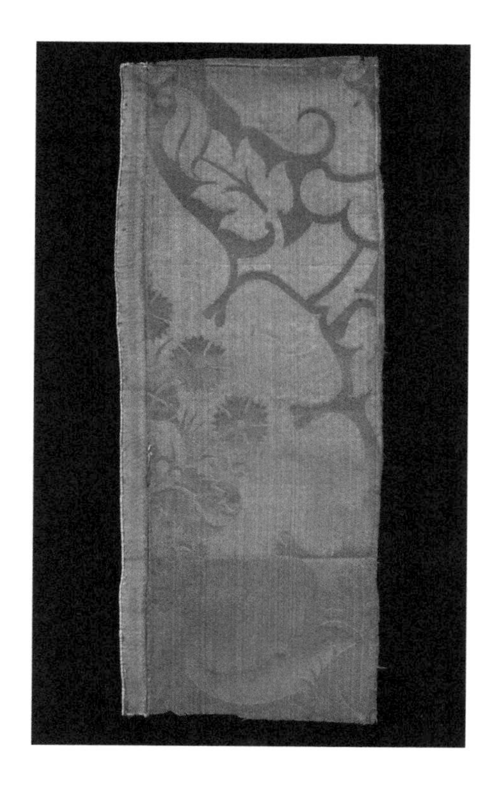

图 1.9　15 世纪下半叶的意大利丝绸锦缎。©Victoria and Albert Museum, London.

第二，有图案的纺织品上使用的颜色也越来越多。它们可以是单色锦缎或镂空的天鹅绒，也可以是使用越来越多的主题和重复图案的多色面料。从15世纪30年代开始，石榴图案在意大利丝绸上越来越流行。[93] 到了16世纪中期，卵圆形格子变得非常突出，而在16世纪80年代又有了新发展：出现了带枝条的花卉图案。到1630年左右，花朵纹样尤其是菊花和牡丹，变得更加自然，通常有娇嫩的茎、叶陪衬。相比之下，15世纪奥斯曼帝国的丝绸图案则通常是波浪纹或虎纹，以及被称为“钦塔玛尼（chintamani）”的三圆盘或豹纹图案。到了16世纪中叶，奥斯曼帝国的丝绸上也出现了椭圆形的重复图案，这可能是受到了中国和中东地区设计的影响，此外还有康乃馨、棕榈、玫瑰和郁金香纹样。[97]

染色是将颜色应用于纺织品的一种方式，印花则是另一种。在意大利、荷兰和德国北部都出现过模板印花技术，并且在琴尼诺·琴尼尼（Cennino Cennini）大约写于1400年的《绘画论述》（*Trattato della pittura*）一书中描述过这种技术。这种技术是将设计图案以浮雕的形式雕刻在木块上。与印度的印花纺织品相比，在17世纪50年代之前的欧洲，这种印花技术相对不成熟。相比之下，威廉·梅斯沃尔德（William Methwold）在他的《戈尔康达王国的关系》（*Relations of the Kingdom of Golconda*，1626年）一书中对科罗曼德棉布（Coromandel）或卡利科白棉布的描述是这样的：“对海岸的描绘确实是我所见过的最精致也是用铅笔画得最好的，颜色也很耐看，即使经常洗其也不会褪色，而且布的寿命很长。”[98] 有许多出色印花纺织品的实例，它们是通过使用糊状物（由染料和阿拉伯胶或淀粉等增稠剂组成）来实现的，即将糊状物涂抹在布料上再进行蒸煮和洗涤。[99]

因此，颜色增加了布料的经济和审美价值，成为近代早期纺织品贸易中越来越重要的一部分。然而，对色彩的渴望是有代价的，染料生产和染色成为政府的立法领域。例如，菘蓝是一种十字花科植物，它会从土壤中吸收养分，使其他作物无法生长。在 16 世纪的英格兰，随着恶劣天气对收成的影响加剧，价格上涨、通货膨胀，这一点变得越来越重要。因此，1585 年 10 月 14 日，英国王室颁布了一项公告，禁止在“任何集镇或其他从事普通服装贸易的城镇周围 4 英里范围内”播种菘蓝。[100] 1586 年 5 月 6 日，南安普顿的治安官被命令逮捕“一个叫库珀（Cooper）的人”，因为这个人试图“违反国王陛下关于禁止播种菘蓝的公告”。[101] 各种纺织品及其相关行业产生的污染也导致政府当局通过立法来限制它们的活动范围。例如，1533 年，巴黎的染色工和皮革工为获得清洁的水源而发生了冲突，这种冲突也反映在城市法规中，该法规禁止毛皮商、拉皮商和染色商在其所在城镇或郊区的家中开展他们的职业活动；此外，该法规规定他们在清洗毛布时要将毛布运到或让人运到杜伊勒里宫下面的塞纳河……禁止他们将拉皮剂、染料或其他此类污染物倒入河中；允许他们在巴黎郊区的夏约（Chaillot）附近工作，工作地应至少距离郊区两弓箭射程，否则将没收其货物（goods）和商品（merchandise），并将其逐出王国。[102]

与此类似，位于沃平的明矾工厂污染了泰晤士河及相关池塘和渠道，导致鱼类中毒，水也无法用于酿酒。[103] 一个世纪后的 1694 年，西莉亚·费因斯（Celia Fiennes）的马因为空气中难闻的气味也抗拒经过黑尔斯修道院附近的一个菘蓝制造工厂。[104]

结 语

让我们再说回约翰·威廉姆斯收到的那些衣服。可以说，它们很好地概述了纺织品在近代早期的重要性。这份清单表明，不同的织物被用来制作不同的服装，同时强调了羊毛料和丝绸相对于亚麻布（和棉布）的重要性和价值。对黑色和黄褐色织物的选择反映出16世纪上半叶流行的两种颜色，并与威廉姆斯本人的社会地位有关。在此后的100年时间里，黑色织物仍然是一个不错的选择，但黄褐色织物不再时髦。羊毛料可能是在英国制造的，但丝绸——可能还有亚麻布，都是进口的。虽然供应王室的大部分货物都是由英国人出售的，但这些人中有许多人的贸易网络延伸到了欧洲各国和其他地区。事实上，随着传统产品与纤维的创新编织和混织、新染料和不断发展的装饰图案一起繁荣发展，纺织生产和贸易确实呈现出国际化的势态。[105]

第二章　生产和分销

苏珊·文森特

1583 年，英国作家菲利普·斯塔布斯（Philip Stubbes）发表了《对滥用的剖析》（*The anatomie of abuses*），探讨了他所认为的当时社会的道德缺陷。在文中，他抱怨说，“每天都充斥着各种数不清的千奇百怪的时尚”。[1]

本卷第二章就探讨了这些千奇百怪的时装是如何来到穿戴者的身上的，后者也就是斯塔布斯观察到的那些穿着他认为既超出他们的能力又过于招摇的衣服从事日常工作的人。斯塔布斯还担心视觉区分体系的瓦解和由此产生的社会混乱，因此反对“杂乱混搭”服装，因为当一个人可以穿任何自己可以“通过任何手段得到”的衣服时，社会混乱就会随之而来。[2]

但斯塔布斯所提到的这些手段是什么呢？处于社会阶梯不同层次的人是如何获得他们的服装的？他们又是如何处理这些服装的？早期的现代服装消

费者需要什么样的技能和知识，需要什么样的财政资源？本章首先探讨了新衣服和它们的获得途径，无论是在家里制作的衣服，还是从专业裁缝那里获得的衣服或是从各种供应商那里购买的成衣。接着，本章考察了购物的策略和服装的持续性物质价值，然后转而探讨二手市场里那些促成服装在其生命周期中被重复使用和分配的众多方面。

新衣服的获取

尽管菲利普·斯塔布斯比大多数人都更积极地表达自己的观点，但他和大多数人一样，认为服装非常重要。在当时的社会里，服装几乎在所有可以想象的领域都很重要，而且获得新衣服并不是一件轻而易举的事。正如本卷的其他章节所表明的那样，服装与宗教、道德辩论交织在一起，严重影响了人们对社会角色和地位的理解，服装的所有权也是法律规定的主题。我们会看到，文艺复兴时期，它的经济重要性在每个家庭中都很重要。大多数人拥有的衣服相对较少，而拥有更多的衣服需要时间、精力和金钱。让我们先从内衣、亚麻衬衫和罩衫（或衬衫）开始说起。这些衣服可以被认为是普及的服装，无论年龄、地理位置或社会地位如何，每个男人、女人和孩子都需要每天穿着它们。穿衣服的时候，每个人都是这样开始的：穿衣服的人把衣服从头上往下套，把胳膊伸进袖子里，袖子一直延伸到手腕，亚麻布一直垂到腿上。由于衬衫和罩衫是贴近皮肤穿的，因此它们可以防止外衣被汗水和其他分泌物弄脏，同时也使厚重的、通常是羊毛材质的外衣穿起来更舒适。内衣本身很快就会变脏，但与外衣不同的是，它也很容易被清洗和漂白。除了这样的功能效用，个人用品——包括头饰、领带、袖口和领子（饰带）——还与体面和尊严的概念结合在了一起：在个人情况允许的时候，干净的白色亚麻布内衣要经常更换，这也是家庭主妇的技能和个人修养的外在表现形式。亚麻布等级也体现了道德、经济和社会价值的渐变尺度：在谱系的一头，粗劣的亚麻布类型，如国内生产的品种，被认为适合工人；而在这一谱系的另一头，上等的进口亚麻布，如塞浦路斯或荷兰产的亚麻布，则被认为适合为有身份和地位的人制作衣服。

家庭及个人亚麻布内衣的制作和护理尤其是女性的专长（图 2.1)。女性会从亚麻布商、市场或小贩那里购买布料（在农村地区也有一些家庭从事亚麻布生产)，然后从亚麻布片上剪下制作内衣的布块，将其缝制成服装。内衣

图 2.1　两个缝纫女工，由格特鲁伊特·罗曼（Geertruydt Roghman）和克莱斯·詹斯·维舍尔（Claes Jansz Visscher）创作于阿姆斯特丹，1648—1650 年。在女工脚下可以看到一个装着衣服或布料的篮子、一把剪子、一把测量用的码尺，以及一卷线。Rijksmuseum, Amsterdam.

的结构很简单，通常是由矩形的布块或其分裁而成的三角形布料缝制而成的，其形状不是通过切割而是通过缝制裥花、褶皱和褶裥来实现的。女性劳动者负责制作衣服上的全部刺绣或蕾丝，还负责对其终生穿着所需的所有洗涤和上浆工作（图 2.2）。

一般而言，所有这些活动都是在家里进行的，但并不总是如此。这些妇女构成了行会系统之外的主要的灵活劳动力，她们可能只为家庭的需要而工作，也可能是职业性的，又或者介于两者之间，要么做计件工作，要么将剩余的产品卖到现成的市场。妇女的亚麻布工作组织上的这种变化可以通过几个例子来说明。

图 2.2 所罗门·崔斯莫森（Salomon Trismosin）创作的《太阳的光辉》（*Splendor Solis*）的微缩图，flo.32v，德国，1582 年。妇女在清洗和漂白亚麻布。©British Library, London, MS Harley 3469.

在15世纪和16世纪的鲁昂（Rouen），两个亚麻布布艺行会——一个出售新的亚麻衣服，另一个出售二手的亚麻衣服——的成员都是女性。[4] 在文艺复兴时期的佛罗伦萨，我们知道有许多不同背景的妇女为更大的市场提供计件工作，包括住在修道院的妇女，尤其是那些修道院的缝纫女工，她们往往来自中产阶级或高阶层的家庭。[5] 我们还知道，由于针线活被认为是女性的一项基本技能，因此妇女也会为自己和家人制作衬衫和罩衫，在最精英的家庭也是如此。在离婚之前，阿拉贡的凯瑟琳王后（Catherine of Aragon）就为英国国王亨利八世制作了多件罩衫；伊丽莎白公主也曾为她两岁的弟弟即未来的爱德华六世缝制过一件罩衫。

同样地，贵妇人布里利亚娜·哈利女士（Lady Brilliana Harley，1598—1643年）也为她的儿子爱德华做了几件衬衫。我们从她写给上大学的儿子的信中得知："我已经为你做了两件衬衫，也许还会继续做。我打算今天就把它们寄出去……我打算，并恳求上帝，能尽快再给你寄四件衬衫……我已经把你的亚麻内衣寄给你了。"在另一封信中，布里利亚娜夫人要求奈德（Ned）给她寄一件旧衬衫，这样她就可以量一下尺寸——在没有样式的情况下，这是一种确保衣服合身的标准方法。[7]

考虑到它们作为内衣的功能及其与主人的亲密关系——包括多年穿着留下的身体的污渍，以及经常由充满爱意的和熟悉的人制作，个人的亚麻内衣会带有一种深刻的私密感就不足为奇了。相比之下，结构更为复杂的外衣是由专业裁缝制作的，这些裁缝通常是男性，但也不全是男性（图2.3）。[8]

目前还不清楚有多少人能买到定制的衣服。当然，精英们使用的是裁缝的专业服务，但这种做法也渗透到相当低的社会阶层。例如，17世纪早期的两

图 2.3 西班牙裁缝书 *Geometria y traca* 中的木刻画，作者迭戈・德・弗莱尔（Diego de Freyle），塞维利亚，1588 年。木刻画上的裁缝们正在缝纫，还有一个人在测量准备裁剪的图案或布料，衣服挂在他们身后的架子上。Folger Shakespeare Library, Washington DC.

个托斯卡纳裁缝的账簿显示，他们的客户包括理发师、修鞋匠、水手和建筑工。[9] 由于一件衣服的主要成本在于布料和辅料，而不是裁缝的劳动，因此似乎每个有能力购买布料的人都负担得起衣服的制作费用，至少偶尔是这样。这与裁缝的数量和分布情况是一致的，他们的店铺甚至在农村小镇都有，他们的服务则通过流动人员延伸到更远的乡村。在约克这样的大城市，到中世纪晚期，没有人“能距离裁缝超过一箭之遥”；[10] 在欧洲城市，服装工匠占据了整个街区，其组成的团体是当地的一个主要行会和市政存在。

裁缝无处不在，但幸运的是，他们是好邻居：他们的业务不会产生噪声；除了布料，不需要任何特殊资源；与许多工艺过程相比，不会产生肮脏的废物。开办制衣坊的费用很低，技术很容易“携带”，所需设备也相对便宜和简单：剪刀、大头针、针和线、熨斗、粉笔、给客户量尺寸的羊皮纸条、给布料量尺寸的码尺。[11] 不过，虽然裁缝数量最多，但还是有更多的行业为成品服装的生产做出了贡献。这个“完整的供应商谱系”包括帽匠和袜匠、鞋匠、皮革匠、刺绣工、胶水匠，以及可能的许多其他专业的工匠（图 2.4）。[12] 在 1569 年至 1579 年的十年间，佛罗伦萨的尼科洛·迪·路易吉·卡波尼（Niccolò di Luigi Capponi）从 67 个不同的制造商或销售商那里购买了服装，这足以说明富人的服装可能涉及的数量之大。[13] 特别是在高端市场，在所谓的“协作”过程中，许多工匠可能只参与了一件衣服的制作。[14] 在这一时期，大多数涉及服装生产的行业都被组织成行会，负责监督学徒的培训、商品的质量和成员的

图 2.4 《鞋匠》（*The Shoemaker*），约斯特·阿曼（Jost Amman）的木刻作品，为哈特曼·肖普尔所著《贸易之书》（拉丁文原名 *Panoplia omnium illiberalium mechanicarum*，英文名 *Book of Trades*）的插图，法兰克福，1568 年。一位妇女在工场未关闭的窗户前停下来，检查一双鞋。在前景中，男人们正坐着缝纫。Wikimedia Commons.

福利，此外还参与公民治理工作。然而，这种官方的情况掩盖了存在于主流行会结构之下的非正式的分包和计件工作层，即较贫穷的工匠和妇女会为企业家和较富有的行会主人提供流动的劳动力，或将家庭生产的物品供应给市场供他人销售。

当委托制作一件新衣服时，客户通常会提供面料和饰物，他或她会先从绸缎商或布商（前者通常出售的是更昂贵的纺织品如丝绸和天鹅绒，后者则出售毛呢织物）或者当地市场上购买原料（图 2.5），然后把这些东西拿给裁缝

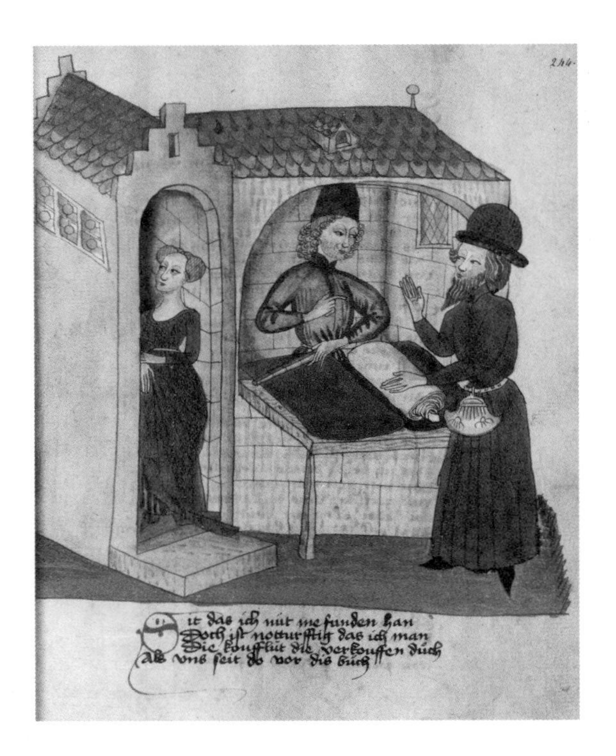

图 2.5 《布匠》(*Der Tuchhändler*)，微型画，来自《康拉德·冯·阿门豪森的国际象棋寓言书》(*Schachzabelbuch des Konrad von Ammenhausen*)，汉斯·席林（Hans Schilling）著，1467 年。一个布商在店里为顾客量布。Stuttgart, Wirttembergische Landesbibliothek, Cod.poet.et phil.fol.2，f.244r.

并附上成品服装说明，通常只需几天时间就能完成成品。[15] 这些步骤看起来似乎很简单，但要成功实现，需要顾客具备一系列特殊的能力。首先，他或她需要能够判断面料的质量，即它是否能够很好地构成成品服装，以及这份成本的合理性；其次，鉴于面料的销售价格可能没有固定，因此顾客还需要具备与零售商讨价还价的能力。[16] 所有这些技能在 1534 年一位为莱尔夫人（Lady Lisle）服务的绅士约翰·胡赛（John Husee）寄给莱尔夫人的信中都得到了体现。信中，他告诉她："（我）已经买了十二码的绸缎；我想没有比这更好的布料了：它花了我很多钱。我还没有把它交给（裁缝）司各特先生。"

在汇报了这桩简单的交易后，胡赛接下来开始考虑购买银布，也就是一种用银线或银条织成的极其昂贵的丝织物，他对银布的采购非常谨慎。

他继续写道："至于银布，我找遍了这个城市，也问遍了包括陌生人在内的其他所有人，但没有发现一个让我满意的价格。我可以随便买一点来充数，但这对夫人你来说是不值得的，因为它们配不上你尊贵的身份。我找到了三个还过得去的款式，我把它们的样布也一同寄给你了。它们分别是普通的布料，每码 40 先令；点缀着银结的紫罗兰布，每码 46 先令 8 便士；还有一款是带树叶印花的布，每码 40 先令。但我最喜爱的是那白色的银质布料，它在衣服上呈现的效果最好。我今天看到韦林先生买了 7 码同样的布，他为之支付的价格是每码 43 先令 4 便士。在不知道夫人的意愿之前，我是不敢妄自做主的……"[17]

然后，胡赛看了很多更便宜但劣质的布料样品，最后敲定了三个候选样品。虽然最后的决定是由莱尔夫人来做，但他会就哪件衣服她穿起来最好看向她提出建议，并推断用哪块布料做的成衣效果最好；尽管布料仍然很贵，但他能以比别人便宜的价格买下它。总的来说，胡赛表现出自己是一个见多识广、眼光敏锐的采购者。

选择了布料以后，顾客必须决定购买多少。因为纺织品本身价格昂贵，而且在裁剪完衣服以后，裁缝会将剩余的布料留作己用（图 2.6）（顺便说一下，顾客必须相信裁缝会尽可能高效地完成工作），因此没有人愿意买超过最低尺寸要求的布料。每个人都知道他们的服装需要多少布料。除了这些更实用的能力之外，顾客还必须对服装的设计和时尚性做出决定，这反过来又需要他们对当前的流行趋势进行了解和审视——例如，边饰的种类或者袖子的最新款式。在没有时尚广告的情况下，欧洲文艺复兴时期的街道和公共空间就是人们观察的场所，那里的居民会互相观察对方的新造型和新想法。[18] 菲利普・高迪（Philip Gawdy，1562—1617 年）在伦敦写给他在诺福克老家的贵族家庭的信

图 2.6 《裁缝》（*The Tailor*），约斯特・安曼（Jost Amman）的木刻作品，描绘了哈特曼・肖普尔的《贸易之书》里的场景，法兰克福，1568 年。欧洲各地对裁缝的描绘非常相似。除了熟悉的工具和车间的布局，这张插图还展示了工作台下面一个收集残余织物的盒子。人们在没有玻璃的窗户前缝制布料，以获得最佳光线。©Wikimedia Commons.

中就充满了这样的观察，从而确保时尚信息从城市传播到外省。例如，他向他的嫂子保证，他看到伊丽莎白女王及其宫廷女官都穿着与他寄给她的那件长袍相同风格和剪裁的衣服（塔夫绸质地，袖子是侧开缝款式的），而且“那是现在最新的时尚”。[19] 信件也可能在更广泛的范围内传播品味，因为关注时尚的人也会关注欧洲其他中心城市的潮流。

在英国资产阶级革命期间，安妮·李（Anne Lee）写信给流亡的玛丽·维尼（Mary Verney）夫人，向其询问国外的流行资讯：“夫人，我听说你在帕雷斯（巴黎），你会接触到所有新的时尚，因此我不会做新的衣服，直到你告诉我他们现在流行穿什么。我听说他们现在流行的是法式袖子和三角胸衣。”[20] 此外，宫廷圈子里的人还可以让他们在国外的联系人给他们寄一些时装玩偶，也就是身着最新服装款式、展示用的微型人偶[21]（图 2.7）。

图 2.7　时装玩偶“潘多拉”，16 世纪 90 年代。Livrustkammaren/The Royal Armoury, Stockholm.

在文艺复兴时期的社会，个人对自己的穿着打扮所承担的责任比后来大，因为后来的社会有了时尚媒体和大规模生产，消费者的主要精力都花在了选择上。购买定制服装，特别是在高端市场，是一种富有想象力的努力，而在这方面做得最成功的人表现出具有实用知识和设计天赋。在一些人看来，顾客投入的创造力甚至比裁缝投入的大。例如，在威尼斯共和国，有一种言论认为裁缝的用处只在于他们的裁剪和缝纫技术，而在其他方面他们只能遵循顾客的愿望，这些顾客会“不断想出新的、不同寻常的服装款式”。[22] 这是一种极端的表述，因为一些为精英顾客量身定做服装的高端工匠无疑正在突破他们的行业界限，尝试新的款式和设计方案。[23] 然而，这个行业鱼龙混杂，既有使用奢侈材料的大师，也有以缝制工作服和修理衣服为生的流动工匠。在这种服装市场中，消费者和生产者的角色有些模糊，购买服装的顾客也被视为购买实用技术的客户，以便实现他或她自己的想法。当然，在获得新衣服时，人们往往会说这是他或她自己创造的，从话语上绕过了参与的工匠的投入，这令人震惊。正如安妮·李在给玛丽·维尼夫人的信中所写的那样，在了解到巴黎最新的流行趋势之前，她不会做新衣服；露西·哈钦森（Lucy Hutchinson）在关于她丈夫约翰（1615—1654 年）的回忆录中写道，他“温文尔雅，对制作好衣服有很大的兴趣”。[24]

不过，并非所有的新服装都是定制的。各类卖家提供了各种现成的服饰。男装店和女帽店有帽子、珠宝、扇子、羽毛、手套和香水等出售，也备有亚麻服装和刺绣品，如女士马甲（waistcoat）和紧身小衫（partlet，用来覆盖低胸上衣的填充件）。菲利普·高迪（Philip Gawdy）想为兄弟买一顶现成的帽子（他的描述里也使用了这样的词），但发现没有他喜欢的，只好“专门定制”

图 2.8　制帽人（The Hatmaker），由约斯特·安曼（Jost Amman）木刻，描绘了哈特曼·肖普尔所著《贸易之书》中的场景，法兰克福，1568 年。©Wikimedia Commons.

了一顶——这也为我们提供了一个早期的“定制服装”的例子，定制服装即指那些单独订制的服装（图 2.8）。[25] 亚麻内衣、领带和睡帽也可以由缝纫女工制作，在摊位或商店出售。[26] 在 1605 年出版的法 - 英语学习教材《法国花园》（*The French garden*）中，有一段对话是关于一位女士购买布料和时装的。在女士讨价还价并购买了一些麻纱以后，店主试图诱惑这位女士购买更多的东西：

> “范达克领 [1]、手绢、睡帽，
> 袜子，镶边蕾丝，
> 毛线靴——刺绣的毛线靴，
> 您看您还需要其他什么我们这里卖的东西吗？” [27]

[1]　范达克领：一种流行于 15 世纪、宽而平的装饰大翻领。——译注

农村消费者从流动商贩那里获取这种商品，例如随身兜售家庭和个人物品的背包客和小贩。玛格丽特·斯帕福德（Margaret Spufford）把17世纪英国流动商贩所携带的物品分为三类：纺织品（主要是亚麻制品）、缝纫杂货（如别针、针线、钩眼钮扣、缎带、梳子、袖珍镜子和蕾丝），以及现成的穿戴用品（如袜子、手套、头巾、帽子、绑带和兜帽等）。[28] 这些成衣市场可能是受到文艺复兴时期服装的"组装"特性的推动，在这种特性下，各个部件都要用带子系好或用别针别成一个整体。这意味着不仅连接组件的饰带和链接物需要分开购买，袖子和紧身小衫等物品也是如此。一套完备的装扮看起来是由基础服装组成的，但是这些小件物品可以单独购买，也可以换着穿。

我们知道在托斯卡纳有出售成衣的裁缝，同样，意大利的城市里也有卖成品袜子的袜商；在16世纪的佛罗伦萨、巴黎和威尼斯，二手衣服的经销商有时也出售新衣。16世纪初，即使在贝德福德郡的小城镇和村庄，顾客也能买到一些"小物件"，当地可能还有一些大件的成品服装。[29] 在16世纪末和17世纪初的低地国家，成衣贸易非常繁荣。这些成衣是由小规模的工匠通过分包的方式为那些更具经济实力的企业家伙伴生产出来的，包括紧身上衣、马裤、斗篷和长筒袜。虽然这些物品比订制的服装便宜，但它们仍然超出了普通工人的承受能力，购买者很可能来自社会的中层阶级。一些经销商的库存确实很大：1604年，安特卫普的一个袜商有着2 000多双长筒袜，依靠其送货网络为各地区的城镇贸易商和零售店店主供货。其他经销商不仅通过市场的摊位向农村顾客发送货物，而且远至汉堡和科隆等德国城镇进行交易。[30]

通过代理人购买服装

正如菲利普·高迪的家书所表明的那样，通过代理人购买服装和其他纺织品是一种常见的策略。[31] 简单地说，这是一个普通的请求，即某人代表另一个人去购买特定的商品。亲戚、朋友和代理人的地理流动性经常都以这种方式被利用。一个人在商业中心旅行或居住成为可以让许多人受益的契机。

代理购买涉及的能力范围与个人购物的相同，但这些能力是以他人的名义行使的。显然，提出请求的人必须相信他们的代理人——首先是相信他们的诚实，其次包括相信他们关于实用和审美的判断。他们能分辨出便宜货和奢侈品或衡量一系列纺织品的不同优点吗？他们能准确评估所购服装的数量和尺寸或判断它们的时髦程度吗？对于当时的假设是，男性和女性都能表现出这种能力。但事实上，男性的更大的地理流动性可能意味着他们更经常被当作代理人，代表男性和女性联系人购买个人物品。菲利普·高迪不仅为他的父亲和兄弟采购服装，也为他的母亲和弟媳采购服装，为他们购买各种织物和装饰物（如锦缎、塔夫绸、金线和钮扣等），以及穿戴用品（如袖子、手套、裙撑、护腿和发卡等）。

因此，男性代理人的活动与“时尚是女性化的”，以及“购买家庭服装和织物是妇女的职业”这一由来已久的印象背道而驰。这些信件显示出男性购物者在购买其他纺织品和服装方面的积极性，他们既要做出实际的决定，又要做出品位上的判断。男性代理人可以代购男性和女性服装。

然而，通过代理购物绝不是万无一失的，当时的一些信件告诉我们这个过程可能会出错的一些情况。如果被委托方没有得到足够的信息或者不确定要代为购买什么，那么他或她将申请获得更多细节，或者将决定权交还提出要求的一方，就像约翰·胡赛在为莱尔夫人采购银质布料时所做的那样。当时的信件也表明，代理人可能会拖延时间，对代理人的提醒也日益被强调。很多时候，物品的必要性会产生作用，即要求采购物品的一方会强调他们对衣服的需要，而不是仅仅说他们想要它。

代理购物的另一个特点是，在这条采购链中可以很容易建立起来的链接的数量可能很大。在最简单的情况下，只有两方参与：提出诉求的个人和履行诉求的个人，后者可能还亲自负责交付物品。但在很多时候，代理人不仅会代表另一个人提出购物请求，其本身也可能向第三方甚至第四方寻求帮助。再加上利用朋友、朋友的仆人和专业承运人来运输货物，即使是最简单的交易也可能波及越来越大的参与圈子。提出诉求的一方和采购货物的一方的关系也不是必然一定的。随着情况的变化，其承担的角色也会发生变化：代理人可能成为购买人，反之亦然。

关于这种获得衣服的方法，还有一件更值得注意的事情。如果服装是一个人身份的重要方面——一种主体性的表达——那么通过代理获得男女个体的服装无疑是重要的。如果一个人的着装选择能让我们了解他或她是谁，那么当这些选择被托付给别人时，我们能了解到什么？在这些例子中，外表在一定程度上是个人自我塑造的产物——这是文艺复兴时期反复出现的一个主题[32]——但在某种程度上也是共同创造的结果。因此，在代理购物很常见的情况下，我们看到的可能是身份边界的模糊化。服装可能表明了个性，但它也描述了相互发生关系的网络。

服装的价值

购买定制和现成的服装，无论是由穿着者自己还是由代表他或她的人购买，都只是一个更大、更复杂的服装获取和再分配网络中最明显的部分。[33] 服装的这种多样化和不稳定的流通是以其价值的确定性为基础的。对大多数人来说，服装是社会各阶层的主要支出类别，体现了其重要的金融投资属性。在银行设施少、硬币短缺的经济体中，服装是一种投资方式，可以在需要时变现。服装是储存的财富，因此可以变回现金、兑换成信贷、用来偿还债务或作为服务的报酬。[34] 关于服装作为资本并在很长一段时间内保持其价值的潜力的一个显著例子来自佛罗伦萨的档案。1490 年，一个叫马尔科·帕伦蒂（Marco Parenti）的丝绸商人卖掉了他妻子的红绸结婚礼服（红色是当时最昂贵和最流行的布料颜色）和单独的金线刺绣袖子。他的妻子去世多年，而且这些衣服本身是在1447 年为他们的婚礼制作的，已经有43年的历史了。尽管年代久远，帕伦蒂还是以 57 枚弗罗林币[2] 的价格出售了这些衣服，这大约相当于一个家庭一年的衣食住行的费用。[36]

另一种看待服装价值的方法是考察制服（livery）。制服要么是向被雇用方提供的布料或服装，要么是向被雇用方提供的、为获得这些物品所需要的一笔钱，要么是可供穿戴在身上的象征从属关系的标志性饰品。[37] 在劳动合同中，制服是很常见的一部分，尤其是在学徒和家政服务中。伊丽莎白女王的占星师约翰·迪（John Dee，1527—1609 年）在招收新仆人时就将制服纳入

[2] 弗罗林币：florin，1252 年前后开始在欧洲一些国家流通的货币，由足金制造，每枚大约 3.5 克。——译注

约定的薪酬条件里。1595年的米迦勒节（Michaelmas）[3]期间，约翰·迪雇用玛杰里·斯图布（Margery Stubble）当保姆。她的年薪是3英镑外加一件黄褐色的长袍，而与她同时受雇于约翰·迪家族的爱德华·爱德华兹（Edward Edwards）则有40先令和一件制服，衣服的确切形式没有说明。[38] 大约在同一时期，一位名叫艾林（Ellin）的年轻女子在威尔士的康威山谷的一户人家做工。她在这个家庭大约做了15年女佣，获得了大量服装，但似乎只得到了很少的现金或几乎没有现金。[39]

服装的高成本意味着它的维护和保养是一个重要事项，既要保护服装，也要保护它所代表的投资价值。这种对资源的节制延伸到了装饰模式和制作方法上。服装是用尽可能少的布料裁剪而成的，有些时候图案本身是用更小的废料拼接而成的（图2.9），还会使用各种布料组合。这样一来，一件衣服上看不见的部分就会用比较便宜的材料来制作，而把最好的材料留来制作最终会露出来的部分。保护性的收边和镶边——也就是一些饰带或作为装饰图案的织物——也可以用于保护服装的下摆和边缘，当需要翻新时可以很容易地对其进行更换。同样，对现存实例的研究表明，拆解和翻动零部件是延长服装寿命、保持其外观和价值的一种常见方式。[40] 如图2.10所示的绗缝紧身上衣就不是用新材料裁剪和缝制的，而是用从既有物品中拆解出的材料精心制作的——并且那件既有物品很可能是床罩。这种再利用和翻新的现象也出现在书面记录中。

[3] 米迦勒节：基督教节日，纪念天使长米迦勒。西方教会定在9月29日，东正教会定在11月8日。节日纪念活动隆重，尤其在中世纪，欧洲许多民间传统习俗都与它有关。

——译注

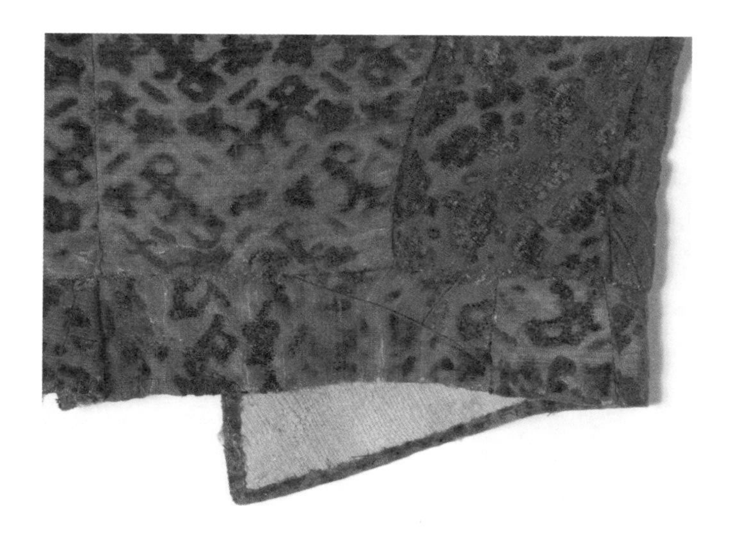

图 2.9　17 世纪早期的紧身上衣。这个细节展示了是如何用各种图案的小块布料拼接成这件衣服的。©Manchester City Galleries.

图 2.10　用别的衣服上的绗缝象牙缎制作的套装，上面饰有丝质彩色穗带。英国，1635—1640 年。©Victoria and Albert Museum, London.

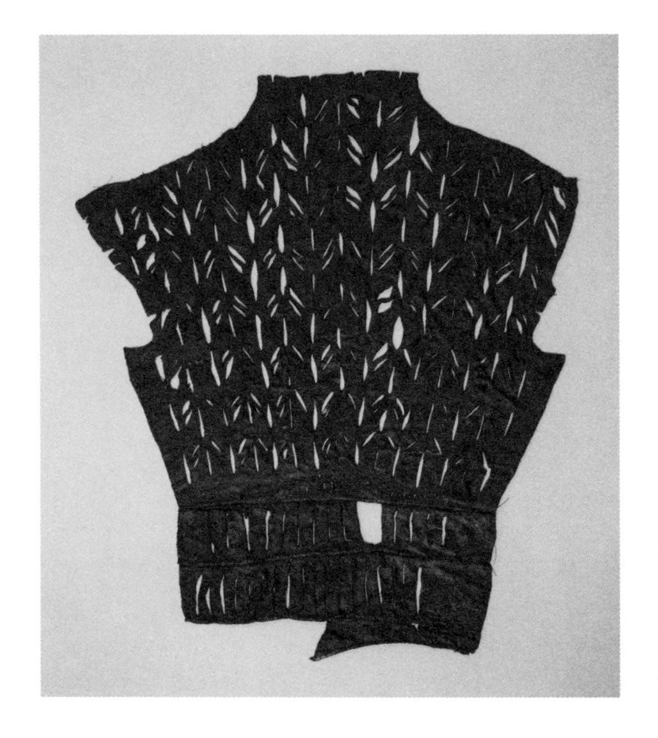

图 2.11 一件精心剪裁的 16 世纪的英国皮革紧身上衣。©Metropolitan Museum of Art, New York.

1458 年，艾格尼丝·帕斯顿（Agnes Paston，卒于 1479 年）给自己写了一份备忘录，上面列出了她要做的事情，其中一项就是查看她儿子克莱门特（Clement）有多少件长袍，以及让那些破旧长袍的绒毛立起来（用起绒刷的尖毛头梳理）。她还注意到，他的一件蓝色短袍已经被这样梳理了一次，而这件蓝色短袍本身就是用另一件长袍重新制作的。[41] 对衣服和其他纺织品的重复利用融入了每个人的生活方式中，即使是最富有的人也不例外。例如，多塞特伯爵（Earl of Dorset）把衣服和马衣改造成家居用品；1619 年，他把自己的三件旧衬衫送给妻子，让她裁成碎布（用作抹布或尿布等）。[42]

了解纺织品和服装的成本以及对它们的打理方法，非常有助于我们了解当时流行的开衩设计和锯齿形剪裁，因为这些装饰性的剪裁和褶皱是文艺复兴时期精英服装的一大特点（图 2.11）。

对奢侈材料的这种奢侈、铺张的使用，将炫耀性消费的基准定得很高。美丽而大胆的设计声明——“开衩、裁剪、雕刻、锯齿剪裁”[43]——这样的时尚对于担心衣着过度暴露和道德危险的旁观者来说，也一定是令其光火的。

然而，作为一种商品，服装的社会价值远远超过其实用价值和货币价值。服装的独特之处在于，它还作为个人记忆和意义的载体，参与了社会身份的形成和表达。使用价值、交换潜力、审美承诺、个人意义、文化意义：所有这些，服装都具有。这些价值层次意味着可以确保衣服有持续的生命力。经重新裁剪和缝制后的很长一段时间里，服装在一个完整的再利用的世界经历了各种转变，从一个主人流转到另一个主人。我们现在要讨论的就是这些二手衣服的流通。

作为礼物的服装

在这一时期，新衣服的赠送在许多情况下都很常见——例如，将赠送的新衣服作为感情的信物，或在婚礼和葬礼上向客人分发手套的习俗，或为争取特殊优待而将服装作为礼物，不过，我们在此章关注的是个人服装的赠与。通常情况下，这种赠送是沿着社会等级制度从上往下进行的，也就是从上流社会阶层流传到较低的阶层，这种流通既包括服装这种物品，也包括关于时尚的想法，例如君主赠与他或她的廷臣、主人赠予仆人、户主赠与其家属等。

我们知道亨利八世送出了大量他和他家人的服装——仅 1516—1521 年，就有 91 位接受者（计数单位包括个人、双人和小团体）。[44] 尽管亨利八世的慷慨是非典型的，但他的捐赠行为本身是符合传统的且这种传统是由来已久的，意即仆人们从男主人和女主人那里得到后者淘汰的衣服在当时司空见惯。这种馈赠代表了一种更有力的交换，而不是简单地给予新服装或以服饰的形式履行合同义务。已经穿过的衣服被赋予了主人的身份和地位——它们是具有私密属性的——而将它们作为礼物则意味着偏爱和回馈。作为回报——根据礼物交换的互惠原则，衣服的接受者需要提供服务、对其效忠。在一个由主仆关系构成的社会中，服装成为一种媒介，通过它可以传递忠诚、善意和恩惠。衣服的捐赠帮助编织了社会关系结构："服装的馈赠是社会组织的一种构成性表示"。[45]

个人获赠的衣服可以用于各种用途。显然，被赠予者可以留着这些衣服供自己穿着。1540 年，莱尔夫人的女儿凯瑟琳・巴塞特（Katharine Basset）就从拉特兰夫人（Lady Rutland）那里得到一件"她以前穿的"大马士革长袍。这件礼服后来被凯瑟琳自己穿了：她计划用廉价的粗布重新为其做衬里，然后用天鹅绒镶边，以此对这件衣服进行有效的翻新。[46] 不过，当被赠予的服装的尺寸、性别或地位属性不适合其接受者时，它们的价值就会以不同的方式来体现：要么被裁剪，其布料用于"新"服装或家具；要么在二手市场上被出售。[47]

这种礼品经济的另一个主要特点是，赠送者不一定是在世者。遗嘱式的衣服馈赠非常普遍，并将礼物的社会构成性延伸到坟墓之外。[48] 在这种情况下，死后的捐赠可以分为两种：慈善捐赠和个人性质的捐赠。前者通常包括遗赠给有需要的穷人的布匹或衣服，或购买同样的东西所需的钱款。在这种情况下，立遗嘱人的私人服装很少被用作遗赠。作为对这种慈善行为的回报，受益人要为死者祈祷，而对这些衣服的持续使用和穿戴也使捐赠者的社会身份和人们对其身前的记忆在其死后得以延续。[49] 在整个中世纪晚期和近代早期，这种为人口中最贫困者提供衣服的做法都很突出。在宗教改革运动[4]时期，尽管社会存在教义和政治上的分裂，但这种做法仍然存在。

不过，大多数的衣服遗赠都是个人性质的，即遗嘱人将自己的特定衣服捐给特定的人。[50]通过这种捐赠，受赠人对捐赠者的记忆得以延续，在这一点上其超过慈善捐赠。他们还将感情的纽带具体化，可能加强家庭之间及跨代之间的尊重、往来和义务性的给予与接受。这一点在詹姆斯·怀特洛克爵士（Sir James Whitelocke，1570—1632年）的家族回忆录中的一段复杂解释可以看出。一位克罗克（Croke）先生曾帮助托马斯·蒲柏（Thomas Pope，他当时是克罗克家庭雇员的一份子）加入为国王服务的队伍。“这位克罗克先生，”怀特洛克解释说，“是我妻子的曾祖父。”为了感谢这一恩惠，托马斯·蒲柏在遗嘱中给克罗克先生的儿子约翰爵士（Sir John）留下了“他最好的衣物，以表达他对这所房子和家族的爱”。[51]这一特殊遗赠的纪念性和构成性在多年后的亲属关系中引起了共鸣，受赠人的孙女的丈夫将其作为家族历史的一部分记录下来。

这笔遗产对怀特洛克的重要性似乎还与衣服的定性评估有关——上述遗赠是蒲柏先生“最好的”一些衣物。这是遗嘱中遗赠的一个共同特点，即衣服通常按颜色、功能和状况来描述——“我最好的衬衣”“我最差的短袜”[52]，并根据个人与遗嘱人关系的强弱和性质来分配。通过这种方式，服装捐赠也非常清

[4] 宗教改革运动：16世纪欧洲资产阶级以宗教改革为旗号发起的反封建运动，主要反对教皇通过教会控制各国以及天主教会内部的骄奢腐化。1517年马丁·路德发表《九十五条论纲》，揭开宗教改革运动的序幕。运动迅速在欧洲多国展开并形成一些派别。运动的直接结果是产生了包括路德宗、加尔文宗和安立甘宗三大宗派的基督教新教，在一定程度上冲击了欧洲封建制度。——译注

晰地物化了个人和情感的层次，将商品价值与情感、亲属关系相匹配。

当然，在最基本的层面上，纺织品和服装的遗嘱捐赠也是有用的，它让受赠人可以选择丰富自己的衣橱，或以某种方式重复利用该遗产，或通过出售或交换实现其经济潜力。1633 年，一位名叫伊丽莎白·巴斯比（Elizabeth Busby）的妇女就在接受了一笔家庭和个人用品的遗产之后对这些选择进行了探索：她当掉了一条洗礼床单，卖掉了一件马甲，用一块面巾做了一条围裙，又用一块桌布做了几件罩衫。她拆掉两条环状皱领（制作这种含大量褶皱的配饰需要相当多的布料），为自己留下了一部分布料，而后将另一部分卖给了邻居。她用一顶大帽（孩子的帽子、男人的睡帽）做了一块头巾，用另一块亚麻布做了一块领巾，然后把二者也卖了。[53]

这几个例子说明了衣服可以以多种方式赠送，并且揭示了一种曾经很普遍的做法。这无疑是获得服装和其他纺织品的一种常见方式，也表明了接受者并不一定要把这些礼物留给自己穿。伊丽莎白·巴斯比就将她接受的一部分遗产转化为现金和信贷，当然，这意味着同一块亚麻布又被转交给了新的主人，有了更多的用途。

二手服装市场

衣服的买卖和典当在服装流通中起着至关重要的作用。[54] 研究表明，二手服装市场是一个活跃的、流动的和多层面的存在，它满足了所有层次的需求，并提供了一个服装库存，消费者几乎可以从中购买到任何价位的东西。通过它的运作，服装在不同阶层和场所流动，在不同的地位群体之间和不同的地理位置上流动。例如，我们了解到，马尔科·帕伦蒂卖给佛罗伦萨的二手商贩的金线刺绣袖子最终可能会被一个人作为衣服的一部分穿在身上，而这个人在这个金线刺绣袖子还崭新的时候或者其与原来的长袍作为一个整体时，他或她是没有能力购买的。在城市环境中衍生出来的时尚也可能会传播到新的农村家庭。

这种广泛的覆盖范围是二手服装生意的一个显著特征，使二手服装生意有别于后期的服装转售和信贷业务，在后面这些业务中，获取和利用服装的手段更多地局限于平民消费者。某些情况下，在文艺复兴时期，几乎任何人都可以出售或典当他们的衣服。许多资料记录了发生在社会各阶层的交易，向我们展示了当时的劳动者和商人、牧师和修女、贵族和皇室都参与了这种替代经济体系。[55]

经营这个信贷和转售系统的男性和女性就像他们的顾客一样多样化。其组织结构存在地区差异，但在任何地方，市场都是价格与程序的统一体。最上层的是店主和公会成员：在佛罗伦萨和博洛尼亚，他们被称为“rigattieri”；在威尼斯，他们被称为“strazzaruoli”；在讲荷兰语的低地国家，他们被称为“oudekleerkopers”；而在伦敦，顾客会拜访一个维护者或旧衣商。在这个层面上最成功的人，凭借创业技巧，可以变得非常富有。地位在商品经销商下面一层的是市场上的摊主，然后是一系列不受管制的流动商贩和街头卖家。新人很容易加入这种非正式的交易，因为它不需要设备、手工技能或培训，虽然需要一双精明的眼睛来评估一件衣服的价值，但没有中间费用，而且容易与其他活动结合。基于这些原因，低端的二手交易为妇女、移民和新入行者提供了就业机会。这种贸易也自然而然地与典当结合在一起——衣服是到那时为止最经常被典当的商品——在实际中，很难将这两种活动区分开来；也很难分辨出一种活动在何时结束，而另一种活动在何处开始。[56] 如果我们回头看看伊丽莎白·巴斯比和她对1633年遗赠给她的亚麻布的处理，我们会发现她对这个市场的参与是处在最非正式的层面上的，即直接向邻居们出售和典当物品。[57]

最后，这些经销商的存货来源与经销商本身一样多样。这些货源包括由个人带来的希望出售或典当的服装，以及反过来被买下的、与其他人一起典当的未赎回的抵押物。交易商可能在公开拍卖会上竞拍债务人的财产或死者的遗产，而一些更有开创精神的人也会出售现成的物品——由裁缝、缝纫女工和其他服装业工匠提供的成衣制品。曾是一名裁缝的编年史学家约翰·斯托（John Stowe，1524/1525—1605年）在对伦敦的调查报告中指出了服装库存的另一个来源。斯托写道，他曾读到一名乡下人（许多读者会理解，他指的是一个对城市的行事方式特别是那些不怀好意的人的欺骗行为没有经验的人）在西敏寺大厅丢失了头巾。他去了康希尔——一个以出售二手服装的小贩而闻名的街区，然后发现它被挂在一个"fripperer"的摊位上出售，于是被迫把它买了回来。[58] 这个故事是否描述了一个真实事件，我们不得而知，这不重要，它所描述的是旧衣服和非法行为之间的联系，而这种联系确实是非常真实的。盗窃和转售之间的联系是显而易见的，也就是说，一件衣服可以从它的主人那里消失，然后重新出现在典当行或二手商贩那里，这导致一些政府当局试图通过对二手服装交易施加更严格的限制来打破这种联系。例如，1454年在博洛尼亚，政府当局对发生夜间盗窃感到震惊，因此要求中间商和二手服装经销商提前关门歇业，使快速处理赃物的难度提高了。[59] 我们现在要讨论的就是二手服装交易的这一个黑暗面。

偷盗衣服

衣服和其他纺织品是最理想的偷窃对象。它们有用处、有价值且易于盗窃和携带，所有这些因素结合在一起，衣服成为主要的被盗物品类别就不足为奇了。鉴于盗窃在时人所犯罪行中所占比例最大，那么通过某种手段盗用服装一定存在一种始终潜伏着的可能性，也是许多人的真实经历。这类盗窃案发生得如此频繁，以至于一部小偷和流浪汉分类法的作者托马斯·哈曼（Thomas Harman）称这类犯罪者属于一种特殊的犯罪者亚种，称为“使钩人（hookers）”或“垂钓人（anglers）”，因其惯于用带铁钩的长杆通过打开的门窗从挂在外面的衣架上摘取衣服而得名。[60]

不管这些文本作为证据的地位如何，这种做法肯定是真实存在的。尤其是当我们想到当时大多数普通的房子还没有窗户玻璃，而是用遮板来阻隔黑夜和恶劣天气，通过窗户来偷盗物品就变得更加容易理解了。英国驻威尼斯大使达德利·卡尔顿（Dudley Carleton，1574—1632 年）就描述过一次这样的盗窃活动。在一封写给朋友的信中，卡尔顿讲述了两个来访的英国人喝得酩酊大醉地躺在床上，其中“一个人的衣服在他醒来之前被拿走了，或者说被钩出了窗户……”。[61]

1641 年，布商威廉·卡利（William Calley）一家也遇到了这样的盗窃活动：“4 月 10 日，星期六，晚上 12 点到凌晨 1 点，我们丢了八条新帆布（一种粗糙的亚麻布）被单，这些被单是放在花园里等待漂白的。”[62] 与托马斯·哈曼所描述的由专业人士实施的有组织犯罪不同，威廉·卡利怀疑偷他们床单的人实际上是认识的人，而他在这一点上可能是正确的。除了拦路抢劫（经常以衣服、现金和珠宝为目标），大多数的衣物盗窃活动都不是有组织的，而是随机的——顺手拿走一些无人看管的物品。当时的社会环境既提供了犯罪的知识，又提供了人与人接近的机会，这是助长这种犯罪行为的明确诱因。由于在近代早期的社会，房间和床是供多人居住的，旅行者通常被安排混在一个空间里睡觉，邻居们都注意着彼此的财产和行动，因此存在很多可能的偷窃机会。

一旦被盗，衣服和其他纺织品既可以被偷盗者留下来供个人使用，也可以通过广泛而多样的转售和交换渠道被处理掉。无论是通过经销商、邻居，还是偶然遇到的熟人，被盗的衣服都可以轻易地易主，这意味着这种流转是服装的获取方式的重要部分。虽然这些衣服可能不会被盗贼本人穿着，但它们肯定会被其他人穿。

结 语

现在，让我们从本章开始的地方结束吧，也就是菲利普·斯塔布斯和他对日益增多的服装混搭的恐惧。在花了一点时间考察获得服装的多种可能过程之后，现在我们更容易跨越他夸张的抱怨，去理解它们所依据的现实。只要走在大街上，斯塔布斯就会看到人们穿着各种各样的服装，而这些衣服是人们通过各种方法得到的。许多衣服当然是按照人们的要求制作的——这涉及顾客的特殊专业知识——但这只是一个庞大的获取和损失、信贷、赠送和交换系统的一个方面。斯塔布斯可能会看到一个路人穿着他主人丢弃的衣服，或者一个家庭主妇穿着朋友或亲戚赠送给她的上好亚麻衣服去教堂。旧衣和二手服装也可以用新的衬里和饰物加以修饰，或者被用来重新制成一个完全不同的物品。服装可能被遗赠、出售、偷窃，甚至被租赁。[63] 此外，任何人都可以在这个系统中参与多个环节，既卖又买，既接受赠与又反过来给予他人。在这种持续不断、永不停息的商品流通之下，运行着的是服装的价值和威力——换句话说，这一坚实的事实正是服装对于文艺复兴时期的欧洲世界的根本的重要性。

第三章 身 体

伊莎贝尔·帕雷西斯

从人类学的角度来看，除了装饰作用之外，衣服在保持体面和保护身体不受冷热等环境因素影响方面也发挥着根本作用。荷兰人文主义者伊拉斯谟在《论儿童的教养》（*De Civilitate morum puerilium*，1530 年）一书中，将服装描述为“身体的身体”。然而，穿着衣服的身体比单纯的肉体要灵活多变得多——它的自然外观可以被很容易地重塑。文艺复兴时期开创了一个服装先例，即它用人为的、往往壮观的服装轮廓代替了身体的自然的物理轮廓。穿着衣服的身体是具有文化属性的，有助于表达和塑造西方民族与他们身体的关系。穿着衣服的身体无疑是一切特定社会中的人的身份的主要视觉标志（标志着年龄、性别、工作和宗教）；也是人所属特定等级的标志，从王子到贫民，无一例外。[1] 难怪在文艺复兴时期——它通常被描述为个体诞生的时期——肖像画在精英阶层中非常流行，因为这些人对自己的形象极为关注。欧洲人也对世界各地人的外貌有着强烈的兴趣，其中一大部分人是他们在新的探索和殖民过程中遇到的。在服装书籍、地图册和其他类型的地图上，大量的当时的服装相关印刷品也证明了时人这种人类学方面的原始兴趣。[2]

然而，尽管我们有许多关于文艺复兴时期时髦身体的表述，且其中大部分来自欧洲社会的精英阶层，但那个时期真正的服装——500 多年前的已逝穿着者的遗物——很少被保存下来。我们现在所拥有的大多数罕见而脆弱的实体服装遗物都属于当时的富人，因为社会地位低的穷人的日常服装和常用服装都被穿成了“破烂”。这些仅存的衣服在展示当时人们的手工缝制技术和创意水平方面是非常宝贵的，后者在重塑当代解剖学的内衣样式方面的作用尤为明显。这些服装遗物见证了姿势造成的摩擦或身体运动产生的褶皱给衣服带来的持续性磨损。它们也可以让我们了解穿着者的尺码或体格。所有这些因素都让在一段时间内“居住”于这些服装里的身体有了存在感。本章将重构关于这种着衣的身体的文化历史。

20 世纪 80 年代，乔治 · 维加雷洛（Georges Vigarello）和菲利普 · 佩罗（Philippe Perrot）在他们关于身体历史的开创性著作中，追溯了衣服和穿着者之间的联系。[3]20 世纪 90 年代以来，受文化研究和社会理论的影响，许多学者关注的是特定历史时期的身体，或从一个更宽泛的角度来研究人的身体。[4] 然而，在不断增加的关于时尚的文献中，很少有直接讨论文艺复兴时期的身体和服装的出版物。[5] 当时的书面资料同样未说明这一领域的问题，因为尽管我们有许多关于文艺复兴时期的时尚的见证，但人们在描述穿着时尚物品的身体体验时，要么不那么有洞察力，要么可能认为这样一种共同的、常见的体验不需要阐述。

本章概述了1450—1650年身体与服饰之间联系的重要方面，以及将其与更多现代服饰文化联系起来的发展过程。文艺复兴不仅是一个文化转折点，也是一个经济转折点，当时全球范围内生产和消费的商品——如服装、其他纺织品——的种类和数量都大大增加了。[6]包括二手市场、租赁、赠送、盗窃、抽奖、拍卖或继承在内的许多做法，使衣物能在宫廷之外被更广泛的社会群体拥有。时尚因此变化得更快，也传遍了整个欧洲。文艺复兴时期不断发展的宫廷社会是一个富有创造力的地方，因为它们依赖于一种展示和区分的文化，这种文化把自我展示放在非常突出的地位。[7]服装和身体之间的特定关系发生了演变，并在整个欧洲的不同社会中流转，这取决于一些主要国家（在本章讨论的这200年间主要是指意大利、西班牙和法国）的文化、经济或政治影响，以及它们之间交流的强度。本章将首先概述服装体系中与身体有关的最重要的方面；然后考察服装通过凸显或收紧身体的自然形态来重塑身体的方式；最后考察人们对皮肤和裸体的态度，以及卫生和衣服的护理、维护相关的问题。

穿着衣服的身体轮廓

衣服赋予自然的身体以可见的、社会性的存在。它们掩盖了裸体，因为人们认为这种对自身自然属性的暴露必须加以控制，同时也通过纺织品和其他形式的装饰品体现出性别特征。自14世纪以来，时尚的演变深刻强调了男性和女性的差异化轮廓，在文艺复兴晚期甚至得到了进一步加强。因此，根据穿着者的性别的差异，衣服覆盖身体的方式非常不同。其最显著的区别在于身体的下半部分。14 世纪，整个欧洲的男性服装都缩短了，年轻的贵族们穿上了紧身上衣——一种短而窄的服装，使他们的腿部得到展示——而不是传统的长袍，这种长袍使精英男性的轮廓与女性的轮廓大致相似。从 15 世纪到 16 世纪上半叶，夸张的肩宽和常常令人印象深刻的遮阳布都是阳刚的标志，有助于区分男性和女性的外观（图 3.1）。相比之下，女性的腿直到 20 世纪才能自由展露。似乎是在一个与男装相反的发展过程中，16 世纪的女性长袍放弃了 15 世纪能显示女性下半身轮廓的飘逸长裙样式，以便利用各种复杂的支撑结构（裙撑、衬垫、箍裙）让下半身轮廓变得膨大（图 3.2）。这些东西恰恰掩盖了女性身上那些男性炫耀性地展示的部分，凸显了两性之间的鸿沟。这种早期的现代时尚通过将女性的腿部和臀部塑造成钟形，在女性身体的上半部分和下半部分之间创造了一个惊人的解剖学上的不对称。

图 3.1 《查理五世和狗》(*Emperor Charles V and dog*)，雅各布・塞森格（Jacob Seisenegger），1532 年。维也纳，艺术史博物馆。Inv. no.GG_A114. Photo：Imagno/Getty Images.

图 3.2 在布尔日地图的前面，一名法国女士穿着文艺复兴时期的带箍裙撑。乔治·布劳恩（Georg Braun）和弗朗斯·霍根伯格（Frans Hogenberg），《世界城市图》（*Civitates orbis terrarum*），阿格里皮娜殖民地，西奥多·格拉米奈 (Theodore Graminae) 印刷，1593 年（1572 年第 1 版）。Villeneuve d'Ascq，Réserve commune de l'université de Lille，fonds Agache A-18.Cliché ANRT. Bibliothèque universitaire de Lille 3, fond patrimonial.

总而言之，对穿着衣服的身体轮廓进行剖析凸显了明显的性别二态性：穿着衣服的女性身体轮廓是下半身繁重，而穿着衣服的男性身体轮廓是上半身繁重。因此，服装加强了文艺复兴时期人们关于相貌学的信念，这是一门从古代继承下来的非常恒久的学科，目的是通过身体外观来解释灵魂。作为其最有影响力的作品之一，詹巴蒂斯塔·德拉·波尔塔（Giambattista Della Porta）的《人类面相学》（*De Humana Physiognomonia*，1586 年）解释了男性和女性的体形是如何因性情差异而反转的。女性的下半身比较肥大，因为她们的体寒天性将她们的身体往下拉；相反，男性具有的天然热量将他们的身体往上引。[8] 因此，男人和女人之间的基本互补性反映在他们穿着得体的外轮廓上。

儿童的身体也需要特定的服装来区别于其他人。当时，婴儿被认为像蜡一样具有可塑性，因此他们会被包裹在襁褓中以帮助他们的身体正常发育。当他们从这个茧一般的襁褓中出来以后，男孩和女孩都穿着同样的中性服装：长袍和遮住孩子耳朵的亚麻帽，这被当时的人们认为可以防止它们变成招风耳（图 3.3）。孩子们在六七岁之前全都穿着中性服装，尽管在其他方面包括教育，他们的待遇非常不同。这种共同的服装制度又是源于 16—17 世纪的人类对医学的信仰。男女被认为在成年之前具有相同的体质，其特点是热和湿。然而，人们认为儿童被湿润的天生体质支配，变得柔软、软弱、不稳定和脆弱，所有这些特征都使他们具有类似女性的天性，而男性则是炎热和干燥的。[9]

儿童所穿的中性长袍并没有表现出他们在生理上的差异，而是表现出他们在幼儿时期的女性气质，因为他们的肤色和性格都被认为与女性有关：潮湿、

图 3.3　法国的奥地利王后安妮与王储（未来的国王路易十四），法国学校，绘于 1643 年前。Versailles, Châteaux de Versailles et Trianon, MV 7 143. Photo : DEA/G.DAGLI ORTI/De Agostini/Getty Images.

虚弱、脆弱和缺乏恒心。因此，一个男孩的身份是通过抛弃童年的服装而逐步发展起来的。据他的私人医生赫罗德（Héroard）的日记记载，出生于1601年的法国国王路易十三在四岁时就穿上了他的第一条长筒袜；五岁时把童帽换成了男式帽子；七岁时就像小男子汉一样穿上了长筒袜和马裤，并配上了剑。[10]

作为身体延伸的文艺复兴时期的时尚

现在让我们关注一下文艺复兴时期重塑身体的那些主要形式。这些用不同的体积和宽松程度来反映人类自然身体曲线的技术有助于我们对当时的时装和身体系统进行界定，而后者中的许多方面在今天的时尚界仍然存在。对身体在垂直和水平方向上的延伸被用来为一些人打造时尚的外表，那些人有能力穿戴这些有时很壮观但同时也很累赘和昂贵的服装。这样的着装表现让西方社会的精英们可以展示他们的身体，而这有力地反映出他们的权力地位和在文化上的优越性。

对着装的身体的最重要的纵向延伸是在15世纪末发展达到顶峰的北欧时尚，这种时尚创造出一种人为拉长的人体轮廓。直到15世纪80—90年代，高高的头饰都在低地国家和法国非常流行：男人的锥帽；女人的配有薄纱面罩的埃宁高顶帽，帽子与V领长袍的大腰带相呼应（图3.4）。虽然后来的头饰没有达到这样的高度，但16世纪的妇女仍然会穿戴大量类似的款式，例如德国的发网与大羽毛帽，如画家卢卡斯·克拉纳赫（Lucas Cranach）的肖像画所展示的；意大利北部［包括佛罗伦萨和曼图亚（Mantua）］的又厚又圆又华丽的帽子；带有黑色面纱的英国山形兜帽（gable hoods）或更圆的法国兜帽。

图 3.4 《女士画像》(*Portrait of a Lady*)，罗杰·范·德·韦登（Rogier Van der Weyden），约 1460 年。National Gallery, London. Photo：Art Media/Print Collector/Getty Images.

从 16 世纪 80 年代到 17 世纪头 10 年，威尼斯的女性流行在头发下面戴金属丝垫，以打造出头上有两个角的发型，如贝尔泰利（Bertelli）的服装书中的这幅威尼斯宫女的蚀刻画（图 3.5）所展示的。

纵向延伸也集中在身体的下半部分。在 15 世纪，人们穿的是被称为“普莱纳”（poulaines）的尖头鞋，它的长度有时是脚的自然长度的 2.5 倍。这种笨拙的鞋子让男性和女性的身材都显得狭长，大约在 1500 年就不再使用了。女性鞋履领域里一个纵向延伸的极端体现的例子是当时流行的厚底鞋，鞋底用软木或轻木材制成，最早出现在西班牙（在当地称“chapines”）和威尼斯（在当地称“pianelle”）（图 3.5）。这种厚底鞋可能源自土耳其或叙利亚的高底木屐，在 16 世纪晚期的英国和法国也流行过，在那里，布兰托姆（Brantôme）

图 3.5 《皮埃特罗・贝尔泰利》(*Pietro Bertelli*) 中的威尼斯妓女，帕塔维 (Patavii)、阿尔西坦・阿尔西亚 (Alciatum Alcia) 和佩特勒姆・贝特利姆 (Petrum Bertellium)。Photo：Hulton Archive/Getty Images.

曾经嘲笑那些穿着 65 厘米高的松底鞋让自己看起来更高的廷臣。正如英国日记作家约翰・伊夫林(John Evelyn)在 1645 年前往威尼斯时所观察到的那样，只有富有的女性承受得起这种鞋子对她们行动的限制，因为这种鞋子要求她们“把手放在两位看着像主妇的仆人或老妇人的头上来支撑自己”。[12]

然而，身体体积的增加主要集中在臀部、腿部、肩部和颈部。这些纺织品的上层结构水平延伸了身体的解剖结构，在其最极端的版本中，衣服变成了一个与其覆盖的身体只有微弱关系的外壳。其中最突出的例子是装着鲸骨裙撑的裙子 (farthingale、vertugadin、reifrock)，它起源于 15 世纪末的西班牙。这种裙子的第一种样式要么是硬锥形的，要么是钟形的 (图 3.2)，被套在一个环形笼子或一个带衬垫的“臀围撑垫” (bum roll) 上，将裙子的全部宽度向脚部延伸。后来的“法式”版本使用了一个圆环或鲸骨裙撑来进一步增加裙子的体积，使套裙看起来像个桶 (图 3.6)。[13] 塑造这些形状所需布料之多令人

图 3.6 瓦卢斯宫廷的舞会（局部），法国学校，约 1580 年。雷恩，美术博物馆。Inv. INV 794-1-135. Photo：DeAgostini/Getty Images.

震惊，而这些布料在当时是非常昂贵的，珍妮特·阿诺德（Janet Arnold）拆析的一件约制作于 1615—1620 年的衬裙所使用的 5 米黑缎就是证明。事实上，尽管个别风格发生了变化，但从文艺复兴时期开始，女性着装后的身体轮廓就呈现出一种人为的膨胀。

这种情况以不同的形式保持到 19 世纪末。男子的服饰以不同的方式延伸，依次强调肩部、大腿和胯部。臀部则成为女性身体的焦点和女性气质的标志；而对男性来说，男性气质的代表就是宽阔的肩膀。从 1532 年雅各布·塞森格（Jacob Seisenegger）为西班牙国王查理五世绘制的肖像可以看出，“运动员式”肩宽是男子汉的视觉标志（图 3.1）。然而，到了 16 世纪中叶，男性时尚已经朝着更细窄的肩膀发展，男性的身体轮廓更加竖直，因此当时的男性身体轮廓似乎完全由头、胳膊和腿构成。历史学家将这种优雅的轮廓与文艺复兴时期人文主义影响下的新的文学美学理想联系了起来，因为后者更强调优雅而非体力。[15] 同时，男性身体的下半部分被人为地扩展到臀部（hips、buttock）和大腿（图 3.7）。马裤因为马鬃的填充而实现了不同程度的膨胀。而当时男士裤子的中前部还有一个突出的特点，那就是有一个过于夸张的阴茎盒形式的鞘，在 16 世纪 70 年代之前其一直是显示男子气概的重要元素，后来才被不太夸张、形状更平坦的马裤和长裤取代。[16]

但文艺复兴时期，时尚最引人注目的轮廓延伸无疑是环状皱领和大衣领。在欧洲，这些身体的延伸物在 16 世纪末到 17 世纪 30 年代发展到顶峰。借助繁多的亚麻布和蕾丝以及多种多样的表现形式和高超的装饰制作技术，这些服饰被用来扩展身体形态，使身体形态超出其自然状态的极限。16 世纪 60 年代，环状皱领出现在男性和女性衣领上，后来又出现了大衣领，它们极大地改变了

图3.7　理查德·萨克维尔（Richard Sackville）即多塞特伯爵三世（3rd Earl of Dorset）的微型肖像，艾萨克·奥利弗作于 1616 年。©Victoria and Albert Museum, London.

穿着者的外观。[17] 它们的纯白的颜色和有时覆盖了整个肩膀的宽度与黑色或彩色的外套形成对比，并且不可避免地会把旁观者的目光吸引到穿着者的脸部（图 3.8）。这些时髦的配饰凸显了头部，也就是在身体的（高低）两分法中认为最高贵的部分，尤其是脸，因为面相学文献中将脸认作“灵魂的窗户”。随着时间的推移，环状皱领的文化影响不断加大，以至于在现代电影或戏剧表现中其仍然是文艺复兴晚期的一个主要的视觉符号。[18]

僵硬感与束缚

如果说扩张和外延是文艺复兴时期时尚形体的首要原则，那么僵硬和束

图 3.8　画家的家庭，雅各布・乔丹（Jacob Jordaens），约 1621—1622 年。Madrid, Museo del Prado. Photo：DEA PICTURE LIBRARY/Getty Images.

缚就是第二原则。服装通过隐藏或过分强调身体的不同方面来重新排布身体，而穿着紧绷度和松紧度合适的衣服也很重要。所有这些都需要愈加复杂的裁剪技术以制作合身的衣服，这与中世纪长袍的简单裁剪大相径庭。这可能是催生第一本印刷的裁缝样式书的因素之一。由胡安·德·阿尔塞加（Juan de Alcega）撰写的《裁剪、测量和标记的实践》（*Practice of Tailoring, Measuring and Marking Out*，1580 年出版）在西班牙占据欧洲时尚界主导地位时出版。[19] 图纸和文本揭示了各种裁剪技巧以及这种艺术和数学之间的密切联系。几年后，弗朗西斯科·德·拉·罗查·布尔根（Francisco de la Rocha Burguen）的裁缝样式书（1618 年出版）则根据个人从脖子到脚的体型发明了人体比例系统。[20]

在 16 世纪下半叶，男性紧身上衣演变成一种非常贴身的服装，并用羊毛、马鬃或骨架等材料加强了填充。男性的躯干被包裹在像鼓皮一样坚硬而光滑的甲壳里面，他们的躯干因而呈现出尖锐的棱角，这可能是受到了当时甲胄的影响。[21] 在 16 世纪 50 年代后期，紧身衣的腰线上方出现了一个略带衬垫的区域，即“豆荚衣”。但到了 16 世纪 80 年代，它扩张体积变成了一个突出的肚囊，人穿起来更加不舒服（图 3.6）。

蒙田（Montaigne）[1] 抱怨它“太大了……（这）使得我们看上去完全不同于自然的自我，在武装自己时也很尴尬”。[22] 他欣赏不了这种扩大了自然体型的宫廷式外观，虽然它证明了巴洛克风格的幻象和欺骗性的装饰正是法国和

[1] 指米歇尔·德·蒙田（Michel de Montaigne，1533—1592 年），文艺复兴时期法国重要的人文主义思想家、作家，在散文方面颇有建树，对培根、莎士比亚等影响颇大，所著《随笔集》（*Essais*）三卷为世界文学经典。——译注

英国宫廷风格的特征。[23] 在 16 世纪 20 年代之后，接替这种风格服装的紧身上衣看起来宽松了一些，但让男性的腰线变高了，而且仍然是加固的、僵硬的。

女性的躯干所受贴身服装的影响更大。第一批女士胸衣［它们当时被称作一对“束胸”（bodies）］出现在 16 世纪下半叶，影响了 20 世纪之前的女性躯干轮廓和审美。束胸是一种用鲸须加固的内衣，它压缩了胸腔的下半部分，并通过系带把腰束得更紧。此外，它们还有一个额外的木制、骨制或象牙制的可移动衬垫，可以插在身体中央的前面以提供额外的支撑。因此，女性的胸部被雕刻成一个倒三角形，其下端随着三角胸衣的流行而显得更加狭窄。它们被固定在长裙的前部开口处，其尖端被置于胯部之上，同时人们还会用裙撑或臀围撑垫来进一步放大蓬松的裙摆，通过对比使腰部看起来更细（图 3.6）。

即使不穿胸衣 [24]，接受紧身服装的审美对男女来说都是必要条件，而这种审美通过系带和绑绳的使用成为可能，因为人们可以通过对它们进行收紧和调整来达到想要的轮廓。[25] 未成年的男孩和女孩会身穿不那么紧的成人服装，以训练他们的身体姿势。最后，文艺复兴时期标志性的环状皱领，以及从 16 世纪 80 年代开始流行的宽大、白色、笔直的开领，能很好地帮助头部保持挺直。这些物件的硬度是通过给织物上浆或使用金属丝支撑（supportasse）来实现的，有助于穿戴者以直立和庄重的姿态挺直头部。

所有这些时尚服装都造成了对身体真正的限制。穿着这样的服装不亚于一场表演：其所需的体力是显而易见的，特别是如果我们考虑到衣服和发型的重量以及它们的体积的话。君主和廷臣的身体当然是最受限制的，因为在宫廷中露面带有“表演”性质，也因为他们的社会地位要求他们穿华丽的面料。例如，1571 年，法国国王的妹妹玛格丽特 · 德 · 瓦卢斯（Marguerite de Valois）参加了在布洛瓦举行的棕枝主日[2]游行，她穿着一件由15旧尺（约等于18米）金布制成的衣服，“尽管它非常沉重”。布兰托姆（Brantôme）很欣赏她的表演，并指出，只有玛格丽特的身高才能够实现这一点，否则“她会（因为它的重量而）倒下”。[26] 这样的衣服使里面的身体几乎毫无生气可言，但这些问题显然只局限于一小撮上流阶层的人才会遇到。

这些服装所强调的僵硬、束缚和挺拔的姿态，实际上是那些不必在野外、船上、建筑工地上进行体力劳动或做女佣的人的标志。这是社会精英的身体的独特修饰，无论他们是否是贵族，这种修饰都会在公共仪式、宫廷舞会或挂在家里的肖像上展示出来（图3.8）。对于这种外观，不能像传统的服装史里那样简单地将其解释为哈布斯堡王朝（Habsburg）的政治威望决定了西班牙时装在欧洲范围内的流行。它与既非政治也非西班牙文化的因素有关，尽管西班牙宫廷是这种时尚最早传播起来的背景之一。它受到对身体进行控制的文化要求的影响，这是上层阶级成员从小接受的教育的一个组成部分，其使用的方法是不断重申对身体的约束，从而发展出一种“正直的符号学”。[27]

在一个外表和身体的魔法，即包括站立、行走和说话在内的身体姿势的结合，定义了社会存在的时代，没有手势和肢体动作的直立体态是至关重要的。卡斯蒂廖内在提倡面容优雅的同时，建议廷臣“考虑一下他希望如何打扮，他的穿着要符合他希望给人留下的印象，并注意他的衣着能否帮助他做到这一点，即使是对那些听不见他说话或看不见他做某事的人也是如此。”[28] 许多16

[2] 棕枝主日为基督教节日，复活节前的星期日，纪念耶稣被民众迎入耶路撒冷。该节日的游行队伍通常手执棕榈枝，以棕榈枝装饰教堂。该节日起源于耶路撒冷，中世纪时传入欧洲。——译注

世纪的行为规范书籍如伊拉斯谟、卡斯蒂廖内、德拉·卡萨（Della Casa）的书以及他们的模仿者在下个世纪写的那些书，都有助于在整个欧洲传播一种身体语言方面的、对克制和自我约束的强烈关注。到了1580年，这一过程在社会精英中已经被很好地内化，以至于蒙田作为一名绅士说道，“在我的国家，我和一个农民的着装方式比他和一个赤身裸体的人之间的差异要大得多。我不能忍受解开扣子、赤裸上身，但我国的农民会因为这样的穿着方式而劳作受阻”。[29]

服装、皮肤和被展示的身体

蒙田将农民和赤身裸体的人进行比较的言论是非常有趣的，因为它唤起了衣服和皮肤之间的关系，以及衣服和裸体的关系。对蒙田来说，农民——一个穿得比他还少的人，一个在田野里穿着一件衬衫干活以便更方便地行动的人——是相当赤裸的。蒙田也肯定想到了美洲原住民或巴西人，他们“赤身裸体”。他在《蒙田随笔集》（*Essays*）的同一章中也讨论了这些人，而他们令文艺复兴时期的人非常着迷。在16世纪50年代以后盛行的印刷服装书籍中，他们的形象成为不穿衣服的人类的象征。尽管蒙田将这些原住民描述为“赤裸一切的民族”，但旅行者们记录到，后者的皮肤上有人体彩绘装饰，他们的嘴唇和脸颊有时还有穿孔。欧洲人经常欣赏这些装饰以及穿戴者们健康和完美的身体，就像让·德·莱里（Jean de Lery）对巴西印第安部族的图皮那巴斯（Tupinambas）的描述那样。[31] 但是对欧洲的观察家们来说，最令其惊讶的是，这些原住民并不羞于暴露自己的生殖器，“因为它们来自他们的母亲的子宫”。[32] 这种“裸露”引发了一场辩论，因为它与圣经中关于伊甸园的描述相矛盾，伊甸园以原罪的观点解释了人类对裸露的羞耻，从而提出关于遮盖身体的必要性的道德目的论假设。对于在新大陆遇到的一种完全不同的身体，一些旅行者和传教士认为这是一种纯真的表现，另一些人则认为没有衣服是他们被上帝审判和抛弃的标志。与欧洲人的生活习惯进行比较后，其他人开始鼓吹穿着简单的服装，避免夸张的炫耀或花费，并声称对服装的过度热情比原住民的裸体造成的疾病多。[33] 而美洲印第安等民族的基督教化最终迫使他们遮盖皮肤，衬衫将成为他们的第一件缝制服装。

T 型衬衫和罩衫用麻布或亚麻布制成，穿在外衣下面，可以覆盖身体的下半部分（图 3.9）。它们是最贴身的衣服，就像人体的第二层皮肤一样，所

图 3.9　妇女的罩衫，可能在英国用荷兰的亚麻布和佛莱芒的蕾丝制成，1620—1640 年。©Victoria and Albert Museum, London.

以人体如果只穿一件衬衫或罩衫就会被认为是裸体，这也是为什么它们只有在私人关系中或者在接受忏悔或惩罚时才会暴露出来的原因。“To be nud en chemise”（直译为“穿着一件罩衫的裸体”）这个在法律语境中使用的法语短语概括了衬衫与亚麻布的亲密联系，以及它与裸体的象征性同化。该短语指的是一种惩罚。在这种惩罚中，某人许被判处公开道歉并手持沉重的蜡烛穿过街道，以弥补犯罪行为造成的损失。剥去衣服被认为是一种耻辱，在司法审讯中被施加在罪人身上。在宗教战争等群体间的冲突中，它也被用来对人进行羞辱。例如 1572 年巴黎圣巴托罗缪节大屠杀期间，天主教徒强制剥去新教徒 [3] 的衣服就是一种不人道的行为，其目的是剥夺受害者的基本人性：作为异教徒，他们不再被视为人类。[34]

这也是为什么在这个文化背景下，马泰乌斯・施瓦茨（Matthäus Schwarz）的两张裸体肖像如此动人的原因之一。1526 年 7 月，这位来自奥格斯堡的德国布尔乔亚有钱人在他 29 岁的时候，委托他人绘制了两幅描绘他身体背面的微型裸体画。在这两幅画所属的系列肖像中，有 135 幅水彩画展示了他一生中所穿的服装，他觉得这个话题非常吸引人，于是将图片和文字编入一本令人惊叹的私人记录——《服饰之书》（德文名 *Klaidungsbüchlein*，英文名 *Book of Clothes*）。书中，他的身体没有被给予宗教背景下的描绘（如亚当或魔鬼的形象），也不是根据沿袭下来的古希腊—罗马理想而被理想化的，又或是被给予基于民族学框架的描绘（如美洲印第安人）。相反，他的裸体画像是以自然主义模式呈现的，显示出他在成熟时期向下倾斜的肩膀和肥胖的肚子。[35] 他非常

[3] 这里的新教徒指胡格诺派教徒。——译注

担心体重增加，因为对他来说，那意味着衰老和吸引力下降，而当时尚的假象被剥去时，这一点就暴露无遗了。在观赏这些裸体肖像时，也许他想起了他的画册中介绍的自己的第一件“衣服”——他母亲怀孕时的画像中的子宫，上面写着，“我在那里，只是你看不见，摄于1496年”。

遮盖皮肤不仅是基督教的伦理问题，也不仅是一种获得温暖的手段，尽管这在中世纪温暖期之后开始的欧洲“小冰河时期”特别重要。衣服这种外壳也是对脆弱肉体的一种重要的防御工具。文艺复兴时期流行的伽林医学理论认为，外部危险是可以通过皮肤渗透进人体的。[36] 在更广泛的层面上看，服装制度是非常具有包容性的，它把人们的注意力集中在裸露在外的部位如面部、手和前臂、脖子或胸部。事实上，在文艺复兴时期，对人体的理想化呈现与隐藏并存，服装调教着身体，又隐藏着身体，同时也暗示和定义着身体的极限。

遵循时尚的变化，身体的某些部位可以部分裸露出来，如17世纪30—40年代妇女的露肩、低胸领口或半袖，而这不可避免地会引起各种思想保守人士的激烈批评。[37] 正因如此，设定可见皮肤区域的边界就变得至关重要，而那些用黑色、红色或金色的刺绣、环状皱领或蕾丝装饰的贴肤衬衫正好让人在颈部或手腕处象征性地暴露了部分身体。此外，当时的时尚还用其他一些“小花招”来强调这种“捉迷藏”式的游戏，包括男女外衣上的割缝时尚（图3.1），它被认为起源于瑞士和德国士兵为行动方便而穿的衣服，或者是西班牙风格的、用来将布条分开的狭长布料缝。[38] 这些缝隙无一例外地都会露出里面贴身穿的内衬或衬衫。

在16世纪的前三分之二的时间里，另一种与“显露”的概念相呼应的时尚是男性的遮阳布，它是一种将人们的注意力吸引到男性的阴茎上的突出物

（图 3.1、图 3.6）。在瑞士和德国雇佣兵的影响下，遮阳布变得僵硬且向上弯曲。虽然它们并不是真正的阴茎支架——因为里面填充的是絮状物，但是它们具有很明显的性意味，暗指生命力和生育力，并且正如蒙田所抱怨的那样，其将性器官呈现为“原本尺寸的三倍那么大”。遮阳布的象征性功能也反映在当时的人们对“打结”这一做法的神奇信仰中。具体来说，“打结”就是将绳子打一个结，用来表示将系带从遮阳布的孔眼中穿过去，而这一做法在当时被认为可以防止勃起，导致阳痿。[39] 在法国宗教战争 [4] 期间，天主教徒嘲笑胡格诺派教徒是“impotent ébraguettés”（没有阳刚之气），就因为他们不愿意戴上突出的遮阳布。[40] 当克卢埃（Clouet）、霍尔拜因（Holbein）、提香（Titian）、摩罗（Moro）或布龙奇诺（Bronzino）等一众画家把遮阳布画在王子的身体上时，遮阳布则赋予了另一种力量以特殊的可视性。直到 16 世纪 70 年代，遮阳布才被弃用，而这催生了法语中的“吹牛（bragardise）”一词，这个术语将优雅、炫耀与男性气概的展示结合了起来。更普遍地说，遮阳布象征着盛行的以男性为中心的人文主义思想；在拉伯雷（Rabelais）的《巨人传》（*Gargantua*）中，这种象征意义集中体现在著名的巨人“高康大（Gargantua）”那“高耸入云”的遮阳布上。[41]

---

[4] 法国宗教战争又称胡格诺战争，是 1562—1598 年法国天主教派与新教胡格诺派之间的内战，宗教改革运动的延续。1562 年天主教强硬派袭击胡格诺派教徒，引起战争。1570 年一度休战，1572 年圣巴托罗缪节大屠杀后，战争再趋激烈。后因农民起义，双方渐告妥协。1589 年胡格诺派首领亨利继承法国王位（称亨利四世），后改宗天主教，1598 年颁布《南特敕令》，宣布天主教为国教，承认胡格诺派享有宗教信仰自由和政治自由等，战争结束。——译注

身体护理和时髦打扮

考虑到现代超市货架上琳琅满目的清洁和卫生产品，我们可能会禁不住好奇文艺复兴时期的人们究竟是如何保养他们的身体和衣服的。那时候的外衣会用刷子刷或是部分清洗，但不会整体水洗。像 16 世纪瓦卢瓦王朝[5]的王室的物品里面就包括许多棍棒和泥铲。然而，最重要的是，王室每季度都会为国王和王后的所谓"洗涤部门"(Lavendiere de corps，即洗涤贴身亚麻内衣的女仆)提供特别预算。[42] 在文艺复兴时期，内衣是唯一真正被清洗和漂白的衣服。衬衫、罩衫和内裤可以保护穿着者免受外衣的影响，但它们也会沾染身体的污垢和分泌物。文艺复兴时期的男性会把他们的衬衫下摆塞到双腿之间作为内裤，不过只有少量证据表明文艺复兴时期的女性会穿内裤。这是西方社会的一个悖论，即身体被衣服锁住，而女性的身体尤其受到监督。自由活动的臀部和腿部被很好地保护起来，使其不受寒冷和视线的影响——这是基于体面和道德的要求，但实际上，当时女性的生殖器是没有任何贴身防护的。"衬裙下面只有空气；而马裤下面随时有武器"。[43] 一个体面的女人是不会穿内裤的，为数不多的例外情况是在骑马的时候，在 16 世纪末一些时尚的宫廷女郎会穿豪华内裤，其灵感来自男人的马裤。[44] 不过，与内裤联系最多的还是威尼斯的妓女——这一点在意大利的服装书籍中有很好的描述，比如皮埃特罗·贝尔泰利（Pietro Bertelli, 1589 年）（图 3.5）或塞萨尔·维塞利奥（Cesare Vecellio, 1590 年）所写的书籍——妓女们把穿在男性衬衫或长袍下的男士裤子作为她们的职业

[5] 瓦卢瓦王朝是 1328—1589 年统治法国的封建王朝。——译注

标志。[45] 有人认为，这种跨性别的穿衣方式实际上为妓女的客户提供了一种刺激，而不是一种谦虚的标志。

鉴于精英阶层每天甚至更频繁地更换衣服的做法，拥有以最好的面料制成的衬衫以及几件内衣是高雅和有礼的标志。据说在 1572 年 8 月的一次婚礼舞会上，法国国王的弟弟安茹公爵（the duke of Anjou）在用新娘玛丽・德・克莱夫（Marie de Clèves）那被汗水浸湿的罩衫擦了擦脸后——她在新的一支舞曲开始前刚把那件汗湿的罩衫换下来，就无可救药地爱上了她。[46] 即使在比较简朴的衣柜里，衬衫——通常用亚麻织成，比较厚重粗糙——在文艺复兴时期也越来越普遍。历史学家还观察到，这一时期对身体进行“干洗”的形式越来越多，主要包括更换或“轮换”自己的亚麻内衣。这可能与当时的人们对用水洗澡（这被当时的人们认为会软化身体并使疾病渗入皮肤）和澡堂（被认为是道德和公共秩序混乱的地方）的信心下降有关。[47] 与之相对，亚麻内衣的清洁程度就意味着身体的清洁程度，特别是在一个难以供应大量生活用水的时代。对衬衫、围脖、大衣领、袖口和蕾丝的清洁都被认为是个人社会地位的保证。因此，几个世纪以来，对实际身体的清洁基本上是次要的且仅限于那些可见的部分，如头部、颈部和手。

这些身体部位的洁白不仅是个人卫生的问题，还是文艺复兴后期出现的一种对美的时髦标准。脸部、女性的颈部和手部进行了特别的打理和保养，并用时髦的配饰和化妆品来让它们保持为富人所喜的乳白色。举例来说，手套可以防止暴露造成的粗糙影响，因此成为男男女女的必要配件，并一直延续到 20 世纪。大帽子可以保护脸部，但妇女有时会戴上口罩或其他全脸覆盖物，以保护她们苍白的肤色，甚至保护她们在家庭以外的身份（图 3.2）。在 17 世纪末的英国，一些妇女会戴着面具参加戏剧表演，以此作为一种卖弄风骚的方式，但是这种做法受到了一些人的谴责，理由不仅是认为其为女性的怪癖，还出于对这种匿名性可能带来的道德败坏的恐惧。[48]

在意大利和西班牙，人们对在公共场所隐藏面容有不同的解释。在威尼斯，高贵的处女在离开家时要戴上法祖罗（fazzuolo），这种面纱可以遮住她的脸和胸部。在西班牙，贵族妇女都会戴着"mantó"，这是一种面纱，维塞利奥（Vecellio）曾描述说："像威尼斯人一样，她们用外套围住全身，但用一只手巧妙地为眼睛开了个口子……这样就很难看到她们（的面容）"。[49] 在这些情况下，对皮肤的保护是次要的，更重要的是保护穿戴者的道德。根据圣保罗最著名的早期基督教戒律，妇女必须遮住头部，以示对上帝和男人的服从。面纱使男人与戴面纱的妇女保持距离，因为它遮住了被视为情色部位的妇女的头发，象征着完整的处女膜或者说准新娘的贞操。[50]

"干洗"并不是卫生领域在文艺复兴时期的唯一发展。人们声称，香水除了具有预防作用外，还具有卫生方面的功效，比如可以预防瘟疫。瘟疫一直蛰伏在近代早期的欧洲，以至于当时的医生都会戴长鼻面具，面具里面装满了芳香的草药，据说这些草药在流行病发生期间可以保护他们。这种疾病被认为是通过瘟疫空气传播的。喷洒香水可以推迟更换床单，而身体的清洁涉及嗅觉和视觉。除了欧洲和地中海的植物（如玫瑰、紫罗兰、薄荷、薰衣草）之外，当时的制香师还会使用来自亚洲或美洲那遥远土地上的气味强烈且价格昂贵的动物或植物产品（如芦荟、茉莉花、丁香、肉桂、琥珀、麝香等）来制作香水。[51]

意大利和西班牙的调香师在整个欧洲享有盛名。人们会把小香水袋放置在金库里，或者佩戴在亚麻内衣和外衣之间。1649 年，在圣日耳曼城堡，当奥地利安妮女王（Queen Anne of Austria）的金库被仆人们打开时，金库里散发的香味是如此浓烈，以至于这些人都被熏倒或逃跑了。[52] 衬衫、手套、珍贵的手帕或围巾都可以被喷上香水，并且作为礼物来交换。固体的香膏可以放在空心纽扣、念珠或挂在吊袜带上的小珠子里。到了 17 世纪，一些装饰精美的小珠宝球被称为“香丸（pomanders）”，其兼具功能性和装饰性（图 3.10）。男男女女把它们挂在念珠、链子或腰带上，不仅是因为它们的香气，还因为认

图 3.10 制作于西欧的银质刻花六瓣香盒，1600—1650 年。©Victoria and Albert Museum, London.

为它们具有治疗（消化、镇痛、收敛、净化）的特性。[53] 其他与身体卫生有关的装备也可以被人们装饰性地穿戴在衣服上，比如挂在妇女腰带上的小镜子，再如在汉斯·马勒(Hans Maler)画的画像(约1525年)中德国银行家安东·福格（Anton Fugger）的脖子和黑色西装上佩戴的金色牙签和清耳器。[54] 这样的配饰不仅象征着他对清洁的关注，也象征着他对事业和道德健康的关注。[55]

结 语

在文艺复兴时期，西方时尚的演变对所谓的“旧服装制度”的构建做出了深刻的贡献。这一服装制度涉及华丽的、像盔甲一样的服装。它的一些指导原则如身体的延伸，对体积、硬度和约束的强调，以及它对服装轮廓产生的影响将一直延续到20世纪初，特别是对女性服装。一些文艺复兴时期的身体护理标准，如肤色白皙，也将在接下来的几个世纪继续占据主导地位。时髦的身体和打造它所需要的身体“变形术”源自精英阶层的惯习，以及其根深蒂固的区别文化。[56]

这些时尚的长期存在并不意味着它们没有遭遇过批评。从16世纪末到整个17世纪，专门诋毁时尚的出版物数量不断增加。在作家、日记作者和雕刻师的讽刺对象中，服装首当其冲。例如，环状皱领被比作磨刀石，它们的穿戴者还被指责浪费小麦来制造这些浆过的织物雕塑，在收成不佳、贫困人口面临饥饿威胁的年代，这种指控尤其严厉。在16世纪末，许多西班牙作家嘲笑环状皱领变得如此之大，以至于假如它是用草做的，一头驴子可以在上面吃上一整天。时尚成为“骄傲”这一致命罪行的象征之一，因为它使基督徒远离谦逊的品质和灵魂的救赎。很少有作者担心衣服会妨碍身体的动作或导致健康问题。相反，人们公开反对身体部分裸露的服装，如时髦的袒胸露肩装，并对任何可能改变上帝赐予的自然的身体轮廓或通过引入混淆男性和女性外表的元素而使身体显得畸形的东西进行了批评。

1650 年，约翰·布尔沃在最早的一篇比较研究的文章标题中再次使用了“畸形身体”的概念；该项研究专门讨论了“所有似乎让人体结构出现畸形的本土和全国的奇装异服”，包括服装和发型。[57] 在道德标准或人种好奇心的驱使下，所有这些作家都表达了他们对服装和文艺复兴带来的夸张时尚改造自然身体的恐惧。在启蒙运动时代，对身体的不断重塑和更奢侈的风格强化了道德家的地位；而在文艺复兴时期，医生和哲学家们也已经开始提出一些想法，预示着人类身体会向更现代的文化表现转变。[58]

第四章　信　仰

科尔迪利亚·沃尔

引　言

服装在本质上是物质的。也就是说，它是具体、有形、可触摸的，并且似乎将穿着者锚定在了世俗的世界中。用于制作服装的纺织品受到买卖的经济过程的影响。然而，正因为服装是一种基本需求，因此它也携带着一种与信仰有关的意义。在基督教的语境中，当把衣服作为赤裸身体的遮盖物来进行考察时，穿衣是一种人类从伊甸园堕落之后的必然，是所谓原罪强加于人类的结果。在这种背景下，服装为展示信仰和集中讨论道德与宗教问题提供了肥沃的土壤。在 1450 年至 1650 年的两个世纪，作为物质对象的服装和作为精神意义传达者的服装之间存在的内在张力体现了出来，这在新教和天主教改革的重大宗教动荡时期的实践和争议中也有所体现。

法　衣

在文艺复兴时期，着装和信仰交叉讨论最多的领域之一也许就是神职人员的法衣问题。对于信奉天主教的欧洲人来说，他们了解牧师地位和宗教权威的方式之一就是通过牧师在做弥撒时所穿的华服。牧师们在做弥撒时穿的主要服装是十字褡（chasuble），即一种无袖无扣的法衣。法袍实际上是一件大斗篷，和加冕服（dalmatic，一种长宽袖束腰外衣）或祭服（tunicle，通常是加冕服的短版）一起被用作游行服装，后两者分别由助祭和副助祭穿着（图 4.1）。

神职人员使用的法衣的象征意义由门德主教威廉·杜兰德斯（William Durandus，卒于 1296 年）在 13 世纪末提出。[1] 托马斯·阿奎那（Thomas

图 4.1　15 世纪意大利的加冕服，丝绸质地、带金属线刺绣。Metropolitan Museum of Art, New York.

Aquinas，卒于1274年）在其《神学概要》（*Summa Theologica*）一书中也支持使用昂贵的法衣。他说："那些身居高位的人，尤其是那些祭坛牧师，穿上昂贵的长袍不是为了展示自己的荣耀，而是为了表示他们的职务和神圣崇拜的高贵。因此对他们来说，这并不是不义的。"[2] 教皇庇护二世（Aeneas Silvius Piccolomini，卒于1464年）在回应尼古拉斯·库萨（Nicholas of Cusa，卒于1464年）等人的批评时也采用了类似的论点。[3] 尼古拉斯·库萨曾强烈谴责那些神职人员"时而穿着红色斗篷，时而穿着金色斗篷"，并声称他们应该避免使用奢华的服装。庇护二世指出，一名牧师的穿着如果不能反映其职务的荣誉，就会成为人们的笑柄。[4] 他的理论依据直接指向一个围绕用于宗教目的或显示宗教地位的服装的主要强调点，即使用"物质的东西来描绘精神的真理"。[5] 继阿奎那等学者之后，庇护二世认为，服装的物质花费应该反映出其在精神上的重要性。基督教廷甚至为不同的教会节日规定了各自的合适的颜色，这些颜色会随着教会节日而变化。英诺森三世（Innocent Ⅲ，卒于1216年）于1198年当选为教皇之前，也曾写过关于礼仪色彩的说明。[6] 这些规定可以根据国家和地方的习惯而变化。[7] 有象征意义的颜色不仅体现在法袍这样的主要法衣上，而且体现在主教主持教廷弥撒时所戴的手套上（图4.2）。礼仪色彩的象征意义虽然会有变化，但始终非常重要。1495年，罗马教皇亚历山大六世（Pope Alexander Ⅵ）表示，他打算穿白色的衣服去参加一个游行，以祈求上帝减轻一场风暴的影响，该风暴已经在罗马造成了大量的人员伤亡。但是他的司仪指出，白色是一种欢乐的颜色，于是教皇后来改穿了紫罗兰色的衣服。[8]

尽管天主教会在整个文艺复兴时期都在使用传统的弥撒法衣，后者往往仍

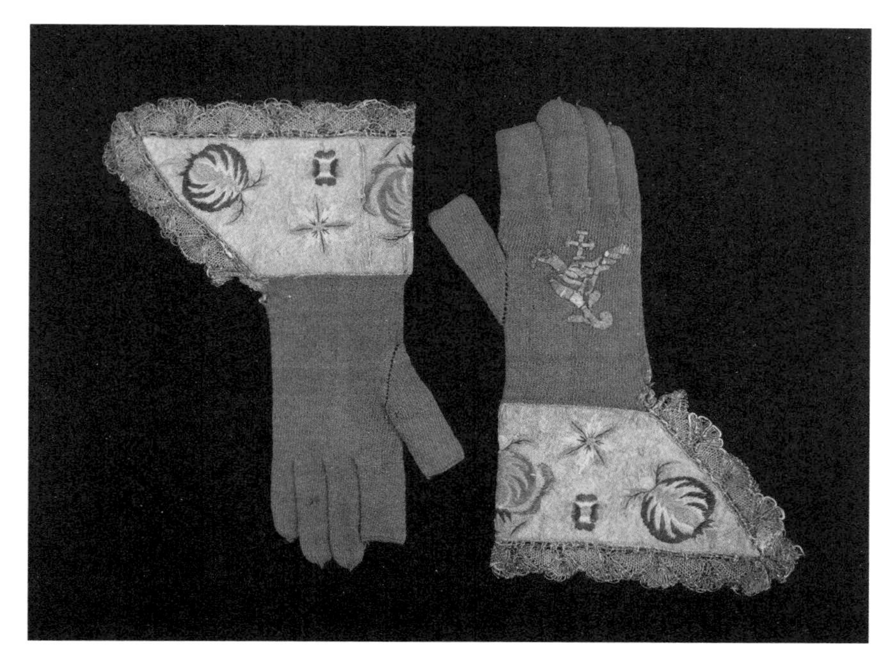

图 4.2　主教的手套，西班牙人制作于 17 世纪的第一季度。Brooklyn Museum Costume Collection at The Metropolitan Museum of Art, New York.

是其内部辩论的焦点。在 15 世纪末的佛罗伦萨，多米尼加改革家吉罗拉莫・萨沃纳罗拉（Girolamo Savonarola，卒于 1498 年）谴责了在教堂里穿漂亮衣服的行为，包括教友和那些宗教团体成员或圣职人员。他在《论基督徒生活的简约》（*De Simplicitate Christianae Vitae*，1496 年）一书中，批评了那些穿着用柔软羊毛制成的昂贵衣服的修道士，还进一步谴责了那些喜欢穿金戴银、站在祭坛上供众人朝礼的教会成员，并称“虽然他们已经立下了贫穷的誓言，但他们逃避着贫穷，就像面对一只被夺走幼崽的母狮或熊时那样逃走”。[9] 萨沃纳罗拉可能指的是像安东尼奥・德尔・波拉约罗（Antonio del polaiuolo，卒于 1498 年）在 15 世纪 60 年代为佛罗伦萨的洗礼堂设计的法衣那样的华服。[10] 现存的 27 幅描绘施洗者圣约翰（Saint John the Baptist）的生活场景的图画最初被用在神职人员的长袍、十字褡、加冕服、祭服上（图4.3）。

法衣的富丽堂皇是佛罗伦萨这座城市的“精神财富”的一个显著象征。[11] 这些法衣不仅使用的材料昂贵——1466 年底，七名刺绣师被雇用，他们以丝绸为底，在丝线上缠绕镀金银的横线，然后用丝线以垂直方向缝合——而且制作技术难度大，需要熟练的工匠，而七名刺绣师中就有两名来自荷兰。此外，安东尼奥·德尔·波拉约罗似乎也因为设计这些场景的工作而获得了一笔可观的报酬——180 枚弗罗林币。[12] 刺绣、缝纫和纺纱被认为是适合女性的技能，而在意大利的几个城市里修女们都在使用这些技能。例如佛罗伦萨的圣布里奇特修道院的修女就专门制作教堂的法衣和布质家具如祭坛前的挂饰，并将波提切利（卒于 1510 年）、佩鲁吉诺（卒于 1523 年）和安德里亚·德尔·萨托（卒

图 4.3 《施洗者约翰的割礼》(*The Circumcision of John the Baptist*)，由安东尼奥·德尔·波拉约罗设计，可能来自 15 世纪 60 年代的洗礼堂。Museo del Opera del Duomo, Florence. Photo：DeAgostini/Getty Images.

于 1530 年）等画家的设计变为现实。这类工作增加了修道院的收入，而且就为特定教堂准备物品而言，其可以看作为上帝增加荣耀的工作。不过，这些物品仍然是奢侈品，因此可能成为教会改革者的目标。[13]

教皇保罗三世（Pope Paul Ⅲ，1534—1549 年）在他召集的特利腾大公会议（Council of Trent，1545—1563 年）上讨论了是否保留传统法衣，以解决新教改革中遭遇的一些突出问题。1562 年 8 月下旬，在关于弥撒祭的讨论中，奥古斯丁隐修会（Augustinian Hermits）的克里斯多福勒斯教父（Cristoforus of Padua）谈到了为什么天主教会应该保留法衣、音乐等其他东西。关于“教会在庆祝活动中使用的仪式、法衣和外部标志是否应该被移除”这个问题，克里斯多福勒斯认为：“似乎不应该，因为它们从使徒时代就存在了……外在的标识可以唤起人们的虔敬，就像教堂里的歌声和其他声音会唤起人们的虔敬一样。”对天主教会来说，华丽的法衣反映了天国的荣耀。

新教改革

16 世纪的新教改革促使人们重新思考什么衣服适合参加弥撒庆祝活动。对许多新教思想家来说，天主教礼拜仪式中使用的华贵法衣是教会陷入贪婪和腐败泥潭的证据。[15] 宗教改革家们也主张说，《新约全书》（*New Testament*）并没有指出牧师应该在做礼拜时身穿特殊的礼服。然而，有些人认为有必要通过一种外在的标志——服装——来证明神职人员在社会中的特定地位和相应义务。[16] 马丁·路德（Martin Luther，卒于 1546 年）认为身穿特别的衣服并不能增加神职人员的权威。法衣被归类为琐事，即在宗教中无足轻重的东西。

路德宗改革者约翰·布根哈根（John Bugenhagen，卒于 1558 年）在 1530 年 9 月 27 日写道:“关于十字褡有两方面的学说……一种是真理，即神职人员可以使用十字褡；这不会给那些习惯于听福音音乐的人带来丑闻。另一种是撒旦的谎言，出自魔鬼的教义，即使用十字褡是不合法的，这使人们在听到并相信牧师们的这种谎言时感到羞耻。”[17]

一些新教改革者虽然承认法衣是“无足轻重的”，但认为它们应该保留。许多路德宗[1]教徒并没有完全放弃它们，路德宗的神职人员在做弥撒时穿的衣服也不尽相同。[18]例如，勃兰登堡（Brandenburg）的 18 名路德宗神职人员即便在 1539—1542 年宗教改革之后仍然保留了一些用于弥撒的法衣，而萨克森（Saxony）和黑森（Hesse）的路德宗教士则在礼拜时穿着更简朴的服装。[19]其他新教团体对法衣的使用也持不同的态度。再洗礼派（Anabaptist）、加尔文宗（Calvinist）和茨温利（Zwingli）[2]的一些信众则完全拒绝法衣，因为它们与人们印象中的天主教会的腐败联系得太过紧密。再洗礼派坚持为主持仪式的人提供世俗的服装，而其他新教团体则使用了一种可辨识的服装，以确保将领导仪式的人与会众区分开来。[20]在 16 世纪下半叶，由于对做礼拜时的适当着装的争论仍在继续，法衣的使用方式也有很大不同，一些路德教派一直使用传统的圣体法衣，直到 16 世纪末。[21]

[1] 路德宗是以马丁·路德的宗教思想为依据的各教会团体的统称，是德国宗教改革运动的产物，由马丁·路德于 1529 年创立于德国。——译注

[2] 即乌尔里希·茨温利（1484—1531 年）：瑞士宗教改革家，他死后，瑞士宗教改革中心移至日内瓦，其思想和事业由约翰·加尔文（Jean Calvin，1509—1564 年，欧洲宗教改革家，基督教新教加尔文宗创始人）继承。——译注

祭衣之争

英国教会在经过相当多的争论之后，才保留了教堂礼拜时使用的祭衣。在伊丽莎白女王统治时期，围绕祭衣问题引发了所谓的“祭衣之争”（Vestiarian controversy）。[22] 亨利八世（1509—1547 年）与罗马教廷的分裂并没有引发宗教仪式上的巨大变化。而在爱德华六世（Edward VI，1547—1553 年）统治期间，教会向新教迈出了重要一步，其中包括改变礼拜时使用的法衣。1549 年的《祈祷书》（*The Prayer Book*）保留了一些对法衣的使用，但 1552 年出版的新版《祈祷书》给出了这样的指示：“牧师在领圣餐时和其他所有时间的传教中，既不使用白麻布圣职衣、法衣，也不使用法袍。但作为大主教或主教，他应拥有并穿着白色法衣（rochet）；作为牧师或执事，他应只拥有并穿着牧师白袍（surplice）。”[23] 在玛丽・都铎（Mary Tudor，1553—1558 年）统治时期，英格兰回归罗马教会，但随着伊丽莎白一世登基，新教改革又提上了日程。伊丽莎白一世于 1559 年发布的《教会统一条例》（*Act of Uniformity*）基本上重新采用了 1552 年版本《祈祷书》的内容。“礼拜用品使用规定”允许保留爱德华六世统治的第二年所使用的法衣——白麻布圣职衣和十字褡——并在圣餐仪式上穿戴。[24] 不过，在 1563 年，牧师白袍（一种白色外衣）被规定为神职人员在所有仪式上都要穿的衣服。[25] 保留牧师白袍的做法引起一些希望取消区别性法衣的人的反对。1565 年 12 月，剑桥大学圣约翰学院的研究员和学者拒绝在教堂里穿牧师白袍以示抗议。[26] 从前面的讨论可以看出，尽管法衣的使用与宗教信仰的职业密切相关，但它并不总会在天主教和新教之间做出明确区分。

修道士服装

宗教服装并不局限于神职人员在做弥撒或其他礼仪场合穿着。如前所述，神职人员在教堂仪式之外也需穿着得体。在信仰天主教的欧洲，也有许多穿着独特服装的宗教团体。在反宗教改革运动中，新的宗教团体应运而生，一些已经存在的宗教团体也发生了改革。16 世纪上半叶成立的修会包括耶稣会、戴蒂尼会和纳伯会。圣方济会（The Capuchins）是作为方济各会的一个分支团体成立的，尽管它在成立时受到该会其他分支的抵制，但在 1528 年得到了教皇承认。一些女修会也是在这一时期成立的，如圣安吉拉·梅里奇（Saint Angela Merici）于 1535 年在布雷西亚成立的苏乐修会。所有这些修会都必须解决其会员穿什么的问题。这些服装不仅确定了穿戴者所属的教团，还标志着穿戴者的精神承诺。因此，它是意义的重要载体，一些宗教服装还引发了重大辩论。

奥斯定会会士

关于奥斯定会会士的着装形式的辩论表明了这一问题的重要性。教皇亚历山大四世于 1256 年正式成立了奥斯定会（The Augustinian Hermits），而这些会士以着装为出发点，声称他们的修道会与已于 430 年去世的奥古斯丁本人有直接联系。他们的主张使他们与圣奥古斯丁正典（Canons Regular of Saint Augustine）发生了纠纷。对隐士们来说，这个着装着重在视觉上与他们所称的建立其修道会的圣人建立了联系。在圣吉米尼亚诺的圣阿格斯蒂诺教堂（Sant’Agostino），由贝诺佐·戈佐利（Benozzo Gozzoli）于 1464 年至 1465 年绘制的圣奥古斯丁生活壁画中就包含了奥古斯丁受洗的场景（图 4.4）。

很明显，奥古斯丁在受洗后就立即穿上了后来以他的名字命名的奥斯定会修士们的衣服。两个侍者拿着专为这位圣徒准备的服装的两个主要部分——一件白色束腰内衣和一件黑色束腰外衣——等候他穿着。圣吉米尼亚诺的奥斯定会隐士通过这种方式表明，他们遵循的是奥古斯丁倡导的基督教生活类型，并暗中将圣奥古斯丁律修会降至次要地位。[27] 奥斯定会隐士和圣奥古斯丁律修会修士之间的紧张关系也体现在米兰大教堂竖立圣奥古斯丁雕像的争议中：1474 年，大教堂决定让奥古斯丁的雕像穿上隐士的服装，但此举遭到了律修会修士的反对。[28] 圣奥古斯丁律修会的修士向吉安·加莱亚佐·维斯孔蒂（Gian Galeazzo Visconti，1351 年 10 月 16 日—1402 年 9 月 3 日）提起申诉，但这位米兰公爵拒绝了他们的请求。奥古斯丁作为这两个教团的“创始人”的重要

图 4.4 《圣奥古斯丁的洗礼》（*The Baptism of Saint Augustine*），贝诺佐·戈佐利（Benozzo Gozzoli），1464—1465 年，来自圣吉米尼亚诺的圣阿格斯蒂诺，唱诗班教堂壁画。Photo：DeAgostini/Getty Images.

性是如此之大，以至于争端迅速升级。1484 年 5 月 13 日，教皇西克斯图斯四世（Pope Sixtus IV，1471—1484 年）不得不介入这一“使徒训言”。他试图平息局势，下令不再就这一问题进行进一步辩论，然而无济于事，在他于同年晚些时候去世之后，争端仍在继续。[29]

方济各会

在方济各会的案例中，也可以看到以创始人所穿的衣服作为教团宗教信仰的标志这一现象。方济各会各分支在服装上的差异经常集中在或产生于回归圣方济各（Francis of Assisi）本人的“原生”生活方式的愿望上。圣方济各在 1223 年制定的规则规定，每个修士都应该有“一件带兜帽的束腰外衣，而且如果他们愿意，还可以有一件不带兜帽的束腰外衣。有需要的人可以穿鞋。愿众弟兄都穿贫寒的衣服，它们可以用麻布片、其他东西和上帝的祝福来缝补。”[30]

束腰外衣上的补丁显示了穿着者的贫穷和他对方济各会原始规定的坚持。14 世纪早期的精神方济各会会士以他们短小、有补丁的服装而得到认可。[32] 到 16—17 世纪，人们的关注点转移到圣嘉布遣会，认为他们是圣方济各（卒于 1226 年）的真正继承者。在一位虔诚的方济各会成员——来自巴斯乔的马特奥（Matteo da Bascio）宣布他打算复苏圣方济各的原始规则后，圣嘉布遣会随之成立，他声称目前没有人遵守这一规则。尽管受到方济各会的抵制，但马特奥和他的追随者在 1528 年得到了教皇批准，组建起一个教区，受方济各会总部长的管辖。这个团体被广为流传的名字来源于他们的兜帽(cappuccio)。

他们的服装的这一特征也成为一个密码，通过这个密码，圣嘉布遣会的成员声称自己已经回归圣方济各所遵循的简朴生活。

从16世纪下半叶开始，圣嘉布遣会成员开始为他们的着装形式辩护。1569年后的某一天，弗拉·鲁菲诺·达·锡耶纳（Fra Ruffino da Siena）写了一本圣嘉布遣会的编年史，其中第一章专门讨论了着装，特别是头巾的问题。[33] 弗拉·鲁菲诺强调圣方济各的着装包括头巾，并引用了该教会的规则作为证据。[34] 然而，问题不仅仅是圣方济各和他的第一批追随者是否戴着头巾，还包括头巾的类型或形状问题。圣嘉布遣会的头巾与方济各会其他分支的头巾不同，它是带四个尖角的形状，而且缝在上衣上。[35] 弗拉·鲁菲诺声称圣方济各和早期的修士都戴过这种带尖角的头巾，并引用了保存在佛罗伦萨的圣方济各的服装作为证据，据说圣方济各在获得圣痕 [3] 的时候就是穿的那套衣服，而圣安东尼（Anthony of Padua）生前穿过的服装则保存在他去世的城市。弗拉·鲁菲诺还用视觉艺术作为那种头巾原始形状的证据，并声称：

> “在阿西西（Assisi）、罗马和其他地方，有无数关于早期修士的古代绘画都可以作为书面文字的见证，表明圣嘉布遣会成员的穿着正如圣方济各和他的同伴一样。除了方济各会会士，所有其他教派也都在头上戴着尖头罩，直到教皇约翰二十二世下令将其改为圆形。”[36]

对弗拉·鲁菲诺来说，头巾的重要性不言而喻，他声称，与埃利亚·达·科

[3] 圣痕：指与基督被钉在十字架上时的相同部位的伤痕。——译注

尔托纳（Elia da Cortona，卒于1253年）同时代的乔瓦尼·达·卡佩拉（Giovanni da Cappella）接替圣方济各担任了教团的部长，乔瓦尼是第一个放弃原始形式的头巾并将其“反扣在肩上的人……但上帝惩罚了他，他成了麻风病人，最后悲惨地上吊自杀。”[37]

1223年的规则中设想的那种带有麻布补丁的长袍体现了那些坚持严格遵守圣方济各制定的规则的方济各会成员的信念，即必须完全接受贫穷才能跟随基督。在17世纪的西班牙，埃尔·格列柯（El Greco，卒于1614年）和弗朗西斯科·德·祖尔巴兰（Francisco de Zurbarán，卒于1664年）等艺术家描绘了圣方济各穿着打着明显补丁的衣服冥想的样子（图4.5）。[38] 特利腾大

图4.5《沉思中的圣方济各》(*Saint Francis in Meditation*)，弗朗西斯科·德·苏尔巴兰 (Francisco de Zurbarán)，1635—1639年. National Gallery, London. Photo：The Print Collector/Getty Images.

公会议（Council of Trent）[4] 上发布的“关于圣徒的祈祷、崇拜和遗物以及圣像”的法令（1563 年 12 月 3—4 日，第 25 次会议）明确指出，“所有圣像都有很大的好处……因为上帝通过圣人的奇迹和他们所做的有益示范呈现在信徒的眼前，他们可以通过模仿圣人来塑造自己的生活模式和行为。”正因为如此，圣人的形象与关于他们的公认知识相吻合就显得尤为重要。[39]

适度着装

虽然天主教的礼拜仪式法衣往往以昂贵和华丽的装饰为标志，而且宗教团体的服装有时以贫穷为标志，但许多宗教改革和反宗教改革的着装都以肃穆和适度为特征。[40] 有相当多的文献建议适度穿着，并经常推荐穿着黑色或深色服装。例如，耶稣会（Jesuits）没有着装规定，他们最初穿的服装与他们工作的国家的着装相符。[41] 在罗马，他们的服装是黑色的，这最终成为该组织里大多数人的服装颜色。[42] 在这一时期，黑色衣服通常作为丧服。在英格兰，尽管黑色在 14 世纪时已成为既定的丧服颜色，但仍有一些例外。[43] 例如，苏格兰女王玛丽（Mary Queen of Scots，卒于 1587 年）在她的第一任丈夫法国国王弗朗西斯二世于 1560 年早逝后就穿了一件白色丧服（图 4.6）。寡妇被要求放下“所有的装饰和个人护理”，这意味着她没有寻找新的丈夫，而是专注于奉献上帝。[44] 对一个寡妇来说，穿着适度的丧服代表着她的宗教信仰、她对丈

[4] 特利腾大公会议：为了应对宗教改革运动的发展，天主教会于 1545—1563 年在意大利北部城市特利腾召开的大公会议，会议的召开宣告反宗教改革运动的全面开展。会议明确了宗教改革运动中天主教会的立场，也为地方教会制定了行为准则，同时明确了反宗教改革运动的基本策略，为之后推行反宗教改革以至宗教战争提供了策源。——译注

图 4.6 《身穿白色丧服的苏格兰玛丽女王》(*Mary Queen of Scots in white mourning*),源自弗朗索瓦·克鲁埃(François Clouet)绘于 1561 年的一幅画像,19 世纪翻拍自爱丁堡的苏格兰国家肖像画廊。Photo:National Galleries of Scotland/Getty Images.

夫的虔诚依恋,以及她在配偶死后将自己奉献给上帝的愿望。一些作家如塞萨尔·维塞利奥(Cesare Vecellio)在他的《古代和现代服饰》(*Degli Habiti Antichi et Moderni*,出版于威尼斯,1590 年)[5] 一书中,将寡妇的服饰与修女的服饰进行了比较。45 维塞利奥描述当时威尼斯的寡妇服装时称,她们"拥抱一切虚荣和身体装饰的死亡"(图 4.7)。46

黑色不仅仅是服丧的人的专利。人们在其他场合也会穿黑色服装,并且穿着黑色可以凸显某些特定的道德态度。据那不勒斯国王——阿拉贡的阿方索(Alfonso the Magnanimous,卒于公元 1458 年)的传记作者维斯帕西亚

[5] 原文如此,全名应为 *Degli habiti, antichi et moderni di diversi parti del mondo*,译作《世界各地的古代和现代服装》。——译注

图 4.7 《古代和现代服饰》(出版于威尼斯，1590 年)，塞萨尔・维塞利奥、达米亚诺・泽纳罗（Damiano Zenaro）。©University of Manchester.

诺・达・比斯提奇（Vespasiano da Bisticci，卒于 1498 年）的记录，阿方索有穿黑色衣服的习惯。昂贵的黑色服装彰显了国王的高贵，强调了他的庄重和虔诚，并使浮夸的廷臣们显得格格不入。[47] 在 15—16 世纪的欧洲宫廷中，黑色服装也被广泛使用。费拉拉公爵埃尔科莱一世・德斯特（Ercole d’Este，卒于 1505 年）于 1445—1460 年在那不勒斯的宫廷接受教育，当他回到费拉拉时，他习惯穿黑色的衣服，而和他同时代的人也都注意到了这一点。15 世纪的勃艮第公爵（dukes of Burgundy）喜欢穿黑色的衣服。[49] 神圣罗马帝国皇帝查理五世（卒于 1558 年）和他的儿子西班牙国王费利佩二世（Philip II of Spain，卒于 1598 年）也喜欢穿黑色。查理和费利佩都认为这种颜色不仅显得严肃，符合他们的地位；而且是一种能突出他们的虔诚的颜色（图 4.8）。[50]

图 4.8　西班牙国王费利佩二世拿着一串念珠，阿隆索・桑切斯・科埃洛绘于 1573 年。
Museo del Prado, Madrid. Photo：DeAgostini/Getty Images.

虽然穿黑色服装是庄重和虔诚的特别标志，但庄重的服装并不仅限于黑色。意大利廷臣、外交官巴尔达萨雷・卡斯蒂廖内（卒于 1529 年）在《廷臣》一书中鼓励人们克制自己的着装，在拉斐尔（Raphael）为他画的肖像中，他也穿着朴素的衣服（图 4.9）。在该书收录的一次谈话中，梅塞尔・费德里科（Messer Federico）建议："就我而言，我希望它们［廷臣的衣服］不要有任何极端的设计，就像法国人的衣服有时过于繁复，德国人的衣服过于简陋一样……此外，我希望它们的风格更倾向于严肃和冷静，而不是浮夸。因此，我认为黑色衣服比任何其他颜色的衣服都讨人喜欢；如果不是黑色，至少也得是一些偏暗的颜色。我指的是普通装束……至于其他方面，我希望我们法院法官

图 4.9　巴尔达萨雷 · 卡斯蒂廖内的肖像画，拉斐尔绘于 1514—1515 年。Louvre, Paris. Photo：DeAgostini/Getty Images.

的着装能显示出西班牙民族所推崇的那种庄重，因为外在的东西往往能证明内在的东西。”[51] 费德里科接着说，一个男人的衣着可以显示出他的性格，尽管在这方面服装也可能具有误导性。[52] 事实上，廷臣应该“遵循大多数人的习惯”。[53] 他不应以任何方式使自己引人注目。正是因为衣服是人的内在信仰和道德的象征，所以才引起了如此激烈的争论。

服装书

费德里科在《廷臣》一书中对欧洲不同国家居民的服装类型的评论表明，服装可以表明人们与特定地区相关的性格特征。随着美洲大陆的发现，在地理背景下考虑服装和装饰品的机会也大大增加了。16 世纪下半叶，关于遥远国度信息的市场需求，让大量配有插图的服装书大受欢迎。[54] 许多这类书按照特定顺序介绍了欧洲和已知世界的不同地区，还有些书则几乎是对这些服装进行了百科全书式的介绍。它们也经常或多或少地含有一些对插图人物服装的道德评论，并附有一些解释性文字。[55] 在较为详尽的文本中，作者还常常对人物及其服装做出某种道德判断。[56] 例如 16 世纪末，约斯特 · 安曼（Jost Amman）出版了一本描绘妇女服饰的作品集《妇女衣着大观》（*Gynaeceum, sive*, *Theatrum Mulierum*，出版于法兰克福，1586 年）。文本中，关于一名土耳其妓女的插图所配文字清楚地说明了她的衣着的吸引力及其与她的地位之间的联系：“这是一个妓女，为了钱把她的身体出卖给她看上的情人。用这些收入，她把自己打扮得非常漂亮，以便更容易地用她的假饰品吸引到那些土耳其人。”（图 4.10）[57]

Scortum Turcicum.

NEmirare meo ſi cultu ſuperuenio auro,
Et reliquis mundus quæ muliebris amat,
Quamuis de noſtra externa vel gente puellam,
Sic it amatori quæ placitura ſuo eſt.

Virgo oculis ſi compta ſuis, & ſordida non eſt
Si qua maritale eſt ferre ſueta iugum:
Laudantur, ſed me fas eſt curatius vti
Forma, incertus vt hac detineatur amor.
e 3 Fœmina

图4.10 约斯特 · 安曼（Jost Amman）所著《妇女衣着大观》一书中的版画，S. 费拉本德（S.Feyrabend）绘制，法兰克福（1586 年）。©University of Manchester.

弗朗索瓦·德瑟普斯（François Deserps）的《欧洲、亚洲、非洲和非洲大陆上目前所存在的各种服装样式集》（*Receuil de la diversité des habits qui sont de present en usaige, tant es pays d'Europe, Asie, Affrique&Illes sauvages, le tout fait apres le naturel*，出版于巴黎，1562 年）一书是献给纳瓦尔的亨利（Henry of Navarre），也就是后来的法国国王亨利四世（Henry IV）的。[58] 该服装书中包含 121 幅木刻插图，并且每一幅图都配有一首短诗。在给国王的开篇信中，德瑟普斯把服装的过度消费和展示与虚荣这一罪恶联系起来，并声称他的出版物“可以帮助我们缩减任何导致人类虚荣的过度奢华的服饰：因为人们可以通过外套认出一个人是修道士，通过帽子认出一个人是傻瓜，通过武器认出一个人是士兵；同样，人们也可以通过朴素的穿着辨认出智者。”[59]

尽管德瑟普斯提到了关于修道士及其穿着的著名说法，但人们普遍认为，衣服并不总是有助于识别特定类型的人的。维塞利奥在他的《古代和现代服饰》一书中指出，罗马的交际花“穿着如此精致，以至于几乎没人能将她们与那个城市的贵族妇女区分开来”。[60] 并不是所有面向富有客户的交际花都能穿得像贵族妇女一样，但她们的穿着很可能与其客户的社会地位相符。[61] 以衣服证明穿着者的道德水平的方式并不总像评论家喜欢或声称的那样清楚。

衣服和道德密切相关，这一点在词源中体现得很明显：“costume”（意大利语）、“habit”（法语）和“habit”（英语）都既可以指衣服，也可以泛指一个人的生活方式或道德品质。[62] 个人的道德品质和他们的衣着之间的这种联系也在欧洲国家和美洲新大陆的时尚和身体装饰的比较中体现出来。

在 16 世纪晚期，有一种时尚尤其遭到了人们的嘲笑，那就是过度的开衩，尤其是开衩马裤。马裤可能会因为太短、不能提供足够的遮盖而被批评，也会因为使用了过多的布料来制作而被批评。当时流行宽大的马裤，似乎连地位较低的人也会穿它。1575 年，一名来自安格尔西的男子被捕，正是因为他穿着的马裤里塞满了他偷来的床单。[63]

在伊丽莎白一世时代的英国，马裤被作为讨论社会地位的一种手段：1577 年出版的《傲慢与卑贱之争》(*Debate between Pride and Lowliness*）一书中就有关于天鹅绒马裤和布马裤的讨论。[64] 自 14 世纪末以来，开衩服装就一直很流行，并与其他新型服装和被认为过度时尚的行为一起，激起了传教士的愤怒。[65] 约翰・布尔沃在他的《人体变形记》(1653 年，第 2 版）一书中也抨击了这种他认为属于过度时尚的风格。[66] 布尔沃在这本书的木刻画中故意将欧洲人和美洲原住民以及其他遥远国度的土著进行了比较，[67] 例如他对巴西人的描述如下：

> “巴西人如果想被认为有男子气概且强壮的话，就会在他们的胸部、手臂和大腿上划上几道很大的口子，从而使肌肉翘起，然后在上面撒上某种粉末，使它们呈现出黑色；之后，这种颜色在他们的一生中都不会褪掉，因此从远处看，他们就像是在自己身上用刀刻出了一件皮背心，就像瑞士人过去所穿的那种。”[68]

这段描述还附有一幅木刻画，画中的巴西人因大腿上的伤口而看起来像穿着割破的马裤（图 4.11)。这些比较有意将“原始民族”的身体修饰与过度时尚联系起来，并试图说服读者：这种时尚会使身体变形和毁容、暴露穿着者的

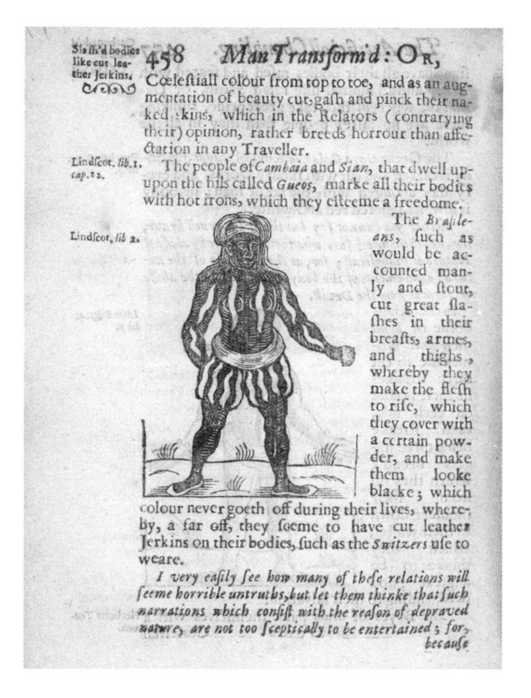

Sla∫h'd bodies like cut leather Jerkins.

458 *Man Transform'd*: OR,

Cœle∫tiall colour from top to toe, and as an augmentation of beauty cut, ga∫h and pinck their naked skins, which in the Relators (contrarying their) opinion, rather breeds horrour than affectation in any Traveller.

Lind∫cot. lib. 1. cap. 22.

The people of *Cambaia* and *Sian*, that dwell upupon the hils called *Gueos*, marke all their bodies with hot irons, which they e∫teeme a freedome.

Lind∫cot, lib 2.

The *Bra∫ileans*, ∫uch as would be accounted manly and ∫tout, cut great ∫la∫hes in their brea∫ts, armes, and thighs, whereby they make the fle∫h to ri∫e, which they cover with a certain powder, and make them looke blacke; which colour never goeth off during their lives, whereby, a far off, they ∫eeme to have cut leather Jerkins on their bodies, ∫uch as the *Switzers* u∫e to weare.

I very ea∫ily ∫ee how many of the∫e relations will ∫eeme horrible untruths, but let them thinke that ∫uch narrations which con∫i∫t with the rea∫on of depraved nature, are not too ∫ceptically to be entertained; for, because

图 4.11　约翰·布尔沃的《人体变形记》，威廉·亨特绘制，伦敦（1653 年，第 2 版）。©University of Manchester.

虚荣心，因此他们不应该试图改变上帝所赐予的东西。[69] 布尔沃在该书导言中写道：“上帝在圣经中赞美人的身体，因为大卫相信，他的身体在他母亲的子宫里被奇妙地锻打，就像一件刺绣或针线活那样。然而，一些人盲目的不虔诚导致他们产生了极大的妄想，对这种奇特织物的许多部分不满，并质疑上帝在设计中的智慧；抱着这种亵渎神明的妄想，人们采取了一种大胆的行为来为自己的身体塑造新的形状，改变人体的形象并根据自己的意愿来塑造它、以一种奇妙的方式来改变它。几乎每个国家都有一个人们自己用奇思妙想发明的身体时尚。在这些变化过程中，他们确实将身体的各个部分塑造成了不同的堕落形象。”布尔沃的导言强调人作为一种上帝的制造物、“一件刺绣或针线活”与穿在人身上的织物之间的联系，而这些织物改变了上帝所构造的人体的形状。

服装与道德

几乎没有任何一件衣服能免于道德家的抱怨。长裙裾就是这样一个被抱怨的对象。廷臣兼诗人大卫・林赛爵士（Sir David Lindsay）在他的《致国王的恳求恩典》（*Contemptioun of Syde Taillis*，16 世纪 30 年代出版）一书中辩称，如果没有足够的社会地位，穿这种衣服就是一种骄傲的表现，并把妇女和神职人员都纳入了谴责对象的范围。[71]

清教徒菲利普・斯塔布斯（Philip Stubbs）在《对滥用的剖析》（*The Anatomy of Abuse*，1583 年）一书中指出，着装上的傲慢是这类罪恶中最严重的一种。乡下人斯普迪厄斯问受过教育的菲罗珀纳斯:“穿着的傲慢之罪是如何犯下的？”他得到的答案如下:“穿着比我们的社会地位、职业或生活条件所要求的更华丽、更奢侈、更珍贵的服装，从而使我们骄傲自大，诱使我们把自己看得比我们应该的更重要，而实际上我们只是卑鄙的泥土和可怜的罪人。这种着装的罪过（正如我之前所说）比另外两种罪过的伤害性更大，因为心里的罪不会伤害任何人，只会伤害滋生它的始作俑者，只要它不暴发任何外在的表现和外观。口中的骄傲，虽然在本质上是不虔敬的，但也不是永久的……不过，这种多度着装的罪过仍然是我们眼前邪恶的榜样，也是对罪恶的教唆，正如经验每天都在证明的那样。”[73] 应斯普迪厄斯的要求，菲罗珀纳斯接着描述了英国的服装，以证明“滥用的泛滥”。[74] 对斯塔布斯来说，社会秩序和美德都是通过适当的衣着来维持的。着装过度或穿着与自己在生活中的地位不相称的衣服，会破坏社会秩序，并显示出穿着者的骄傲之罪。人们普遍认为，骄傲和虚荣是最有可能导致过度关注外表和花费在外表上的罪过。

妇女被认为特别容易犯下这种罪过，因此有一系列文献对正确的行为和合适的穿着提出建议，旨在帮助妇女避免因服装而犯罪。胡安·路易斯·维维斯（Juan Luis Vives，卒于1540年）在《基督教妇女的教育》（*De institutione foeminae christianae*）一书中阐述了妇女应该如何着装和行事。对于未婚的年轻女性，维维斯建议："简洁而有其自身的精致感，比奢侈更加彰显纯洁……她不穿丝绸，而穿羊毛料；不穿蕾丝布料，而穿普通的亚麻布料；她的衣服不华丽，但也不会是肮脏的。"[76] 已婚妇女的着装被建议遵循"她丈夫的愿望和性格"，[77] 而寡妇则被建议避免使用一切个人装饰。[78] 维维斯关于服饰和礼仪的想法被广泛传播。[79] 他的建议是建立在他的道德和宗教信仰之上的，他还利用罗马和早期基督教作家如特土良和居普良等来支持他的观点。宗教团体的成员如萨沃纳罗拉（Savonarola），在《简化基督徒的生活》（*De Simplicitate Christianae Vitae*，1496年）一书中也对妇女的外表提出了建议，认为妇女的外表应该明显地显示出她们的基督教信仰。萨沃纳罗拉建议妇女衣着简朴，并且他和其他关注这个问题的作家一样，对不同社会阶层的妇女分别应该穿什么进行了划分，因为在他看来，社会本身是由上帝规定的。[80]

禁止奢侈的节俭立法

对不同社会地位的人加以区分也是节俭立法所关注的问题，该立法试图限制炫耀性消费的开支。节俭立法中经济理由和道德责任的相对重要性引起了很多争论。[81] 法规通常以鼓励或者确保财政稳定或增长为措辞，但提出颁布节俭立法的理由中也有强烈的道德和宗教因素。许多关于节俭的法律明确禁止穿着某些类型的服装，理由是它们会煽动罪恶。在1637年的《巴塞尔法令》（*Basel ordinance*）中，关于服装的规定旨在减少不必要的开支，但同时也认定过度奢侈的服装是对上帝的冒犯：

> “经验告诉我们，如果不及时纠正和制止这种无用的、过度的炫耀和花费，全能的上帝（对祂来说，这种事情是最令祂反感的，祂每次都会惩罚这种行为，这点在圣经中有足够多的例子）会更加愤怒，并可能给我们带来更严重的惩罚和苦难……因此，我们在这里告诫亲爱的公民，让我们每个人在自己的家庭中，为自己、妻子、孩子和委托照顾自己的仆人，都能放下并避免过度的骄傲和明显不必要的费用，而用谦虚和诚实来取悦上帝。”[82]

西班牙国王费利佩四世（Philip IV of Spain）在1639年颁布的实用主义政策中，禁止除公共场所的妓女外的所有人使用“横向裙撑（guardainfante）”，这是一种特别大的、用鲸骨圆环将裙子扩大的裙撑。阿隆索·卡兰萨（Alonso Carranza）指责它是“淫荡的、不诚实的、导致罪恶的，无论是对穿戴它的人，还是对其他人来说”。[83]形状夸张的横向裙撑的确引发了一些故事，例如有传言称妇女用它来隐藏情人和婚外怀孕。[84]西班牙立法特别将其与性犯罪联系起来，并将其使用范围限制于妓女身上。尽管道德和服饰之间存在着明显的联系，但在世俗和宗教背景下，人们对这两者的看法并不相同。1611年，西班牙国王费利佩三世（卒于1621年）颁布了一项禁止妇女佩戴面纱的禁令，命令妇女不得遮盖头部或面部，并且在公共场合必须有男性亲属陪同。这种指令旨在确保妇女不损害家庭的荣誉。然而，一些追随圣保罗[6]的《哥林多前书》[（*1 Corinthians*）11：12-16] 的教会人士认为，妇女在公共场合应该适度地遮盖头部。[85]

服装和来世

在当时的人看来，服装可以表达人今生对宗教的虔诚和美德，而它在人的来世也有一席之地。葬礼标志着今生和来世的过渡。那些富有或社会地位高的人的葬礼通常是公共事务，葬礼中包括一支由哀悼者组成的送葬队伍。一些教堂拥有一套专门用于葬礼弥撒的法衣，这些法衣上面可能绣有或缝有相应的主题图案。约克郡的耶尔瓦乌克斯修道院院长罗伯特·桑顿（Robert Thornton，卒于 1533 年）的法衣上就有从坟墓中复活的死者的形象（图 4.12）。[86]1527 年，梅尔斯教堂获得了一件有“白色十字架从坟墓中升起”图样的黑色法衣。[87]两者表达的主题都是在审判日最后复活的希望。死者的衣服更是公开展示了他 / 她生前的宗教信仰。在文艺复兴时期的佛罗伦萨，死者经常被放在开放式的棺材里。[88]对一些人来说，他们在死后送行、葬礼和随后的埋葬中所穿的衣服反映了他们生前在生活中的地位。1516 年 3 月，在朱利亚诺·德·美第奇（Giuliano de' Medici）的葬礼上，尸体身着金色锦缎，并披着全套盔甲，显得格外华丽。[89]对其他人来说，葬礼上所穿的服装是展示他们虔诚的重要手段。佛罗伦萨的圣安东尼主教（Saint Antoninus of Florence）于 1459 年

[6] 圣保罗：圣经人物，也称使徒保罗，耶稣的最后一位使徒，对早期基督教发展有很大贡献。——译注

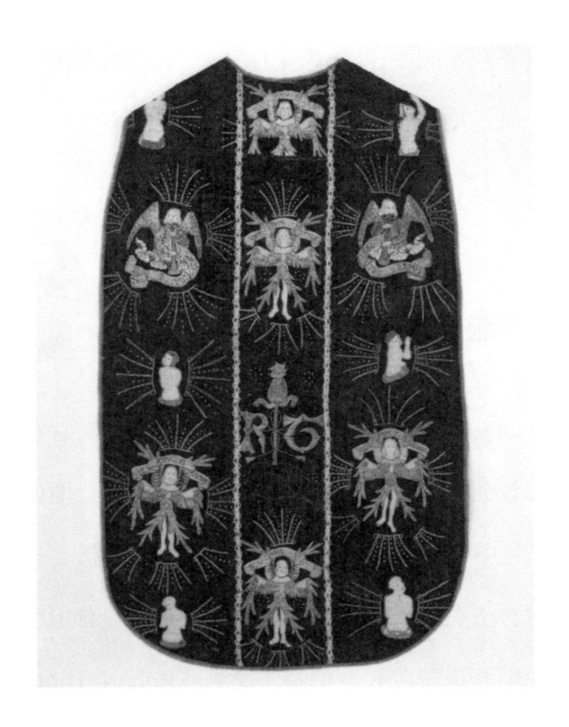

图 4.12　罗伯特・桑顿的十字褡，制作于 16 世纪初，后来经过修改。©Victoria and Albert Museum, London.

5 月 2 日去世，葬于圣马可的多米尼加修道院（Dominican convent of San Marco）。根据托马索・博尼塞尼（Tommaso Buoninsegni）在 1589 年翻译的对圣安东尼尸体的描述，死后的圣安东尼被人发现时穿着多米尼加教的教服，还戴着一顶小黑帽。唯一能证明他的主教身份的是他的大披肩。[90] 在整个文艺复兴时期，人们在立遗嘱时都会要求自己穿着某个宗教团体的衣服下葬。在 16 世纪的马德里，方济各会的衣着是最流行的丧服形式。[91] 在信徒看来，衣服可以让人们在来世得到认可。证明这一观点的一个传说是圣方济各每年在自己的忌日可以进入炼狱。安东尼奥・达萨（Antonio Daza）在 1617 年出版的《我们的天使神父圣方济各的圣痕史》（*Historia de las Llagas de Nuestro Seráfi Padre San Francisco*）一书中解释说，在那一天，圣方济各能够立即从炼狱中救出方济各会的一些成员，而那个时候，那些与该教团有联系的人是通过衣着被辨认出来的。[92]

那些即将死去的人身上有时还会盖着从圣人雕像上取下来的衣服。1565年，马略卡岛的卢奇神庙里就出现了这种情况。在那里，主教允许人们崇拜一尊披着斗篷的圣母玛利亚的雕像，但禁止人们将斗篷脱下来盖在病人和信徒身上。[93] 人们的这种做法可能是出于用与宗教有强烈联系的物品来安慰死者的需要。给雕像穿衣服和脱衣服似乎经常是由女性来做的事情。例如，在15世纪的佛罗伦萨，修女们经常会给婴儿基督的雕像穿上衣服。[94] 婴儿基督的穿衣和脱衣与她们对信仰的表达密切相关。此外，有些雕像是真人大小的，因此它们穿的衣服可能有着双重用途。

1575年，布尔戈斯[7]的一项章程规定，雕像只能用专门的衣服覆盖，而不能用真正的女性可以穿的一切东西覆盖。[95] 圣人的衣服对生者和死者都很重要。衣服或其他纺织品可能成为圣物，即圣人身体的一部分或与之接触过的物品。1440年3月9日，弗朗西斯卡·布萨·德·庞齐亚尼（Francesca Bussa de'Ponziani）在罗马去世后，她的衣服被那些寻求奇迹和治愈的人们热切地追求，许多来到圣玛利亚·诺瓦（Santa Maria Nova）瞻仰她的遗体的人同时顺走了她的衣服碎片。[96] 在她随后的封圣过程中，一些证人描述了这些圣物的用途。一位名叫唐娜·奥古斯丁娜（Donna Augustina）的妇女报告说，1440年3月16日，她的一只眼睛遭受了严重伤害，导致她什么也看不见了，但在她把弗朗西斯卡尸体上的一块布放在自己的眼睛上以后，她的病就好了。[97]

[7] 布尔戈斯：西班牙北部的一座城市。——译注

结语

从15世纪中叶到17世纪中叶，人们对服装和信仰的关注反映了天主教和新教改革对欧洲的影响，以及对新世界日益增长的认识。前者促使人们重新思考服装在社会中的地位，尤其是教会官员所穿的服装。在这一时期建立的天主教宗教团体在某些情况下会考虑如何让服装帮助他们达成宗教目标，比如当他们在欧洲以外的地区工作时；在其他情况下，他们故意寻找一种他们认为的早期的宗教着装以展示他们严格遵守改革后规定的宗教生活。对新世界的探索激发了人们对身体着装的新评价，而在这一时期出版的服装书中，服装的地理特征也被用来进一步论证某些类型的服装的道德问题。不过，在许多情况下，这些问题都是以前提出过的，尽管形式不同，结果也不同。15世纪中叶至17世纪中叶的欧洲国家仍然是基督教国家，与着装有关的宗教和道德问题证明了这一点，就像它们在之前的几个世纪里那样。服饰继续通过对神迹的干预来传递宗教力量，并通过华丽的法衣来表达宗教权威。丝绸法衣上的刺绣装饰使天堂的富饶在人间彰显。服饰给出了信仰的证据，人们也可以根据信仰对服饰进行解释。即使在同一宗教团体的不同分支之间，宗教服装也是讨论的来源，有时甚至是争论的来源，因为它对确定穿着者的信仰非常重要。对大多数人来说，服饰仍然是道德品质的外在指标，这在各种类型的出版物中都有讨论，包括那些建议人们行为得体的出版物。服饰的意义是可以讨论的：在做弥撒时穿的华丽服装是反映了上帝的荣耀，还是仅仅是腐败的标志？穿得过于寒碜是谦卑的表现，还是想引人注目的骄傲的表现？不管是哪种情况，毫无疑问的是，服饰和信仰是密不可分的，与服饰有关的事务正是因为这点而有意义。衣着影响人被救赎的可能性。正因如此，衣着的重要性不可谓不深远。

第五章 性别和性

安·罗莎琳德·琼斯

还记得圣经中描述的上帝是怎么为人最早的先祖制作衣服的吗？——他不是做了一件衣服，而是为男人和女人分别做了一件衣服——为男人做的衣服方便他的劳动，而为女人做的衣服凸显她的端庄。[1]

真的是这样吗?

要了解文艺复兴时期服装中性别与性的相互作用，就需要看看社会需求、恐惧和快乐是如何塑造男人和女人的服饰的。本章探讨了 15—17 世纪欧洲关于性别身体和性别化行为的规则是如何在衣服的穿着中实现——和被抵制的。想象中的身体的不稳定性，加上男性和女性所穿许多服装的相似性，使严格的性别对立变得复杂甚至被颠覆。为了显示这种令人不安的复杂性，笔者将集中讨论一些性别恐慌的例子，这些例子是当人们的穿着挑战了生物学理论和规范性别规定的类别时产生的。笔者用来支持这一主张的证据既有视觉性的，又有文字上的，主要来自论战、文学和法律作品，这些作品的作者试图在性别动荡中管理实践和反实践，而这些行为又使服装秩序充满活力。

近代早期的男性和女性服装比我们想象的更加相似，从头到脚。女人和男人的内衣、衣领和鞋子都是按照同样的模板制作的。男女农民都穿着同样宽松的衣服工作；他们会戴着同样的草帽来抵挡太阳，会在劳作时解开或撩起他们主要的衣服，穿着同样的木屐和靴子在恶劣的天气里出行，也会提着同样的篮子去市场。[2] 富裕的精英阶层则会使用男女通用的配饰：帽子、衣领、蕾丝、珠宝、手套、钱包和手帕。在德国、意大利和英国，男人和女人都会佩戴法国贝雷帽，它又称“软帽”。[3] 在 16 世纪上半叶的英国，不同阶层的男人和女人都喜欢在腰带上挂上同样的小袋子和钱包；[4] 在欧洲各地制造和销售的香熏过的其他服装中，男人和女人都会佩戴有麝香、龙涎香和其他香味的手套，并将它们作为礼物互相赠送。[5] 研究蕾丝的历史学家多雷塔・达万佐・波利（Doretta Davanzo Poli）和桑蒂娜・利维（Santina levy）等人对男女使用同样款式的衣领、袖口和手帕进行了说明。[6]

文艺复兴时期的女人和男人都会穿宽松罩袍，也就是全剪裁的宽松内衣。一般罩袍由亚麻布或丝绸制成；但穷人穿的是羊毛料制成的罩袍，通常他们也将其当作外衣。女性的内衣可能比男性的更长一些，富人的内衣往往经过了优雅的针线加工，但它们基本上是相同类型的衣服，性能是一样的：可反复洗涤，吸收身体的油脂和汗水。在阿尔布雷希特・丢勒（Albrecht Dürer）的 1498

年的自画像中，他把自己描绘成穿着一件金色镶边的纯亚麻布衬衫（图 5.1)。两个世纪后，伦勃朗·凡·莱因（Rembrandt van Rijn）在他的画作《芙罗拉》（*Flora*）中，让画中的模特穿着一件长袖厚亚麻布罩袍（图 5.2)。

罩袍是为了穿着舒适而设计的。相比之下，男女正装都采用了支撑结构，以严格的方式将中高阶层人士的身体塑造成时髦的样子。妇女们穿着紧身胸衣，紧身胸衣下面是用鲸骨、象牙甚至铁做成的衬轴；男人穿的紧身上衣里也有坚硬的面料、衬骨和填充物，它们都有同样的塑形效果。[7] 尤金妮亚·鲍里切利（Eugenia Paulicelli）认为，女性的束身衣最初是由士兵们穿着的上半身盔甲（corsaletto）演变而来的。[8]

图 5.1 阿尔布雷希特·丢勒的自画像，绘于 1498 年，布面油画 . Prado Museum. Photo：Imagno/Getty Images。

图 5.2 《芙罗拉》，伦勃朗·凡·莱因约绘于 17 世纪 50 年代早期，布面油画。Photo：Malcolm Varon。©The Metropolitan Museum of Art. Image source：Art Resource, NY.

事实上，男人往往是时尚的领导者。在英国，亨利八世除了在衣服上镶嵌珍珠外，还是第一个引领佩戴珍珠耳环这种潮流的人。[9] 在创作于 1600 年左右的一幅肖像画中，弗朗西丝·霍华德（Frances Howard）女爵也开始大量佩戴珍珠饰品（图 5.3），而男人则继续把它们当耳环戴，如沃尔特·罗利（Walter Raleigh）等贵族的肖像所展示的（图 5.4）。如果最近对科布（Cobbe）家族拥有的一幅肖像的重新评估是正确的，那么莎士比亚的赞助人和情人、第三任南安普敦伯爵亨利·里奥谢斯利（Henry Wriothesley）也是如此。[10]

当然，近代早期的文化对服装应如何符合性别身份做出了规定。在蹒跚学步的时候，贵族男孩和贵族女孩穿同样的衣服，男孩穿上“马裤”则标志着一个重要的转变；十来岁时，女孩会穿上僵硬的紧身胸衣。在 16 世纪早期，

图 5.3 《穿着黑色连衣裙、戴着珍珠项链的女士画像》(*Portrait of a Lady in a Black Dress with Pearls*),英国学校,约绘于 1590 年。The Weiss Gallery, London.

图 5.4 《沃尔特·罗利爵士的肖像》(*Portrait of Sir Walter Raleigh*),不知名的英国艺术家,画板油画,绘于 1588 年。©National Portrait Gallery, London.

男性的主要服装轮廓是宽肩窄腿；女性则是窄腰宽裙。不过，简·阿什尔福德（Jane Ashelford）评论说，在玛丽·都铎（Mary Tudor）和西班牙国王费利佩二世统治时期[1]，男女都开始穿着西班牙风格的服装，这种服装具有明显的垂直线条和朴素的颜色，尤以黑色居多。在伊丽莎白一世时代的英国，男性和女性服装的另一个相似之处出现了：男性和女性服装都有“同样被夸张设计的部位，即颈部（环状皱领）、手臂（全袖）和臀部（带衬垫的短马裤和夸张的鲸骨裙撑）”。[12] 男性和女性在使用以花齿剪处理过的织物和斜纹织物方面也很相似，并且都会为了露出下面的内裤或彩色衬里而将它们剪开，而男性紧身上衣和女性紧身胸衣的形状也很相似；在从 16 世纪进入 17 世纪之际，这两种衣服都变得又长又窄。

但男性和女性服装有一个惊人的不同，那就是地位高的男性比女性拥有更多的衣服。这一点在 15 世纪晚期的法国宫廷的清单和遗嘱中体现得很明显，在亨利八世时期的英格兰也是如此，因为在那里，男性的衣柜比女性的更大，衣服种类也更多样。[13] 蒂莫西·麦考尔（Timothy McCall）在关于 15 世纪的意大利的著作中指出，从宫廷、军队到政治集会，贵族服装都是为了引人注目。在公共场合，公爵和王子被要求穿着“华丽”，并且多半会穿戴闪闪发光的衣服和珠宝。许多为他们服务的男孩和年轻人也被寄予同样的期望。相比之下，15 世纪晚期的法国人奥利维尔·德·拉·马尔凯（Olivier de la Marche）在他的《女式外套》（*Le Parement des Dames*）一书中强调了简单得多的妇女

[1] 玛丽·都铎是英国都铎王朝的女王，亨利八世之女，在爱德华六世死后，即位为王，称玛丽一世（1553—1558 年）。1554 年，玛丽女王与当时的西班牙王储费利佩（即费利佩二世）结婚，这场婚姻使英国在实际上处于依附西班牙的地位。——译注

服装的重要性：衬衫代表诚实，束腰代表美德，钱包代表慷慨。[15]一个男人衣着华丽是在维护他的公国或城市或地区的荣誉，他家里的女人也是如此。但是，一个穿着过分华丽的男人或女人很可能被视为性犯罪嫌疑人。

然而，正如愤怒的作家们所目睹的，这些规则可能会被无视。当规则被无视的时候，各种形式的颠覆性破坏、情欲快感以及担忧愤怒，就会从人们看到、觊觎、购买、借用和穿着衣服的混乱行为中产生。这一时期人们坚持穿着明显带有性别特征的衣服的一个原因是，当时的医学精英认为人类的身体在性别方面是不稳定的。在某种程度上，他们的想法是基于2世纪的古罗马医生盖伦（Galen）阐述的一个模型。盖伦认为，男性和女性的性器官是一样的：男性的阴茎和睾丸暴露在体外，其同源性器官则长在女性体内。这种思想是意大利医生安德烈亚斯·维萨留斯(Andreas Vesalius)的学生巴尔达萨·赫塞勒（Baldasar Heseler）的言论的基础。[16]

关于性别和性的其他思想流派，尤其是关于身体中多变的液体的理论，影响了这一时期来自盖伦以及在他之前的希波克拉底和亚里士多德的医疗实践。[17]这个体系的理论基础是关于人体四种体液的学说，这四种体液被认为同时支配着女性和男性的身体；正是这些体液产生了性别认同和性别气质。在男性的身体中，燥热的体液——胆汁和血液占主导地位，导致他们精力充沛和容易做出勇敢的行动。女性体内则以潮湿的体液——黑胆汁、痰为主，这使女性谨慎、有耐心且多情。提出这种二元法的社会目的很明显：保持传统的性别分配。然而，性别意识形态和性医学理论的相互作用不是单向的。食物、饮料、运动、疾病、性交和强烈的情感都会改变体液平衡，从而产生女性化的男人和男性化的女人。受体液控制的身体会受到无数种变化的影响。

绝对性别差异理论的另一个重要的消解因素是，当时的人们认为女人和男人一样有精液。虽然女人的血液比较冷，但其可以——而且需要通过性兴奋被加热，产生“种子”，从而共同孕育出一个孩子。[18] 体液的不平衡混合意味着，一个体内“热量”过高的女人可能像男人一样具有性侵略性，一个体液过冷的男人可能会泌乳，而介于两者之间的身体通过融合两种性别特征而完全破坏了性别差异。在这个由不同特质的身体组成的世界里——这些特质从一开始就混合在一起，并且可以互相转化——社会秩序需要以某种方式来固定性别身份、强化身体的性别差异，并将其与对比鲜明的性格、能力和职责联系起来。服装就是实现这一点的一种方式。衣着不仅仅是地理区域和社会等级的视觉简写，还将穿戴者纳入一个可管理的生殖角色和政治等级体系中。也就是说，衣服必须能确定身体本身所不能确定的东西。

这是一种理解服装若打破性别规则会受到何种强烈谴责的方式。这种谴责不仅在意识形态的层面上，而且在物质实践的层面上都具有历史意义。它们能让人很好地了解实际穿着，无论其是否合法、合理。

在 16 世纪中叶的法国，作家阿图斯·托马斯［Artus Thomas，1996 年之前被称为托马斯·阿图斯（Thomas Artus）］在他对雌雄同体的形象的抨击中——历史学家将这种抨击与双性恋的亨利三世和他的“国王的仆人”（即男宠）联系了起来——提供了一幅当时有钱妇女的服装的详细图绘。[19] 托马斯的小书《雌雄同体》（*Les Hermaphrodites*）写于 16 世纪 80 年代，于 1605 年在巴黎出版。在书的扉页上雕刻着一个身穿男式长袍和马裤，同时戴着有蝴蝶结和珠宝装饰的女式高帽的人物；在他（或她）的长袍下，乳房隐约可见。（图 5.5）

这本书接着描述了一个由国王和他的廷臣统治的梦幻岛，岛上的所有人都

图5.5 阿图斯·托马斯所著《雌雄同体》（巴黎，1605年）扉页的雕刻画。Folger Shakespeare Library.

痴迷于明显没有男子气概的服装。叙述者是一名在暴风雨中偏离了航线的探险家，他首先观察到这个岛国的国王是如何起床的：国王醒来时戴着面罩——面罩下面涂着面霜，并且戴着保护皮肤的面纱和软化双手的手套。随后，仆人会给他的眉毛上蜡，给他的脸颊涂上胭脂，然后为他卷头发、染胡子，给他穿上饰有蕾丝的软袜，把他的大脚塞进小鞋子里。再然后，国王会穿戴上紧身上衣、蕾丝衣领和环状皱领；他的环状皱领被充分地展开，形成一个完整的平轮，被称为“圆形大厅的圆顶”。他的仆人给他递上喷了香水的手套和一把巨大的羊皮纸扇子，然后向这个“妖艳的女人”鞠躬。为了不打乱发型，他的帽子被放在他的头顶上，帽子上装饰着一条饰有宝石和珍珠的带子——类似“法国妇女以前戴的王冠”。

这段话显然是讽刺性的：托马斯用一个天真的观察者的视角来嘲讽那些穿得很华丽且女性化的男人。然而，这种指责远不止于此。服装是政治性的。像雌雄同体的人那样穿戴，就是颠覆了一个运行良好的王国应该遵循的规则。岛上混乱的法律规定居民“根据自己的喜好”穿衣，甚至用金银刺绣、宝石和珍珠来点缀合身的衣服，以免被视为卑微、愚蠢的可怜虫，“因为在这个岛上，是服装造就了修道士，而不是反过来的情况”。每个人都可以穿女装；岛上居民无论男女都被要求花大量时间与他们的裁缝商谈；如果他们不能每月更换时装，就会被视为衣衫褴褛、不文明的守财奴。通过阅读这部模拟法典，我们可以看到托马斯主张的服饰美德：衣着应朴素，不受时尚影响，遵从节俭法案，最重要的是，具备适当男性或女性特征。

最糟糕的是，扉页上那首诗把国王的衣服和双性恋的乐趣轻松地联系在一起。这个为衣着狂热的花花公子最不担心的一件事就是她 / 他是谁。既然雌雄同体会带来性爱快感，那么为什么担心？“我既非男也非女，/ 即便如此，我心里也并不在意 / 在这两种性别当中，我该选哪一个。/ 我长得像哪种性别有什么关系？/ 最好同时拥有它们。/ 这样会带来双倍的快乐。”在托马斯所虚构的这个岛上，雌雄同体并不是一种生理异常，而是一种选择。它通过暴露支配它的假象，使性别化的服饰系统非自然化。[20]

《雌雄同体》可能是一部夸张的小说，但它指出了社会生活中服装涉及的一个重要方面，即如前所述，在这个时期，男人和女人穿的衣服是可以互换的，因为它们几乎是相同的。不过，在 15 世纪中期的法国，男人和女人的衣服在遮盖身体的程度上出现了差异，这是由于紧身上衣（一种男式窄身夹克，在过去的一个世纪里越来越短）的兴起造成的。[21] 与中世纪精英们的宽松长袍相比，男式紧身上衣比女式上衣暴露的身体曲线更多："男式紧身上衣剪裁紧密，长度也较短，于是其首次分别将男人身体的不同部位展现在人们的面前。"结果，男人不得不担心他们不合适暴露的身体部位被暴露在外。对这种变化的警觉出现在 14 世纪的《法国纪事》（*French Chroniques*）对法国贵族所穿新式服装的描述中："有些人的衣服太短，短到几乎盖不住屁股，结果，当他们弯腰为他们的领主服务时，他们就向站在身后的人展示了自己的内裤和内裤里的东西。"[23] 在威尼斯艺术家塞萨尔·维塞利奥于 1590 年编写的服装书中，一幅木刻画（图 5.6）就展示了一位法国贵族穿着极其短小的马裤。维塞利奥厌恶地评论："他们穿着很短的短裤，大腿紧绷，几乎显露出大腿里的肌肉、血管。

图 5.6 一名法国贵族，出自塞萨尔·维塞利奥所著《古代和现代服饰》（出版于威尼斯，1590 年），275 页。Private collection, Leverett, Massachusetts.

这位贵族那裸露在外的双膝也并不能改善他的形象。”

与此相对应，女性的不当暴露的身体部位是几乎裸露的胸部，以及被金属、象牙或木制的胸罩等硬物撑起的乳沟。这种做法并没有得到大众的认可。托马斯·纳舍（Thomas Nashe）在他于1613年写的讽刺诗《基督对耶路撒冷的眼泪》（*Christs' s Teares over Jerusalem*）中对这种现象谴责道："现在我来到骄傲的女士们面前，［她们］喜欢华丽地走动……她们的胸脯高高隆起，圆圆的玫瑰色乳头毫不羞涩地露在外面，以显示在她们手中有希望的果实。"[25] 批评家们还谴责那些为了保持端庄而戴着面纱却通过暴露乳房取得了反效果的妇女。在布雷西亚人贾科莫·兰特里（Giacomo Lanteri）的对话集 *Della Economica*（出版于威尼斯，1560年）中，这位母亲评论：虔诚的威尼斯缔造者下令，"女性，尤其是未婚女性，要用黑纱完全遮住脸"。但她接着说，威尼斯的妇女们发明了一种针对这种传统的反常变化："虽然妇女们一直把头部遮着，但她们渐渐开始大胆地把长裙（的领）穿得很低直到露出很多乳沟，甚至露出整个乳房，结果就是，她们看起来比没有戴面纱的时候更有情欲意味。"[26]

大约在这个时候，法国新教当局也开始反对袒胸露乳，他们把这种做法与其他有情欲意味的时尚联系起来。1581年在拉罗谢尔，宗教改革会议建议将那些以"某些无耻的明显特征……如化妆、打褶、羽毛簇、缝线和露胸等"来炫耀的妇女排除在圣餐之外。[27] 考虑到从农民、女仆、中产阶级妇女到贵族的不同等级的妇女都穿着低胸礼服，这种谴责显然被时人忽视了。袒胸露肩给男女都带来了快乐。丢勒（Dürer）在他的自画像中穿着宽松罩衫内衣，因而露出了他胸前的白色皮肤；而维塞利奥创作的威尼斯妓女木刻画（在下文中笔者将再次提到它）显示这位妓女穿着一件解开了一半的胸衣——这既是为了她的客户的快乐，也是为了她自己的利益（图 5.7）。[28]

同样引起人们强烈兴趣和反对的一种男士服装是遮阳布。帕特丽夏·西蒙斯（Patricia Simons）提供了这个“睾丸容器”的详细历史。它是一个中空的外部假体，既能把睾丸隐藏在里面，又能引起人们对它的注意。遮阳布（codpiece）——它在意大利语中叫“braghetta”，在德语中为“Latz”，在法语中为“braguette”——最初是一种方便小便和解开裤带的装置，也可能是针对挂在身上的钱包和剑等饰物的一种防护。但随着遮阳布变得越来越精致并呈现出各种形状，如向上的曲线和椭圆形包或凸起，它们可能变得越来越不

图 5.7 《公共场所的妓女》，出自塞萨尔·维塞利奥所著《古代和现代服饰》（出版于威尼斯，1590 年），145 页。Private collection, Leverett, Massachusetts.

实用，“换句话说，它们的用途已经超出了实用性或装饰性的范围”。[29] 西蒙斯认为，这种配饰象征着男人的整个生殖“包”，包括睾丸、阴茎和累积的精液，暗指男人的阳刚之气，并且这种阳刚之气超越了单纯的身体的范畴，包含与家庭、政治、厌女和多情相关的主张。[30]

在几次关于遮阳布的讨论中都提到了一幅画，那就是意大利画家阿尼奥洛·布伦齐诺（Agnolo Bronzino）在1531年至1532年创作的一幅乌尔比诺公爵二世（Guidobaldo II della Rovere）的四分之三身长的肖像画（图5.8）。在黑暗的背景下，这位18岁的公爵笔直地站着，身穿一套镶着金边的黑色铠甲，腰部收得很紧，显得很挺拔。在他的紧身红色锦缎马裤上面，他穿着一个同样质地的巨大遮阳布，呈双圆卷状。康拉德·艾森比克勒（Konrad

图5.8 乌尔比诺公爵二世的画像。布伦齐诺绘于1531—1532年。Florence, Palazzo Pitti. Photo by：DeAgostini/Getty Images.

Eisenbichler）解释说，这个年轻人的大胆姿态与他握在右手上并放在头盔帽檐上的一张小纸片上的希腊铭文有关:“我将按照我自己的决定行事”，这句话针对的是乌尔比诺公爵二世与他父亲关于他究竟是为了爱情还是为了王朝利益而结婚这一问题的争执。在这种背景下，遮阳布代表了一种对父权的有力挑衅。

对一些观察者和思想家来说，遮阳布是一种令人尴尬的装饰，甚至比尴尬更糟。早在1494年，塞巴斯蒂安·布兰特（Sebastian Brant）就在他的《愚人船》(*Ship of Fools*）一书中宣称，短上衣和遮阳布是“德意志民族的耻辱”。[32] 在蒙田于1575年写的文章中，他认为遮阳布是不体面的，并把它归咎于当时的瑞士人。“我们的祖先所穿的马裤的那个可笑的部分，在今天的瑞士人身上仍然可以看到，其意义何在？”[33] 一则关于意大利阿斯科利市妇女的轶事讲述了她们对1553年颁布的一项禁止她们穿被称为“pianelle”的高底鞋的法律的反应，即她们指出男人的遮阳布更不雅观——“完全是虚张声势，货不对板”。[34]

在其他情况下，人们对遮阳布的态度并不那么严肃。威尔·费希尔（Will Fisher）引用了一位17世纪的英国作家对早期简单遮阳布的描述，称那基本上就是一块柔软的布片，用束衣带（即“points”）绑在男人腹股沟两侧的裤袜上。这位作家不无深情地回忆了这种袋子的容量:“这种大而宽敞的遮阳布为人们提供了所需的口袋”，因为当它的系带被解开时，“它们就是系在衬衫和遮阳布之间的亚麻布口袋，(而且）这些袋子里装着他们随身携带的所有东西。”[35] 因此，遮阳布可谓集硬币钱包、午餐袋、信筒和手帕袋于一体。这一内在和外在都“丰富”的概念成为拉伯雷等喜剧作家经常描写的话题，例如拉伯雷在 1532 年的《巨人传》中对他的巨人主人公的巨大遮阳布写下了狂热的赞美之词：它的形状“像一个弓形的拱门”，并镶有“大量的钻石、珍贵的红宝石、稀有的绿松石、华丽的绿宝石和波斯珍珠……就像你在罗马纪念碑上看到的那些巨大的‘丰饶之角（Horns of Plenty）’一样。”[36] 他还说，这个遮阳布的大小和装饰所做出的关于男性生殖器力量的承诺，是如实地以巨人的真实身体为基础的。“不过，有一点我现在要告诉你，那就是它不仅长而宽敞，里面的内容物也很饱满，‘弹药’充足，不像许多年轻绅士那些具有欺骗性的遮阳布，里面除了风什么都没有，让女士们大为失望。”

但是，当女性被指控穿着遮阳布时，遮阳布就成了一个非常令人担忧的话题。费希尔曾引用威尔士诗人威廉·加马吉（William Gamage）的诗集《林西·伍尔西》（*Linsi Woolsie*，1613 年），其中一首诗为《论女性的至高无上》（*On the Feminine Supremacie*）。诗中描述了一个想象中的性逆转之地，就像托马斯笔下的雌雄同体人居住的岛屿：“我常听人说，但直到现在才亲眼见到，/ 女人也是会穿遮阳布的；/ 而在那些小岛上，男人会向女人鞠躬。”[37] 当被不该穿它们的性别的人穿着时，遮阳布和马裤暗示着性危险。意大利的妓女当然也穿马裤。意大利罗马市警察在 1594—1606 年逮捕了“大约 14 名妓女，因为她们穿着男人的服饰，通常是贝雷帽和斗篷，有时还穿着马裤”。[38] 此外，可能还有更多的妇女是这样穿的，以便在宵禁后自由地在城市里活动，只是没有被人发现。立法者认为这个情况比夜间伪装更广泛：他们禁止妓女在狂欢节期间“身着男装出现在窗户边或公共场所……她们也不能穿斗篷”。[39]

其他城市的妓女也有跨性别装扮的行为。在 14 世纪晚期，佛罗伦萨公开欢迎妓女，希望她们能将同性恋者吸引回异性恋的行列。但是，正如理查德·特雷克斯勒（Richard Trexler）所指出的那样，这个计划适得其反，因为男同性恋者被打扮得像男人的妓女吸引，而且她们做出了“违背自然”的行为，就像她们的顾客彼此之间会做的一样。[40] 这决然不能使男人回到他们的妻子和家人身边。另一个反对妓女异装的理由是，有些妓女穿着男人的斗篷、长袍和帽子，以帮助她们的顾客掩盖他们的堕落行为；或者，恰恰相反，她们会穿戴顾客的衣服如帽子来透露是谁在享用她们的服务。[41]

1502 年，该市宣布易装癖为非法，正如它曾在 1206 年做过的那样，但 16 世纪头几十年的法庭案件依然表明，妓女们并没有放弃这种行为。1441—1523 年，在监督违反公共道德的佛罗伦萨法院出庭的妓女中有一半以上被指控穿着男人的衣服。[42] 在威尼斯，1578 年的一项法令同样禁止这样的事情：“近来威尼斯的歌妓和妓女为了吸引和诱惑年轻男子……找到了这种新方法……用男人的衣服来打扮自己，穿着环状皱领、紧身上衣和其他衣服。”[43] 威尼斯的此类法律被解释为对跨性别穿着所传递的同性恋信息的回应——但并不是完全消极的回应。就像在佛罗伦萨一样，威尼斯当局在一定程度上容忍妓女使用这种风格，希望穿着男装的女性能够让该城市的同性恋者远离与男性的交往。[44]

回到维塞利奥的威尼斯妓女画像（图 5.7），他详细描述了她的跨性别服装：“她们都有一套男装风格的服装：她们穿一件丝绸或亚麻布紧身上衣……里面垫着夹棉，就跟年轻男子穿的一样……还贴身穿着一件男式衬衫，做工非常精致、优雅，是她们经济承受能力的上限……许多人还会像男人一样穿短裤。”[45]

事实上，这幅木刻画所展示的内容并没有评论中所说的那么多：那位妓女将她的头发梳成了科诺式[2]，额头两侧有紧紧卷起的发峰；她拿着一把时髦的纸扇，撩起裙子，露出高底鞋。这幅图像之所以如此令人不安，是因为这些都是女性的时尚。从表面上看，这个妓女并没有伪装成一个男人。但令人吃惊的是，维塞利奥告诉我们，她将象征女性的服装组合叠加在了象征男性的服装组合之上：在女式的发型、裙子和高跟鞋之下是男性的马裤和长筒袜。这些当时的图像证实了，妓女确实在裙子下面穿着紧身上衣和紧身短马裤这种男性的装扮。皮埃特罗·贝尔泰利（Pietro Bertelli）于1578年在帕多瓦出版了一幅有趣的版画——画上描绘了一名妓女和盲目的丘比特。他为这样一个女人提供了两个视角：表面上的女式装扮；隐藏其下的男式装扮。首先我们看到她穿着时尚的长礼服，然后可以掀开裙裾的一角，露出她的男性化马裤和她的女性化高底鞋。（图5.9a、b）这种效果是滑稽的，但也令人不安。这个女人的长裙的下半部分在她腰部被提起的襟翼处截短了，看起来像是一个令人不安的遮阳布。在17世纪早期的伦敦，妇女们明显的跨性别异装一度成为一种时髦的风格，并且激起了传教士、道德家和小书作者的愤怒，他们斥责女人穿戴男人的帽子和紧身上衣，并把头发剪短。这方面的证据是，詹姆斯国王（King James）曾经命令伦敦的牧师们于某个星期日在讲道坛上谴责这种风格，并命令伦敦的丈夫们不让妻子穿这种衣服，如果有必要，丈夫们可以剥夺她们购买这种衣服的钱。[46]

西蒙·范·德·帕斯（Simon van de Passe）在当时的两幅版画中描绘了贵妇人弗朗西斯·霍华德（Frances Howard）的形象：第一幅版画中的弗

[2] 科诺式：指由乔安妮·科诺（Joanne Corneau，1952—2016年），以“后流行”风格的关于女性面部和身体的大型绘画闻名。——译注

a

b

图 5.9 《威尼斯妓女》(*Venetian Courtesan*),“世界上最尊贵的城市的真实形象和描述”,多纳托・贝尔泰利(Donato Bertelli,威尼斯,1578 年)创作,第 28 幅。

朗西斯・霍华德梳着夸张的蓬松金发,发背上饰有一根小羽毛。(图 5.10a)在第二幅版画中,她则戴着一顶男人的帽子,上面装饰着一根很大的羽毛;头发剪得很短,刚到耳朵下面。(图 5.10b)

第二幅版画在当时是可信的:这位伯爵夫人因被指控毒害她的丈夫托马

a

b

图 5.10 《弗朗西斯·霍华德，萨默塞特伯爵夫人》(*Frances Howard, Countess of Somerset*)，西蒙·范·德·帕斯作，版画（*Hollstein*，第 16 卷，第 115 号）、第 1 版和第 2 版。Rosenwald Collection, courtesy National Gallery of Art, Washington DC.

斯·卡尔（Thomas Carr）的敌人托马斯·奥弗伯里（Thomas Overbury）而成为被流言蜚语攻击的对象。1615年和1616年，另一个女人也被指控参与了这桩谋杀：缝纫女工安妮·特纳（Anne Turner），她因将用于制作环状皱领的黄色浆粉样品从法国带到英国而闻名，而她承认自己为这桩谋杀提供了毒药。据说是伯爵夫人亲自下令实施整桩谋杀。后来，特纳被绞死；伯爵夫人则因为她丈夫与国王的关系而被释放。在范·德·帕斯的第2版版画中，霍华德的短发和她那顶带有鸵鸟羽毛的男式帽子的震撼效果因她那件领口剪裁非常低的长袍而变得更加强烈。后者呈现的赤裸裸的女性性征与阳刚的头饰形成一个明显故意想令人不安的组合形象。在这里，女性胸部的暴露绝不是女性气质的标志，而是性别僭越的标志，是对男性特权的篡夺。[47]

1620年在伦敦出版的两本小册子——《女汉子：男子般的女人》（*Hic Mulier*：*or*，*The man-woman*）和《伪娘：女人般的男人》（*Haec Vir*：*or*，*the Womanish-Man*）的主题就是对正确性别着装的扰乱。《女汉子：男子般的女人》的作者谴责男子般的女人是奥弗伯里谋杀案中两个罪犯的模仿者："你从第一个人那里得到了黄色浆粉这种假军火，又从另一个人那里得到了畸形的衣服。"[48]他通过曲解《创世纪》将这种畸形与亵渎联系在一起："还记得你们的造物主是如何为我们的始祖制作外套的吗？——不是做了一件外套，而是给男人和女人分别做了一件外套——给男人做外套是为了他从事劳动，而给女人做外套是为了保持她的端庄。"[49]但事实上，圣经中关于亚当和夏娃从伊甸园堕落的几段描述都没有说明上帝给亚当和夏娃做了不同的衣服，而且每一处描述都说的是他们堕落后、被逐出伊甸园时都穿着兽皮。

除了曲解圣经原文之外，作者还采用了文学上的春秋笔法：将特定的服饰人格化，使其成为妇女不道德的标志。正如苏珊·文森特所指出的，在这里，作者的目的不是表述女人正在变成男人，而是表达这种新的风格暴露了她们身体中明显具有女性特征的部分，令人震惊。[50] 与她们应该穿着的端庄服装——整齐的头饰和适合她们性别的礼服相比，她们参加的是一场不守规矩的服装游行，“把漂亮的头巾、牛角帽……或头巾组成的朴素装扮换成了云斑宽边帽和奢华的羽饰，把掩盖身体曲线的直身长袍的朴素的上半身换成了宽松、充满情色意味的法式紧身上衣。”[51] 作者说，这种时髦的跨性别异装在其他情况下是性罪过的明显证据。

“不仅如此，那些不愿意用工作换取面包的人还会抽出时间给自己织点（蕾丝系带）来捆绑她宽松的马裤；那些为了得到一顶帽子而出卖自己清誉的女人还会卖掉罩衫来买一根羽毛；那些为了剪头发而献上自己的吻的女人还会用诚实来为自己换取一件法式紧身上衣。”在这段话中，作者的愤怒上升到了最高点，他像写作《雌雄同体》的托马斯一样，将穿衣打扮与最可怕的政治逆转联系起来——通过这种方式，未开化的暴力群体可以接管欧洲各国：“如果这还不算野蛮的话，那就把粗鲁的斯基泰人、桀骜的摩尔人、赤裸的印第安人和野蛮的爱尔兰人变成治理良好城市的领主和统治者吧。”这本小册子的出版商约翰·特伦德尔（John Trundle）还委托他人为这本书制作了扉页，上面画着一个穿着这种风格衣服的女人。（图 5.11）在扉页的左边，一位理发师拿着梳子、举起剪子，把女人的头发剪到肩膀以上的长度；在扉页的右边，一名小裁缝正在为这位剪短了头发的顾客调整系带，这些系带把她那带花纹的紧身上衣和可能穿在裙子下面的马裤绑在了一起；这位顾客则凝视着镜子，欣赏着自己在镜中的带鸵鸟羽毛的宽边帽子和短发。这些妇女的身影很庞大，相比之下，

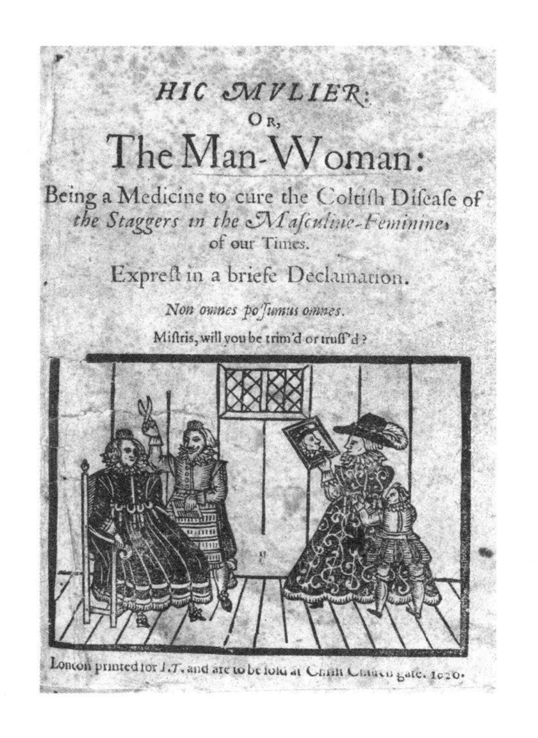
HIC MVLIER:
OR,
The Man-Woman:
Being a Medicine to cure the Coltiſh Diſeaſe of *the Staggers in the Maſculine-Feminines* of our Times.
Expreſt in a briefe Declaration.
Non omnes poſſumus omnes.
Miſtris, will you be trim'd or truſs'd?
London printed for I.T. and are to be ſold at Chriſt Church gate. 1620.

图 5.11 《女汉子：男人般的女人》（出版于伦敦，1620 年）扉页。RB 61256，The Huntington Library, San Marino, California.

那些提供性别扭曲的外观的人显得异常渺小。

同年，在第二次印刷《女汉子：男人般的女人》后，特伦德尔推出了另一本小册子《伪娘：女人般的男人》（图 5.12）。在这本书的扉页，一个穿戴整齐的“女人”不仅戴着“恶棍般的”帽子、穿着“带有情色意味的”紧身上衣；更危险的是，“她”一只手拿着左轮手枪，另一只手配着一把剑——正如我们看到的，剑柄在“她”裙子的右边；此外“她”还穿着带马刺的靴子。与“男人般的女人”相比，“女人般的男人”身材矮小，穿着带衬垫的板式长裤，裤脚处系着用来支撑长筒袜的、长到夸张的系带。他随身带着一个羽毛球拍和三个羽毛球，而“男人般的女人”坚持认为羽毛球是一项女性运动。

《伪娘：女人般的男人》以每个角色对对方性别的、滑稽而错误的认识开

HÆC-VIR:
OR
The Womanish-Man:
Being an Anſwere to a late Booke intituled
Hic-Mulier.
Expreſt in a briefe Dialogue betweene *Hæc-Vir* the Womaniſh-Man, and *Hic-Mulier* the Man-Woman.
London printed for *I.T.* and are to be ſold at Chriſt Church gate. 1620.

图 5.12 《伪娘：女人般的男人》扉页（出版于伦敦，1620 年）。RB 61267，Huntington Library, San Marino, California.

场。他们的对话让作者为《女汉子：男人般的女人》创造了一个雄辩的和有说服力的人物形象。当“女人般的男人”重复第一本小册子中所宣称的内容即穿着男装的女性是时尚的奴隶时，“他”激起了“她”激烈的、文化相对主义的反驳。[52] 针对“女人般的男人”的指控（同样重复先前的小册子的内容）即穿男装的女人是在屈从于愚蠢的新鲜感时，这位“女汉子”的反驳提供了一个针对服装的多样性和变化的贯穿所有历史时间和地点的调查：古希腊和古罗马的寡妇会身穿白色衣服进行哀悼，而不是文艺复兴时期的黑色；男人不留胡子，在其他地方被认为“没有男子气概”，但在英国是男人的常态；侧骑马鞍曾经被认为意味着“可憎的傲慢”，但是凯瑟琳·德·美第奇（Catherine de Medici）和伊丽莎白一世等当时的女性就是这样做的。[53] 各个地方的衣着和行为习惯千差万别，它们清楚地证明了“成千上万件事情只是习惯，而不是理性认可的结果”。最后，在“女汉子”的建议下，每个辩论者都回归了传统的性别服装和行为，但这并不能证明他们已经重新发现了性别的固定本质。相反，这个结局意味着平等的合作者可以根据自己的选择重新分配性别习惯和服饰。如果“男人般的女人”和“女人般的男人”可以通过讨价还价回归传统的社会角色——就像他们的着装所表明的那样，那么他们的协议表明，这种模式是人为的，而不是神赐的。

欧洲的道德家们也警惕着跨阶级的着装，即人们穿着高于自己社会地位的衣服。在谈到英国和法国的节俭法案时，彼得·古德里奇（Peter Goodrich）将其总结为“对欲望的合法对象既明确又默许的立法”。[54]

欧洲各地的着装规定极其复杂，与禁止偶像崇拜、军事和法律荣誉等级都有关联，有些甚至详细列举了穿戴特定面料、珠宝和配饰所需的级别和收入。在15世纪之前的法国，禁止奢侈消费的立法非常少，但到了15世纪50年代，国王的顾问们发出了在欧洲流传几个世纪的抱怨：“在地球上有人居住的一切地区，没有一个国家的服饰像（我们）这样畸形、多变、离谱、过分和无常……人们无法通过服装来区分他人的财产或职业，无论他是王子、贵族、公民、商人还是工匠，因为每个人，无论男女，都可以随意穿金戴银、着丝绸或羊毛料，无论他们的出身、财产或职业为何。”[55] 英国国王亨利八世从1510—1533年颁布了四部服饰法案，其中包括着装水平高于其社会地位的人必须支付罚款的规定。[56] 妇女被豁免，免受这些法律的约束，因为她们不需要像男人那样在公共场合表明自己的地位，而且丈夫控制并承担着妻子的服装费用。然而，后来在英国乃至整个欧洲，法律的约束重点都放在了妇女身上。在热那亚，法律规定人们要衣着朴素。1571 年的一项法规规定，环状皱领的面料只能是亚麻布，不能采用丝绸及蕾丝装饰；在环状皱领的浆粉中使用蓝色粉末可以用于点缀所需面料。[57] 1582 年的一项法令则规定，已婚妇女和寡妇在每年 10 月 15 日到次年 5 月 15 日期间必须身穿黑色长袍；她们的斗篷只能用普通羊毛料或羊毛和丝绸的混纺料制成。[58]

玛丽亚·朱塞佩娜·穆扎雷利（Maria Giuseppina Muzzarelli）认为，在威尼斯，人们经常违反节俭法案，因为这些法案本来就是用来违反的：对违反法案者征收的罚款是对富人的一种间接征税。“节俭法案利用了富人对炫耀的热情……这些法案表明，立法者有意重新分配城市的一些经济资源……他们利用法律制度来帮助弱势群体及整个城市。”[59] 这种认为节俭法案是对富人间接征税的观点现在已被广泛接受。帕特里夏·福蒂尼·布朗（Patricia Fortini Brown）评论：“……试图立法禁止炫耀性消费的做法是徒劳的。”[60] 当被称为“Proveddittori alle Pompe”的“时尚警察”禁止女性佩戴一条以上珍珠项链时，威尼斯的女性服从了他们的命令，但很快就订了一条长至腰部的项链。妓女是不允许佩戴珍珠饰品的，但她们还是戴了，[61] 而且她们会戴她们能买到的最好的假珍珠。

妓女们通过伪装自己来骗取来这座城市猎艳的外国男人的信任，这成了威尼斯的统治机构长期关注的一个问题。它们担心的是，这座城市的良家妇女的声誉正被那些打扮成富有贵族妇女的妓女破坏。于是，威尼斯当局在 1548 年发布了一条反对这一行为的法案，而对这条法案的初步解释是它针对的是老鸨，无论男女，因为他们往往会通过承诺给年轻女性提供优雅的服装来诱使她们进入这一行业。“老鸨们用各种狡猾的手段劝说她们，说会把她们打扮成贵妇人。而她们一旦落入这些老鸨手中，他们就会拿走只是租给女孩们的衣服、帽子、长袜、鞋子、装饰品、腰带、长袍和斗篷。由于这些租金，这些女孩就欠下了这些老鸨的债务，靠自己卖淫的收入来供养这些老鸨。她们永远无法解脱，迫于无奈犯下可怕的罪过，而且她们逐渐习惯了卖淫的恶习。”[62]

伦敦的妓院老鸨也使用了同样的伎俩，以此将他们的妓女打扮成市场上的精品，尽管审判记录和舞台剧表明其中并不涉及太多的诡计：快乐可能来自假装——而非相信——一个妓女是位优雅的淑女。在一篇对16—17世纪的布莱德维尔（Bridewell）法庭审判记录的精彩分析中，克里斯蒂娜·瓦霍利（Christine Varholy）引用了一个案件的记录，在这个案件中，一名妓女作为证人指控另外两名妇女唆使卖淫，她对其中一名妇女借给她的衣服进行了详细描述：“米勒夫人让……（她）穿上了一件深红色的大马士革衬衣和一件覆盖着黄色棉布的大裙架，以及一件粗糙的天鹅绒袍子，袍子是斜纹缎面长袖的，并有布满白色刺绣花纹的拉巴塔（rabata，一种时尚的立领）——上面有一圈金纽扣，她头上戴着白色的泽尔（zer，一种帽子）。”

这名妓女说，就此，她与大臣的一个手下发生了性关系，而米勒夫人得到了她报酬的一半。这名妓女补充说，这样的打扮让她每次可以挣4~10先令，这个价格表明，这种伪装可能非常有利可图。瓦霍利研究后得出的结论是，二手服装的流通在伦敦产生了一种“解释的危机”，即一个女人可以巧妙地利用借来的华服，向想通过付费与更高社会等级的女人发生性关系的男人提供跨阶级的乐趣[63]——“以最为庄重的态度与一件衬裙做爱”。[64]

然后，瓦霍利转向那个时期的戏剧，指出它们的作用与妓女的化装表演不同，因为观众可以了解戏剧角色的实际社会地位。她以本·琼森（Ben

Jonson）的小说《新旅馆》（*The New Inn*）为例。在这部小说中，裁缝师尼克·斯塔克（Nick Stuff）和他的妻子品纳西娅（Pinnacia）进行了“跨阶级的情色角色扮演”，品纳西娅穿着斯塔克为贵族妇女弗兰普尔夫人（Lady Frampul）制作的长袍，他们发生了性关系。后来，他们在舞会上把这个游戏公布于众，因此遇到了麻烦：弗兰普尔夫人认出了那条她一直在等待的长袍，于是下令将其剪碎，因为它已经被玷污了。裁缝师失去了报酬，但这一情节非常具有喜剧性，它的成功表明，观众并没有因女士礼服的非法流通而震惊，而是和剧中人物一样被跨阶级的情色诱惑刺激。

在这一时期，穿得像个淑女并因此得到报酬的做法也是英国诗歌的一个主题。在托马斯·纳什（Thomas Nashe）的《情人的选择》（*The Choice of Valentines*）一书中，主人公托玛林来到伦敦寻找他的乡下情人弗朗西斯，但是一家妓院的老鸨直接告诉托玛林说，弗朗西斯如今是一名妓女，他无法见到她，除非他能支付与穿着优雅衣服的“淑女”发生性关系所需的费用：

> “你想怎样，你就可以怎样，
> 但是，想想看，你的钱袋也会被掏空的——太贵了；
> 因为要吃上等的，就得挥霍钱财；
> 还有米斯特里斯·弗朗西斯穿着的丝绒长袍，
> 和梅耶一样的时新的环状皱领和假发，
> 无法忍受哪怕半天的丑态。”（61-66）[65]

笔者将以第三个关于近代早期性别混淆的例子来结束本章：在17世纪的

北美洲，关于一个被指控为异装癖的人的审判记录。这个故事始于1629年英国在弗吉尼亚州的沃罗斯库亚克殖民地，当时一位仆人报告说，一个新移民托马斯·霍尔"与威廉·贝内特先生的一个男仆发生了性关系"。[66]根据英国法律，这本来是一个简单的通奸案件，但镇上几位已婚妇女在听说了霍尔模糊不清的性别身份后发出了警报，最后导致该案在詹姆斯敦的殖民地总法院进行了裁决。这已不是一个简单的案件，也不是一个可以单独在法庭上解决的案件。对此，凯瑟琳·布朗（Kathleen Brown）指出："霍尔案件发生在一个建立不久的英国殖民地，这在一定程度上解释了该社区对霍尔案件的反应具有非凡的历史能见度和异质性的原因。除了远离大都市（伦敦）的科学和法律权威机构之外，沃罗斯库亚克殖民地既没有教区教堂，也没有地方法院。和17世纪20年代在弗吉尼亚州的大多数殖民地一样，这些正式的地方权力机构根本不存在。在没有这些机构的情况下，制造和维持性别差异的责任几乎完全落在了非专业人士身上。"[67]法官们需要想象力和灵活性来处理与霍尔相持不下的殖民者的不同意见。

托马斯（或托马辛）·霍尔告诉法庭他在一生中既做过男人也做过女人，并毫无愧疚地描述了他是如何通过改变着装来抓住那些报酬更高的工作机会的——例如从军、新大陆上的家政服务等。他的动机是工作，而不是性变态。他解释说，他现在打扮成女人，只是"为了给我的猫弄点东西吃"——大概是因为一个女人为她的宠物要剩饭，会比一个男人来做更受人同情。但殖民者不愿意容忍他在男女性别之间变来变去。当霍尔被问及他究竟是男人还是女人时，这个问题就到了紧要之处：他回答"都是"。可是这样的回答并不被人们接受。最终，这引起了一系列侵入性的身体调查：女人和男人反复检查霍尔的身体。正如霍尔所说，人们发现他是一个雌雄同体的人，就像我们所说的双性人：他有一个非常小的阴茎和一个未发育的阴道。三个女人首先认定霍尔是男性，但霍尔的主人认为他是女性，于是女人们改变了主意，而殖民地的长官最终宣布霍尔是男性。无论结果如何不周全，他们都必须做出决定。霍尔是幸运的。在当时北美洲的医疗和法律实践中，雌雄同体的人通常被允许选择他们自己喜欢的性别并维持下去，但异装癖在欧洲大陆是死罪。尽管英国人赞同《圣经·旧约》中对异装癖的禁令——“女人不可穿男人的衣服，男人也不可穿女人的衣服，因为凡是这样的做法，都是耶和华——你的神所憎恶的”［《申命记》（*Deut*）22：5）］——但他们的法律并未规定将异装癖者判处死刑。如果异装癖者受到惩罚，那是由于他们用衣服作伪装，以便与同性恋人或配偶同居。

殖民者所面临的问题是，“异装癖者破坏了社会使用服装来维持性别身份稳定的能力。”[68] 最高法院的裁决也正是为了解决这个问题。最后的判决结果是，鉴于霍尔曾是一名士兵和男仆，因此他应该保留男人的名字、穿男人的衣服。但同时判处他佩戴两件属于女性的配饰，一件戴在头上，一件戴在裤子上：“一件头巾（Coyfe）加一块额布（Croscloth，一种戴在前额上的布），前面戴一条围裙。”也就是说，他的双性别服装必须定义他是一个什么样的人。头巾、额布和围裙标志着他过去的性别转换并向周围的人发出警告，即他无权获得男性的性别或法律身份。为了说明这一点，判决为他强加了另一种形式的异性装扮——不是禁止，而是将他以前在不同时间穿过的两种性别的服装并列且重新组合。

在这个裁决里，法院没有肯定霍尔性别的正常化。是霍尔的过去，而不是他身体的任何部分或其性本质，解释了他是谁，并决定了这一奇怪的、复杂的判决。他利用服装为自己创造了一些有用的身份，因为服装展示的是一种社会性，而不是一种天生的自我。面对这种复杂的情况，弗吉尼亚州的法官们承认了被当时的道德家否认的：服装不是性别差异的证据，而是社会差异的证据。

托马斯·霍尔的这段微观历史总结了本章分析的几点内容：关于生理上性别模糊的身体、秘密与公开的性别身份的社会焦虑，以及最重要的，拒绝有简单性别特征的服装会受到严厉谴责，但在某些情况下它们也可以获得官方批准。在文艺复兴时期，精英们的外衣也许能区分男女，但时尚所要求的对身体的塑形和男女都会使用的配饰模糊了这种区别，时髦的跨性别装扮也是如此。在更低的阶层，特别是在性工作者的世界里，尽管有反向法律的约束，但服装的伪装往往是常态，而这些法律也可能因为实际的社会原因而被人无视。在医疗从业人员看来，性特征是不稳定的，因此无法确定单一维度的男女性别；即使这种性别的模糊性被官方禁止，人们也会以巧妙的方式利用服装来规避这些禁令。打扮成女人的衣服、打扮成男人的衣服，和打扮成兼具两者的衣服在那个时代都存在：文艺复兴时期的身体避免陷入任何单一的性别或单一的服装制度的束缚。[116]

第六章　身份地位

凯瑟琳·理查森

“寻找一位名叫彼得·威廉·皮尔（Peter William Peare）的年轻人……他身上穿的衣服包括一件黑色紧身上衣、一条黑色长筒裤袜，镶有法令蕾丝的白色起绒粗呢……和嵌有铜丝的红色蕾丝。”[1]

这份备忘录由英国的西米德兰兹郡沃里克镇书记官约翰·费希尔（John Fisher）于1571年记录，内容全是关于“一个名叫彼得·威廉·皮尔的年轻人”的社会地位的信息。他衣服上的蕾丝表明了他对时尚展示的兴趣：这些蕾丝是炫耀性的，但不一定昂贵——带有铜丝的红色蕾丝很廉价，模仿的是精英们穿的金色蕾丝，其能吸引人们的目光，但不用花很多钱。他的“法令蕾丝”很可能是根据1571年的英国法令编织的，因此是本地生产的而不是进口的，这表明他的社会地位低于贵族阶层。另外，他的紧身上衣和长筒裤袜所采用的布料以及起绒粗呢（一种粗羊毛料）也强化了这种形象，因为根据英国服装立法，这些布料是供侍从、男仆和农夫——也就是那些更接近社会底层的人使用的。但这份记录的主要用途不是对皮尔的社会地位进行描述，而是为找到皮尔提供帮助。现代警察部门发布的寻人信息是个人的面部照片，但近代早期的政府当局提供的寻人信息是那个人的衣着，这表明外表在展示一个人的社会经济地位及其个性方面存在复杂的作用。法律法规主张，所有群体的服装都应该是可以辨认的并在群体内部保持一致；人们则认为，服装和身份之间有着紧密的关系。

本章提供了新的文献证据，帮助我们探索个人的着装是如何被他们的社会地位塑造的——无论这些相似或差异是形式上的还是规模上的。本章还考察了伦敦和地方中心之间的关系对服装供应的影响，我们可能已经理解了过去的节俭法案，但没有看到服装是如何在整个社会范围内被投资、购买和穿着的，而后者有助于我们更好地理解近代早期的社会关系。[2]

节俭法案

在本卷所关注的文艺复兴时期，整个欧洲都在实行节俭法案——虽然其最终在 18 世纪逐渐消失。这些法案是欧洲广泛的政治制度的一个特点，从高度集权制的民族国家到相对民主的城市，至少在节俭法案的持续时间和质量方面，有人认为意大利的天主教城市与瑞士、英国的新教城镇之间没有什么区别。虽然欧洲大部分地区最活跃的监管时期是 17 世纪——例如，意大利的佛罗伦萨、威尼斯，法国的节俭法案数量在那时达到了顶峰——但在英国，这一顶峰出现在 16 世纪。[3]

爱德华三世（Edward Ⅲ）于 1337 年颁布了第一部服装法，开始了长达 267 年的英国着装立法，在 1603 年詹姆士一世（James I）登基后，18 部节俭法案和许多附加法规才告结束。[4] 从 14 世纪后期开始，社会地位、收入、特定服装的面料类型和数量以及可能搭配的饰品之间建立起密切且日益复杂的联系。这种立法细节表明，那个时代的人们对外观反映社会等级的应当的方式有着特别敏感的视觉意识。不过，虽然它们将社会分为各个小阶层，但其最主要的目的是将精英与非精英区分开来。

例如，亨利八世就在 1533 年颁布的法案中为他自己和他的家族规定了对紫色和貂皮的唯一使用权。从这份法案冗长且复杂的等级列表可以看出，法案在服装和社会地位之间建立了联系：例如，爵位低于公爵和侯爵的人不允许穿金色衣服或薄纱；男爵的儿子或骑士（或在支出所有费用之后付得起 200 英镑的人）等级以下的人不允许使用链子或其他重量超过一盎司的黄金装饰，也不允许在衣服上使用天鹅绒、豹皮或金线刺绣。然后，等级再往下一级的人还不能使用缎子、丝绸、塔夫绸、锦缎、较小的进口皮草、进口亚麻布和其他颜色的织物如猩红色或深红色、较小的珠宝，以及只能少量用于袖口、帽子或钱包的昂贵布料。至于社会底层，尽管仆人、佣工、自耕农和农夫都被允许在连裤袜里穿“cloth”（可能是指一种普通的羊毛织品），但也根据其价值，也就是其质量进行了区分：农奴和佣工能使用的布料被限制在每码 16 便士以内，而农夫、自耕农和其他类型的仆人可以使用每码 2 先令的布料。后者还可以在他们的长筒袜外面加上保护层，并添加当地产的羊毛或兔毛，尽管他们的衬衫和头饰不能使用丝绸、金线或银线刺绣或者装饰。换句话说，社会地位较高的群体是根据所穿织物类型加以区分的，而社会地位较低的群体是以他们采用的布料质量和他们可能添加的点缀和配件来划分的，这表明在社会中可以很容易地通过肉眼来衡量材料的类型、重量和饰面工艺。

此外，该法案里还列举了许多例外的情况，主要与两类人有关：一是着装应体现皇家气派的人，如皇室成员和接受皇室礼物的人（换句话说，就是精英权力的延伸）；二是维持国家运转的掌握权力的人士，如神职人员，市长、市议员和法警等市政官员。[5] 本章将在最后再次讨论这些困难群体，他们的权力在一定程度上处于社会等级制度之外。

该立法还显示了经济和道德要求的有力结合，其目的是通过防止过度购买外国商品来控制收支平衡，并支持本地工业。[6] 但是，在提到威胁国家经济的外国商品和危及个人财务的债务之间，立法也存在着明显的矛盾。对道德的关注将后者造成的威胁与社会的崩溃联系了起来。在 1597 年的最后公告中，伊丽莎白一世指出，“在她的辖区内，由于衣着过度奢侈，已经产生了巨大的不便，而且这种不便每天都在增加”，因此她再次希望进行“改革”，并确定了这种滥用的结果，如钱被浪费在不值得的东西上；具有社会约束性的招待行为已经衰落；由于贫穷，犯罪率也增加了；以及肯定会出现的“等级混乱，最卑微的人穿着和他们的主人一样华丽的衣服”。这些问题一致表明，服饰是划分社会地位的核心方法，支撑着个人在社会、道德和经济上的相互关系。节俭法案表明，这个王国的稳定要依靠个人为他的帽子购买国外制造的丝质蕾丝。

社会顶层

鉴于我们对精英服装的了解比其他任何社会群体都要全面，本章就从他们的服装实践开始，以设定先决条件，便于我们对每个社会阶层服装的工艺及功能进行比较。根据节俭法案提供的关于面料种类的简明描述，精英们实际穿的是什么？他们会如何看待自己的衣服？其他人又会如何看待它们——它们的影响是什么？一篇关于莱斯特伯爵——罗伯特·达德利（Robert Dudley, Earl of Leicester）拜访沃里克（Warwick）的短篇小说给出了这些问题的部分答案。这篇文章的作者是约翰·费希尔（John Fisher），他在文章开头提到了一个“年轻人”的故事。这位莱斯特伯爵是来沃里克镇上的圣玛丽教堂主持法国的圣迈克尔骑士勋章（French chivalric order of St.Michael）授勋仪式的，这一活动需要举行一次正式的市民游行，游行突出展示了社会等级和衣着之间的联系：

> “穿着长袍的普通议员应该两两一起走在最前面；在普通议员之后，4名执政官应该手持小白棍走在一排；在他们之后，12 名主要议员应该两两一起走，最年轻的走在最前面；然后，走在主要议员之后的是我的贵族绅士和本郡的绅士们，他们当天都来了；在绅士们之后，是手持权杖的军士；在军士之后，是身穿猩红色长袍的执法官。”

不过，最完整的描述是关于伯爵自己创造的形象的。它非常清楚地表达了作者对伯爵与游行队伍的其他人的根本区别的认识，其描述方式类似于本章开始时的描述，即他的着装决定了他的地位和身份："然后出现的就是我之前说过的莱斯特伯爵，他穿着一身白色的衣服，他的鞋子是天鹅绒做的，裤袜是丝织的，男士长筒袜是白色的、天鹅绒质地，内衬银布；他的紧身上衣是银色的，坎肩是嵌有银丝的白色天鹅绒质地，上面还镶着黄金和珠宝。他的腰带和剑鞘是白色天鹅绒制作的，他的长袍是白色丝绒质地，上面有一尺宽的金线刺绣，非常醒目；他的帽子是黑色天鹅绒质地，上面有一根白色羽毛，点缀四周的珍贵宝石闪着光，腿上系着带圣乔治勋章（S.George' s Order）的嘉德绶带：真是一副值得一看的模样。"[7] 接下来，这篇报道继续赞美了莱斯特伯爵的姿态、身材及其比例，其结论是："在本作者看来，他似乎是英国唯一最优秀的男性人物"。勋爵的服装被总结为"昂贵而奇特"——它的价值从作者列举的织物面料看是显而易见的，而且这些织物都是我们通过节俭法案熟悉的，它的做工巧妙、精致且错综复杂，趋近"奇特"：时间和智慧都花在了上面。在这个例子中，我们看到了社会阶层差异的视觉影响，因为节俭法案的严格区分被转化为印象，也就是贵族服装可能给那些社会地位较低的人留下的印象（即使他们在自己的阶层中的地位可能很高），因此它创造并维护了伴随等级而来的权威。

上文描述的这位莱斯特伯爵的服装与他在如图 6.1 所示的肖像画中所穿的服装惊人相似，是一种典型的宫廷风格，既有高级时装，又有在列队仪式中恒久不变的服装款式。他的圣乔治勋章嘉德绶带表明他是一个仅由 26 人组成的组织的成员，而该组织的其他成员包括他的女王和其他欧洲皇室成员。[8] 他的白缎金绣长袍是法国主要骑士勋章的象征，查理九世将其作为对女王的一种赞颂而授予给他，因为该勋章是男性军人勋章，而女王本人无法佩戴。[9] 这些长袍和配饰具有稳定的款式，象征着王朝的延续性，而且只有君主和顶级贵族才能穿上它们。它们与特定的场合相联系——取决于它们的穿着时刻。类似的，在一系列用来装点主要礼拜庆典日的宫廷仪式中，亨利八世也会穿戴他的庄园长袍、议会长袍、王冠和其他礼服，以示对“庄园日、戴冠日、穿紫色和猩红色的日子以及哀悼日”的尊重。在节庆日的游行中，国王走在国宾布下，国宾布会衬托出他的服装的视觉效果。此外，在重要的宗教节日，如国王在主

图 6.1　莱斯特伯爵——罗伯特·达德利，盎格鲁 - 荷兰学派约绘于 1564 年，油画面板。Waddesdon, The Rothschild Collection（Rothschild Family Trust）, acc. no. 14.1996. ©The National Trust, Waddesdon Manor.

显节[1]和主显节前夕会佩戴王冠，在圣诞节、复活节、圣灵节和万圣节身穿紫色或红色天鹅绒衣服。他那价值 200 英镑的猩红色议会长袍只在议会开幕和游行中穿着，且“由穿着长袍的宗教长老和俗世贵族们陪同”。[10] 就这样，一年的时间被不断变化的宫廷服饰塑造和装点。

这些服装也是复杂而耐人寻味的。例如，1574 年元旦，在沃里克任职三年后，莱斯特伯爵送给女王“一把镶有金柄的白羽毛扇子……每一面都绣着一只白熊、挂着两颗珍珠，脚边还有一只狮子和一只戴着口套的白熊”。[11] 他的纹章标识（如图 6.2 所示的熊，他的徽章）和礼物的私人性质之间的相互作用，以及它所传递出的情色信息、它可能被使用的公共舞台，均显示了服装的仪式化、礼仪化的性质，以及服装与王国政治的关系。这种服装必须由圈内人仔细辨认，因此它是精英身份认同的一部分。

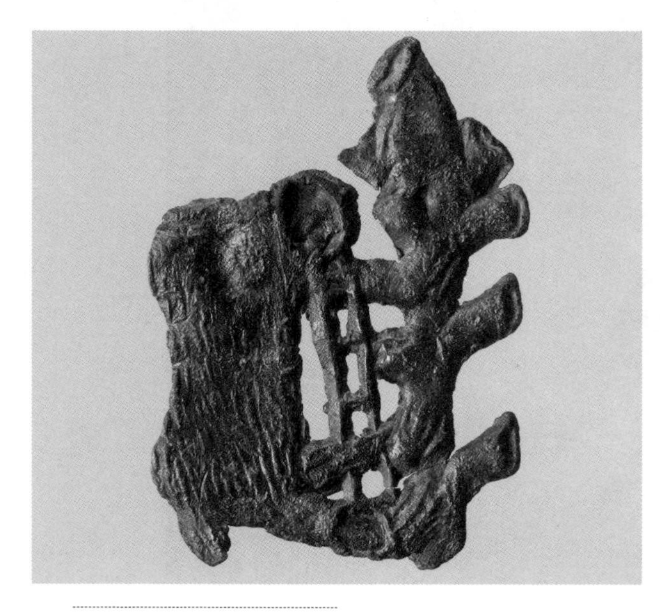

图 6.2 沃里克伯爵的铅合金制服徽章，上面铸着熊和破烂的权杖。British Museum, Museum number 1904, 0720.23. ©Trustees of the British Museum.

[1] 主显节又称“显现节”，源自希腊词“epiphaneia”，其字面意思是“显现”或“为人所知”，意指“基督曾三次向世人显示其神性”，是基督教重要节日，时间为每年的 1 月 6 日。——译注

这种复杂的身份也反映在贵族家庭的仆人制服上。亨利八世的皇室仆人团队由 1 500 人组成，其中不仅包括他亲密的贴身仆人，还包括他的狩猎仆人、他的驳船的主人和水手、“玛丽玫瑰”号（Mary Rose）上的水手，以及一大批其他小官员。此外，加冕礼上的仆人制服全部是红色的，葬礼上则是黑色的：亨利和凯瑟琳的加冕礼总共花费了 4 750 英镑，其中 1 307 英镑用于购买 1 641 码仆人制服用布。相比之下，16 世纪 60 年代莱斯特伯爵收到的仆人制服账单上列出了 260 多人，包括香水师、小号手、坎肩制造者和侏儒。[13] 这些人通过穿戴相同的衣服而被标记为一个群体。制服使他们成为上层社会形象的一部分，使贵族的身份有了更广泛的影响。[14] 如图 6.2 所示的制服徽章展示了大胆的家族纹章语言，告诉旁人这个人的领主是谁，并将他的权威传播到他的全部影响范围内。

除了这种静态的标记身份的方式外，这些贵族衣橱还展示了时尚的动向（比单纯的财富展示更加复杂），是政治优越性的重要组成部分。尽管在某些年份，社会地位低于他们的人可能会比他们花更多的钱在衣着上，但王室必须确保自己每年都能展示自己的高高在上。亨利八世的服装具有独特性，他通过奢华的欧洲面料宣示主权——他向外国服装商人颁发许可证，条件是他能第一时间看到并选择他们的产品[15]，也通过其规模宣示主权——很少有贵族成员对衣橱的支出能与他相媲美。[16] 此外，作为礼物赠送出去的服装和配饰也扩大了君主衣橱的容纳范围，特别是在新年期间。[17] 君主往年的服装要么被回收，要么送给王室的其他成员，以便为新的服装腾出空间，这导致衣柜里的服装要定期更新。赠送衣服的这些过程确保君主的品位成为廷臣们非常感兴趣的话题，而且一再强调了君主的衣着优势，因为他们在把最好的衣服送给别人之前会自己先穿。立法的目的是确定面料所具有的代表性，而消费能力确保了风格的无尽变化。

时尚也在一定程度上反映了国家身份，欧洲宫廷服饰的风格也成为政治忠诚的标志。例如，在查理五世的统治下，采用西班牙宫廷时尚可以解读为对西班牙帝国的效忠声明——法国王后埃莱奥诺雷·德·奥德里奇（Eleonore d' Autriche）和佛罗伦萨公爵夫人埃莱奥诺拉·迪·托莱多（Eleonora di Toledo）就都"在婚后的很长一段时间里穿着西班牙服装，明确表达了她们对西班牙帝国的效忠"。[18] 除了通信和大使访问，时装娃娃也作为外交礼物在国家之间互相赠送——1515 年，法国国王要求得到一个穿得像达·芬奇的画作中的伊莎贝拉·德埃斯特（Isabella d' Este）的娃娃，包括"衬衫、袖子、内衣、外衣、连衣裙、头饰和发型"。西班牙的胡安娜女王（Queen Juana of Spain）去世的时候也拥有两个穿裙子和外衣的时装娃娃。伊丽莎白一世的裁缝同样为她制作了"带有辫子和装饰性剪裁的样本"，以帮助她选择服装。这是一种真正的全欧洲规模的时尚，与国际市场密切相关，并利用各种信息网络在国家之间完成了潮流的传递。

在宫廷之外，我们可以通过 1620 年去伦敦购物的两个地方骑士家族的账簿来探究下层精英们的服饰。沃里克郡郇山隐修会（The Priory in Warwick）的托马斯·帕克林爵士（Sir Thomas Puckering）是国玺守护者之子。他是一名枢密院议员，曾以律师身份一步步晋升至爵位。托马斯爵士于 1605 年进入中殿律师学院，于 1621 年进入林肯律师学院，但他其实更像是一个有土地的绅士，而不是一个有抱负的律师，并且他在一生中的大部分时间都待在英格兰中部地区。[20] 作为沃里克郡中等贵族集团的一员，他每年的土地收入估计超过 2 000 英镑。[21]1620 年，也就是他的账簿中唯一有记录存留下来的一年，是他作为斯塔福德郡塔姆沃思议员的职业生涯的开始。在这个职位上时，他有两次在伦敦待了很长时间。

亨斯坦顿的哈蒙·勒·斯特兰奇（Hamon Le Strange）爵士和爱丽丝·勒·斯特兰奇（Alice Le Strange）夫人是诺福克最古老的贵族家庭之一。哈蒙爵士因骑马去苏格兰向詹姆斯一世通报伊丽莎白女王的死讯而被授予骑士称号，但他宁愿留在诺福克，也不愿进入宫廷。他的妻子爱丽丝也是该郡人。在哈蒙第一次继承遗产并度过了一段艰难的债务时期以后，[22] 勒·斯特兰奇夫妇的支出随着收入的增加而增加了，从 17 世纪头 10 年的每年低于 1 000 英镑增加到 17 世纪 20 年代的超过 2 000 英镑，与帕克林家族在这一时期的支出相当，而纺织品和服装是他们在食物之外最重要的支出。不过，他们的账目显示，他们在服饰上的支出每年都有很大的变化，如 1620 年的 256 英镑和 1613 年的 53 英镑（分别占总支出的 10.1% 和 30.3%）。[23] 帕克林爵士在 1620 年的账单仅为 56 英镑多一点，属于较为节俭的。与君主的年度支出形成对比是很具有说明性的——例如，在近一个世纪前，亨利八世在 1542—1543 年的支出是 7 263 英镑 13 先令加 6.5 便士。[24]

这两个家庭都充分利用了伦敦提供的机会，在这里大肆购买外省没有的商品。17 世纪初，随着伦敦作为娱乐之都的地位不断提高，其也在成为一个更受欢迎的购物目的地——“购物季”在秋季和春末之间进行，吸引了来自外省的富有的地主阶级——新的购买机会随着“交易所”即最早的购物中心的出现而出现。在这里，购物将宫廷和城市结合在一起，形成了一种新的社会形态。[25] 英国首都的这种主导地位与欧洲其他地方的情况形成了鲜明的对比。例如，在意大利亚平宁半岛北部和中部相对更城市化地区的城镇之间的“多样性和竞争”意味着不同的时尚，这也意味着它们彼此之间对市场份额的竞争。[26]相比之下，伦敦成为全国时尚的集中地，帕克林爵士在那里进行了大约四分之三（按数量计）的服装采购，花费了546先令3½便士，而他在沃里克的花费是21先令5便士。此外，他还在英国首都特别参与了几个服装“项目”，例如一套重要的大红色套装的定制，包括紧身上衣、长筒袜和斗篷；此外他还仔细计划了布料和饰物的采购活动。[27]所有这些事情基本上只用了一个多星期的时间就完成了：首先购买边角料，然后用15英镑买了5码大红色的布料，每码3英镑，价格不菲，“用它来做紧身背心、长筒袜和斗篷”。此外，他又花了51英镑买了4¼码深红色的粗呢来搭配一件相对完整的斗篷，第二天又买了两打做斗篷用的深红色纽扣和环，还用9先令6便士买了一个适用于斗篷的脖子处的长扣和环。斗篷的表面和窄裙的内衬用了四分之一厄尔的深红色塔夫绸，此外还买了五打纽扣，大概是用于前胸和手腕处。套装和斗篷都“覆盖”了5.5盎司的深红色丝质蕾丝纱带（或丝带），最后，整套服装还配上了一对深红色塔夫绸吊袜带和带丝质玫瑰花镶边的鞋子。这套衣服用三打深红色丝绸和金丝束衣带系在一起（突出显示在衣服外面），腰间还挂着一条深红色缎子的腰带，上面绣有麝香色（深红棕色）丝绸制作的流苏。此外，帕克林还购买了一顶麝香色的毡帽，帽带也是深红色和麝香色的。这些服饰的穿着效果一定非常惊人！如图6.3所示的一件紧身上衣属于同时期一位瑞典人古斯塔夫·阿道弗斯（Gustav Adolphus），它在某种程度上反映了这种效果。

将帕克林家族与勒·斯特兰奇家族进行比较，可以看出伦敦作为市场的特殊性：勒·斯特兰奇家族在英国首都的消费也比在外省多，尽管他们只做了短

图 6.3　属于瑞典人古斯塔夫·阿道弗斯的猩红色紧身上衣，瑞典皇家军械博物馆，斯德哥尔摩，17 世纪 20 年代。Photo：Göran Schmidt/The Royal Armoury, Stockholm.

期造访，而不是长期停留："平均而言，这家人每年去伦敦两次，去诺维奇四次，去林恩镇六次"。与帕克林家族不同，他们并不总是专注于外衣。他们花钱最多的一趟旅行是在 1628 年，当时他们为 14 岁的女儿买了花费超过 20 英镑的新衣服。而在 1620 年的旅行中，他们购买了大约 120 件东西，包括一张价格超过 50 英镑的新黑床，以及"价值 5 英镑的书，还有手套、帽子、长袜、蕾丝、靴子、马刺、布、陶器、铜器和铁器、银器和一张新的软垫沙发"，这次旅行的总费用，包括住宿在内为 185 英镑 5 先令 6 便士。[28] 那时，像帕克林与勒·斯特兰奇这样的家族就采用了几种不同的策略，从各种市场上采购与他们的社会地位相吻合的服装，但同时又清楚地感受着伦敦的时尚霸主地位。

无论精英阶层作为群体是多么多样化，无论他们对服装的购买力有多大的差异，在宫廷之外，他们的服饰都更明显地将他们与其他阶层的人区分开来，而不是区分他们彼此。精致的面料、错综复杂的装饰、统一的风格（他们可能会购买完整的套装，而不是单件衣服）、穿衣过程的复杂性（需要仆人的帮助），[29] 以及他们为确保这些仆人反映出他们自身的地位而为仆人提供的制服，都通过显示他们与其他社会成员的根本性的不同来宣扬精英阶层的权力和权威。近代早期新市场的开放、外国纺织品供应量的不断增加，对这一群体的影响最为明显，并且这一变化在本卷所讨论的文艺复兴时期末不断加快：例如，在伦敦，利凡特公司（Levant Company）从欧洲大量进口生丝，英国王政复辟[2]后又改为从中东地区进口。[30] 贵族阶层利用服装来宣传自己地位的活动在数量上和受众上都是无限大的，而他们的衣服设计吸引眼球的特质就是为了利用这一点：服装的细节鼓励人们对其进行仔细和长时间的观察。

社会底层

正如我们所看到的，节俭法案对社会中较低的阶层——自耕农、农夫和仆人——给予的关注要少得多，因为这些人的社会阶层划分并不那么精确。这些群体（根据他们被纳入节俭法案的定义来看）并不贫穷，但他们是历史学家通过最有可能指定个人着装的遗嘱材料所能接触到的最低阶层。玛格丽特·斯

[2] 王政复辟指 17 世纪斯图亚特王朝的查理二世返英即位事件。1660 年 5 月 8 日，英国国会宣布恢复查理二世的王位，斯图亚特王朝复辟。——译注

帕福德（Margaret Spufford）认为，可移动物品价值（即一个人的所有财产）在 50 英镑以下的人是苦力、贫农和工匠；在 50~149 英镑的是农夫和较小的自耕农；在 150 英镑以上的是自耕农、有钱工匠和小绅士。[31] 当然，这些人与穷人之间存在着潜在的直接关系（根据他们对邻居救济的需求来定义），因为当时的个人情况和经常困难的经济条件意味着这些社会层级较低的群体很容易陷入贫困。这样的定义强调了这个群体的过渡特性——仆人们可能是“贫穷的”，因为作为年轻男人和年轻女人，他们除了衣服之外一无所有；工匠则可能在成功的贸易生活中成为富裕的工匠，但也可能在生意不景气时陷入需要救济的境地。

达娜·坦卡德（Danae Tankard）提供了一些较低阶层的个人服装的简介：简·史密斯是一个老姑娘，她有四条旧裙子和两件马甲，价值 14 先令 6 便士；她穿的贴身衣服包括价值 5 先令的围裙，还有一顶价值 2 先令的带柏树绿条纹的毡帽。琼·霍金斯是一个寡妇，她临终时有两条衬裙（一条价值 10 先令，另一条黄褐色的价值 12 便士）、一件长袍（价值 2 先令）、一件防护服（价值 6 便士）、一顶帽子（价值 2 先令），还有各种亚麻布内衣、围裙和价值 4 先令的长袜。与精英阶层使用的布料不同，这些衣服是由本土生产的布料制成的，可能是在家里织造的。她们的衣服分别价值 11 英镑和 19 英镑，生活条件相当不错。清点她们的财产时发现，她们的贫穷表现在她们将大部分的资本花在了衣服上——除此之外，她们几乎一无所有。

社会阶层的下层是根据这一大群人作为劳动者的身份来界定的，与不用劳作的上流阶层形成了对比。国王有适用于各种场合的衣服，而这些人只有一套换洗的衣服：遗嘱材料提供了那个时代“工作”服装和“假日”服装之间的区别的重要证据——例如，1580 年，圣玛格丽特的威斯敏斯特教堂（St. Margaret's Westminster）的詹姆斯 · 马什给他的仆人爱丽丝 · 加尔遗赠了一件新衣服和“适合她身份的两套分别用于假日和工作时穿的羊毛衣服，这是一个仆人应该拥有的”。[33] 这种每周换一次衣服的行为一定是下层人和穷人之间的关键的概念性区别之一，因为穷人只有一套外衣；对前者来说，工作日和假日之间的对比节奏在实践上（假日穿的衣服是最好的，在它们被降级之前）和象征意义上（换衣服标志着生活节奏和活动的改变；对有宗教信仰的人来说，这也意味着他们的关注重点从今生转移到了来生）都决定了他们的穿着。

通过一系列在父母去世后提交的遗嘱记录，斯帕福德确定了在文艺复兴时期一个儿童会拥有的服装类别：男孩拥有一件大衣、一件无袖短上衣或紧身上衣、马裤；女孩则拥有一件背心和衬裙，也许还有一件大衣。她认为礼服过于高档，这种较低地位的个人应该不会拥有。此外，还有头饰、衬衫或罩衫、长袜和鞋子等。根据斯帕福德的计算，1610 年之前，一套新衣服的平均价格为男孩服装 15 先令 10 便士，女孩服装 12 先令 4 便士，在 1610—1660 年分别上升到 1 英镑 3 先令 3 便士和 14 先令 9 便士。虽然个别物品的价格存在差异（例如，无袖短上衣的价格从 1 先令到 12 先令不等），但根据节俭法案的规定，这些人对布料的选择范围很窄，所以其服装大都使用了相同的布料。[34]

因此，不同服装的价值差异是由质量不同的布料加上装饰产生的。对于那些其父亲所拥有的财产价值超过 150 英镑的孩子来说，他们的“衣服上更有可能经常出现（蕾丝）装饰”——换句话说，劳动人群的最顶层很可能在视觉上与其他人有更明显的区分。坦卡德的研究还表明了作为围裙、鞋带、帽带和颈部扣件的彩色丝带的重要性，其他一些研究也表明了这些配饰在恋爱过程中的重要性，以及它们与个人对他人的吸引力的感知之间的密切联系。[35]区分精英阶层的并不是衣服所用的布料，而是用来装饰衣服的材料的质量和各种各样的装饰，这使他们的“邻居”明显地看到精英阶层与下层人物之间的区别。即使是小礼物也有可能改变一个人的视觉外观，而风格、地位和身份都是通过一块又一块小而珍贵的布块塑造的。

当我们看到衣服作为“制服”在仆人的收入中所扮演的角色时，我们就能感觉到衣服在低阶层经济中是多么重要的一个方面。1583 年的科尔切斯特区的一份工资评估记录显示，“一名畜牧业法警”的工资为 53 先令 4 便士，制服津贴为 10 先令。一个 20 岁以上的普通仆人的工资是 33 先令 4 便士，制服津贴是 6 先令 8 便士；而一个 18 岁以上，“最好的、会做饭的、可以打理家庭事务或牛奶场”的女仆的工资是 20 先令，制服津贴是 10 先令。工匠（已完成学徒期的学徒）的制服也同样从 6 先令 8 便士到 10 先令不等，这表明人们对相应的织物用量有着相当统一的认识。将其与斯帕福德确定的儿童服装费用进行比较（当然是非常粗略的比较），结果表明，每年可能有一半左右的成人服装需要更新。多份当时的遗嘱中的证据可以表明这些衣服可能采用的是哪种面料。福尔内斯岛的斯蒂芬·坎农在 1573 年立下的遗嘱里称：“我的兄弟约翰将从我的主人约翰·爱德华兹那里得到……两码自制的布，这是他（后者）欠我的一个季度的服务费。”在某些情况下，衣服所采用的布料明确允许有变化，例如在 1575 年，“沃尔瑟姆修道院的裁缝亚伦·扬格收了 17 岁的约翰·埃斯廷为学徒，学期为 7 年，在学徒期结束时，扬格会给埃斯廷 5 先令的工钱和双份服装，方便他在工作日和圣日穿戴”。另外，桑顿庄园的约翰·彼得爵士也给他的仆人提供了“夏季和冬季的布衣津贴”，这表明服装的种类越来越多。[36] 服装是各类仆人获得的报酬的一部分，一方面是因为服装对他们完成工作的能力至关重要，另一方面是因为服装给他们带来的外观塑造了他们所服务的家庭的荣誉和信誉。[37]

如果说这些人构成了财产等级制度的底层，那么比他们层级更低的穷人则是由接受慈善捐赠的行为来定义的。在本卷所讨论的整个文艺复兴时期，对“穷人”这个群体的定义都是道德化的，从视觉上将“闲人”与“真正值得捐赠的人”区分开来。尽管我们也许更熟悉 1601 年《济贫法》（*Poor Law*）出台后的结构化救济体系，但关于中世纪慈善事业的工作已经显示出对贫困的物质文化的一些干预。在分析衣服在死后的慈善捐赠中的作用时，希拉·斯威丁堡（Sheila Sweetinburgh）考察了捐赠者如何利用服装来“追求救赎”，从而使接受捐赠的人为他们祈祷。中世纪的捐赠者们会明确地从七种基于肉体的慈善行为的角度来考虑自己的捐赠，即给赤身裸体的人赠送衣服、给饥饿的人赠送食物、为口渴者提供饮料、款待陌生人、探望病人、为囚犯缴纳赎金和埋葬死者。然而，裸体者绝不是他们的首要关注对象：在那些向穷人捐赠的人中，只有 9% 的女性和 6% 的男性捐赠了服装类物品。这样的例子包括萨内特的圣约翰教区的朱莉安娜·卢卡斯，她在 1520 年将“她的工作服遗赠给 12 名可怜的妇女，这些妇女将负责把她的遗体送入坟墓”，这是一种与受赠者地位相称且鼓励勤劳的捐赠物，在这种情况下，一位妇女通过增加女性邻居的衣服存量来表明她与她们的团结。14 年后，桑威奇的托马斯·阿尔迪则要求他的遗嘱执行人为四名穷人各提供一件黑袍，让他们在他的葬礼、月子会和 12 个月子会（在一个人死后，每隔一段时间为其举行的弥撒）上穿，同时他们要负责在他的棺材上举起葬礼的火把。[38] 提供新衣服和对穿衣服的场合的明确关注，都是为了拉拢穷人，把他们定义为更富裕的“邻居”。

宗教改革后，一些私人慈善机构仍然存在。例如，在沃里克，莱斯特医院的住院病人必须“穿着制服（即用漂白布制成的长袍，左袖上绣有权杖），没有制服就不能进城”。[39] 托马斯·帕克林爵士向执达官支付了6英镑，以满足他母亲遗嘱里的要求，即在圣诞节为沃里克的贫困妇女提供制服。17世纪30年代，托马斯本人在那里为8名贫困妇女建立了一家医院，根据这些妇女后来的账目记录，她们“在12月收到了两年的衣服”，以及“34先令8便士补贴，供她们平分（每季度一次）”。[40] 在富人的地域影响范围内，穷人的服装与富人更广泛的社会身份之间的联系可能是很强的。

然而总的来说，在16世纪，那些利用衣服的公共能见度来建立“照顾和祈祷”这种相互负有责任的施予者和接受者之间的个人关系在整个欧洲变得越来越少了。从15世纪20年代初的德国开始，低地国家、法国、意大利北部、斯堪的纳维亚和英国也在十年后颁布了济贫法。天主教和新教城市以及宗教人口混杂的城市都采用了这种立法，尽管有些城市的形式比较温和，而且“收入将分配给穷人……（曾经）……”通过公民和神职人员经营的机构进行“引导和分发”。[41] 公共分配取代了个人捐赠，而更富有的“邻居”对穷人的定义从个人行为转变为集体行为。因此，供养穷人的记录从个人的遗嘱文件转移到了公民和教区档案中。例如，伦敦教区处理弃婴的方式通常是付钱给弃婴在首都以外的养父母来抚养。在一个特别详细的例子中，圣约翰·扎卡里教区在1650年或1651年“为一个被遗弃在金史密斯大厅的孩子支付了他被送去看护所之前的抚养费，2先令；一件外套、两条围脖……两件衬衫、两条围裙和一件黑袍子以及两件十字服，3先令10便士；两条长筒袜和一件背心，2先令2

便士；一双鞋子，8 便士；一件内衣罩衫和一个小推车，2 先令；针线和肥皂等行李，2 先令 6 便士。”[42] 在这些弃婴此后的生活中，教区会负责为他们找到学徒工作，届时他们还会为这些小孩提供契约费和另一套衣服。

这些记录也表明，在中世纪的仁慈行为中，基督教徒为穷人提供的衣服施舍具有一种仪式化的性质。例如，伦敦圣贾尔斯·克里普尔盖特教堂的执事记录了该教堂在万灵节和耶稣受难日为贫民提供食物。1649 年或 1650 年，万灵庄园（All Souls）为 30 个男人和女人做了长袍，为 22 个孩子做了外套及袜子、鞋子，为男裁缝和女裁缝们做了一顿早餐，而这些男裁缝和女裁缝总共做了 72 件衬衫和罩衫。早餐让人感受到这项举措的公益性质，而在这两个具有重要仪式意义的日子里，穿上新衣服的贫困家庭人群出现在教堂里，其象征意义在视觉上一定是非常强烈的。有趣的是，这类活动与通过着装来标记礼拜仪式的宫廷做法非常接近。

我们可以从莱斯特医院的病人的例子看出，穷人接受慈善捐赠的行为给了他们一个身份，而这个身份通过佩戴捐赠者的徽章，将穷人与捐赠者联系在了一起。此外，似乎这些为穷人特制的衣服都是相似的：它们是用同样的布料裁剪并在同一时间制作的，其结果就是其具有制服般统一的样式，以便在一些穿着它们的场合能引起人们对其来源的注意。穷人对制服的依赖是非常明显的，这种依赖可以算作一种提升他们那富有的捐赠者的荣耀的方式，无论这些捐赠者是贵族还是市政机构。近代早期的服装作为一种系统，不仅划分了社会群体，而且使这些群体彼此之间产生了明确的等级关系。

社会中间阶层

打破穷人和仆人对富人的依赖——也就是对服装关系的依赖——的是社会层级中越来越多的中间阶层。[44] 除了节俭法案里面对服装的正式划分外，在实践中人们还用“更粗糙、不那么精确但也许更有效的术语”，如“粗鄙的语言（language of sorts）”，来描述近代早期英国的社会结构。这些划分世界的实用方法可以告诉我们很多关于前面描述的两大社会阶层可能在哪些地方相遇的信息——上层的底层和下层的顶层。到了 17 世纪 40 年代，西方社会中已经存在明显“较高的”“较差的”和“中间的”阶层，但在 16 世纪早期，上层和下层之间的互动经常以贬义的政治术语来表达，“孕育着实际或潜在的冲突”。在当时的本土社区，日常的互动不是发生在贵族之间，而是发生在较差阶层和较高阶层之间。例如，1628 年沃里克的“较高阶层”被定义为“有财产的人，通常对宗教信仰最虔诚，而且是最循规蹈矩的那种居民”，与该镇容易腐败的“较差阶层”形成了鲜明对比。在这里以及其他地方，他们都是当地的统治者——不是本章第一节中所研究的那些贵族，也不是第二节中所表现的普通民众。他们将自己描述为“教区的‘主要’及‘实质性’居住者，或‘最好的人’”。[45] 社会中间阶层对在记录和衣着方面表达其地位的呼声越来越高。

现在让我们回到伴随莱斯特伯爵前往沃里克教堂的游行队伍，可以看到这个阶层的群体在游行队伍中的代表以及他们对自己的重要性的认识，即这些人认为自己的社会地位比他们实际拥有的更高。沃里克的贵族精英们都穿着长袍，以此作为他们的公民权利的象征；“手持小白棍”的执政官和拿着权杖的军士显示了他们对该镇的普世管辖权。普通议员们走在最前面，随后是警察，接着是按照从年轻到年长的顺序（可敬度的递增）排列的主要议员，然后是伯爵手下的绅士，再然后是军士，最后是“穿着猩红色长袍独自行进”的执法官。如果这是一个按社会层级排列的队伍，那么，伯爵的绅士们就应紧紧地夹在议员和军士之间，而且是在穿着属于城市最高职位的猩红色长袍且自觉伟岸、独自行进的执法官之前（与其相隔一段距离）。换句话说，游行队伍的顺序暗示了沃里克的统治阶级——我们看到的大多数都是统治阶级的中层——的社会地位比“本郡的绅士们”优越，起码在这次活动中是这样。节俭法案为城市的统治阶级“网开一面”，表明国家权力与地方权力之间存在一些紧张关系。

众所周知，中产阶级作为一个群体，在经济和社会地位方面是多样化的。他们被定义为隶属于“独立生意家庭”的人，即他们必须为赚取收入而工作，要么依靠自己的双手劳作，要么依靠专业技能。[46]特别是对这一群体来说，社会流动性（不管是朝着哪个方向）是一种期望，或者说是一种前景，而这种前景一定会影响他们对自身服饰的态度。我们可以通过前面概述的许多服装状态来追踪这样的一个人可能的职业轨迹，即从学徒到熟练工再到小商人，“然后根据经验和资历，在行业公会或其他机构中逐步晋升”。[47]作为一个成功的长者，他有望在所属行会或当地社区担任公职，成为一名城市管理者如普通议员、济贫官员或教会理事。这样一来，中产阶级就成了联系我们迄今为止考察过的两个群体的纽带，他们的穿着清楚地表明了他们在社会等级制度中的地位和他们的阶层流动方向。虽然我们非常了解意大利和德国的商业精英是如何利用服装来展示他们不断增长的经济和政治权力的，但对英国社会中这个更加多样化的群体确实知之甚少。[48]

与精英阶层一样，中产阶级的部分成员作为拥有自己事业的成功老年男性，可能也希望拥有既时髦又有仪式感的服装，因此他们不得不花钱制作沃里克镇书记员所描述的那种公民服装。英国城镇的市长、法警或市议员的猩红色长袍的功能与贵族的长袍类似，但规格较小，主要通过在视觉上强调其所在机构和职位的传统和连续性——而不是强调官员自身——来传达权威感和稳定性。例如，在莱斯特伯爵造访沃里克之后，英国女王造访坎特伯雷时，女王就下令：市长和市议员应“穿着猩红色的长袍来迎接女王陛下”，而普通议员则“穿着体面的长袍，以最好的姿态出现”。[49] 这些猩红色的市议员礼服也是非常有价值的物品——它们通常是那些城镇领导人所拥有的最昂贵的一件衣服。[50] 如图 6.4 所示的托特尼斯市市长那样，穿着这样的长袍为自己定制肖像画是标志市政制服“将普通人转变为市政官员的象征性力量”以及城市和个人地位的一个重要方面。[51]

图 6.4　克里斯托弗·怀斯（Christopher Wise，约 1566—1628 年），托特尼斯市市长（1605 年和 1621 年），尼古拉斯·希利亚德绘，布面油画。Totnes Elizabethan House Museum, acc. no. TOTEH1963.128.

我们可以通过来自不同城市背景的两个人所遗留下来的账簿来分析这些人在时尚服饰上的不同的购买行为，虽然之前这些账簿几乎没有得到任何学术关注。第一本账簿来自托马斯·考克斯（Thomas Cocks），他是17世纪早期坎特伯雷大教堂的审计师和分会书记。在1607—1610年，他做了一本账簿，记录了他自己、儿子和妻子的购物情况，虽然他的妻子因为"心神不宁"而寄宿在当地另外一个家庭。[52] 考克斯来自位于肯特郡桑威奇的郊外的一个小绅士家庭。他在成年后不久就卖掉了家产，搬到了镇上。第二本账簿则来自一位更年轻的小伙子——小约翰·海恩（John Hayne）。他是来自埃克塞特的第二代布商，他的账簿覆盖了其在1631—1643年的采购情况。海恩还在教区担任圣玛丽拱门教堂（St.Mary Arches）的执事和穷人的收款员，他每年为穷人支付6英镑的生活费。[53]

两人的账簿上都记载了他们购买的衣服的性质、数量和频率等细节。以托马斯·考克斯在1607年所进行的采购为例，服装采购费用排在娱乐（主要是赌博）和饮酒花销之后，位列第三。与服装有关的记录有79条，即大约每周1.5条，内容包括购买新衣服、布料和裁缝的账单，以及修补或翻新旧衣服。[54] 与当时的精英阶层一样，服装的供应和维护占据了中产阶级相当多的时间。[55]

然而，中产阶级的采购方式与他们的上层人士的做法相当不同。由于现金匮乏，大多数近代早期的购买行为都是以某种形式的赊账方式进行的。然而，对于中等城市的商人家庭来说，他们既是生产者，又是消费者网络的一部分，因此这意味着他们可以进行某种形式的易货贸易，而不是简单的有最终结算的信贷。[56] 在1635年至1636年1月21日，约翰·海恩记录说，绸缎商人菲利普·福克斯维尔“因为今天（交付）给他的 20 盎司金银蕾丝而欠我 5 里拉[3]；我将从他（的货品）那里拿出一些作为抵扣，每先令可以给他 1 便士的折扣”。[57] 这些货品的交换是中产阶级地位的一个关键组成部分。在这种情况下，活跃的贸易或专业活动使个人能够在市场上购买一系列商品或服务，以便与邻居和一组可信赖的联系人进行交换。此外，从另外一个角度来说，拥有相对大量的同类服装意味着他们如果手头变得困难，也可以把这些服装典当掉，或者在时尚潮流改变时将服装用于交换。[58]

至于较小物品的采购和修补，两人都使用了杂货店（即当时的综合商店）提供的服务，[59] 同时进行的各种购买活动向我们提供了有关服装需求和近代早期城市商业结构之间的关系的重要信息。例如，考克斯的仆人“支付如下：1 支蜡烛 4 便士、封蜡 1 便士、麝香葡萄酒 3 便士、一双长袜 6 便士、（古代的）万应解毒剂 4 便士”。定制衣服和小件成衣的维修可以作为日常用品采购的一部分来记录。此外，考克斯还列出了几个裁缝的名字，他通过这些裁缝进行不同类型服装的大型采购。这种策略显示了他对主要服装和次要服装的区别的认识，也显示了他对自己作为该镇社会网络中的中等商人的身份地位的理解——他将服装采购分为次要物件和具有社会和政治权威性的服装这两个类型。

这两人对当地经济有着这样的贡献，不过他们也从更远的地方采购物品，虽然购物并不是他们休闲活动的一部分——这一点与他们的贵族同行不同。例如，海恩花了 7 先令“在鲁昂买了 14 副束衣带”，这是他的商业活动和人际关系所促成的个人采购活动，但他也从伦敦采购了一些物品。考克斯在伦敦

[3] 里拉：意大利在 1861—2002 年的货币单位，2002 年开始意大利使用欧元，里拉退出流通领域。——译注

购物时比较谨慎，也许是因为他对自己在那里的商业人脉不太自信。他派坎特伯雷的脚夫派克代表他“在伦敦给我采购皮草和袜子”，而当他的仆人奇尔曼从城里回来时，考克斯“为他报销了他为我的睡帽（支付）的 3 先令 10 便士”。与贵族精英阶层不同的是，这些人购买的大部分商品都来自当地，只是偶尔涉足伦敦的时尚。

海恩的账本尤其为服装在这一社会阶层的生活周期事件中发挥的功能提供了证据。譬如，他为自己的婚礼所准备的物品包括“作为礼物的蓝布和银丝带”，以及为他的女仆购买的小手套，这些采购强调了配饰在标识中产阶级家庭成员方面所起的作用，并且它们在节俭法案对可使用布料类型进行的严格规定与表达个人风格和野心的需要之间起着调和作用。[60] 这种模式在来自较低社会层级的证据中也能看到，但在这里更加明显、精致和昂贵。当老海恩于 1639 年 11 月去世时，他的儿子为准备葬礼而支出的各种费用包括“为我的女儿苏珊和莎拉准备的两件黑色塔夫绸头巾”，为她们准备的腰带和黑色大衣，以及“为我的护士和两个仆人准备的两码半黑色薄纱，好让她们将其戴在脖子上”。[61] 整个家庭都恰如其分地参与到对哀悼的表达中来，显然对增加海恩为他的父亲——第一代布商筹备的葬礼的仪式感来说很重要。通过给仆人和家人提供丧服，海恩凸显了自己那成功的贸易事业的规模。

与此同时，配饰作为两性之间互赠的礼物也很重要。考克斯与他妻子的护士关系密切（具体的关系类型不详），经常会给她买小礼物。例如，他会为“我的瓦沦丁”——他这样称呼她——购买“一条价值 3 先令 10 便士的腰带，以及价值 5 先令 6 便士的二又四分之一码的布料”。海恩的账目还涵盖了他向苏珊·亨利求爱的时期，而在此期间，他送给她的礼物包括几把带丝带的小刀、两个钱包（其中一个是绣花的）、两副手套、两个针盒、一枚戒指和“一对花边手镯”。这些手镯是用“590 颗珍珠和 590 颗珊瑚”制成的，价格为 4.18 英镑，这既展示了海恩的感情的浓厚，也展示了他的生意兴隆。[62] 对城市物品的分析表明，海恩这种杰出的人士是唯一会佩戴贵重珠宝的中产阶级，而这些珠宝在城镇街道上出现则具有展示意味——我们可以推测，佩戴者的目的是将自己与社会上层人物联系起来。[63]

可能已经很明显了：海恩是一个比考克斯更关心风格的人，因为后者的衣服是修补过的，而前者把他的财产变成了最新的时尚。海恩更年轻，在社会阶梯上步步高升，他住在埃克塞特，那里有着丰富的物质文化，这是由它作为重要港口的地位所决定的。埃克塞特的商人主宰着政府，[64] 而且他们非常富有，平均拥有 1 900 英镑的财产（尽管与他们的伦敦同行平均拥有 8 000 英镑的财富相比，这显得微不足道）。正如乔纳森 · 巴里（Jonathan Barry）和克里斯托弗 · 布鲁克斯（Christopher Brooks）所指出的，“众所周知，商人、专业人员……可能比许多绅士赚得多，但他们往往因为职业、出身、生活方式以及可能缺乏权力而被判定为非绅士”。[65] 海恩对饰品和刺绣品的购买使他与其社会上层的人士平起平坐——与皮亚尔不同，他不一定需要使用假的金蕾丝。艾伦 · 亨特（Alan Hunt）称，他就是那种在整个欧洲引发奢侈行为的人——这不是对稳定社会关系的合法回应，而是“社会等级秩序在受到内部压力的情况下的产物”。[66]

结 语

虽然很难计算他们的年收入，也很难比较各个社会阶层在服装上的花费，但本章的内容表明，每一种情况下服装都在个人价值的象征中占据相当大的比例，而且获得它需要花费大量的时间和精力。我们也可以做一些物质上的比较，例如，我们可以把以下服饰放在一起对比着看：亨利八世于1521年在添置的衣服中列出的一双“手工刺绣”的手套；1584年，莱斯特伯爵的侍从为他购买的两副售价为24英镑的大手套，“上面喷洒了香水并用黑丝绸和金线进行了装饰”；1610年，哈蒙·勒·斯特兰奇爵士花了12英镑买下了一副“镶有黑色丝绸和银色蕾丝”的手套；还有17世纪30年代中期，约翰·海恩向手套商的妻子莱丁厄姆夫人支付了10英镑购买的那“一对有着黄褐色和金色刺绣的手套”。[67] 我们可以看到所有这些手套的华丽设计之间的联系，它们展示了特定场合下穿戴者的高贵地位和权威，以及穿着者在特定领域的审美情趣。如图6.5所示的例子来自美国纽约大都会艺术博物馆的收藏，它展示了装饰品的视觉效果，尤其是通过会反光的贵金属呈现出的效果。当海恩在17世纪的第二季度进行服装采购时，我们可以把所有这些等级的个人看作一个统一的高地位商品市场的一部分。[68] 通过对服装和社会地位之间的关系进行分析，我们还发现，在基本结构模式中，共同的服装实践形成了通过服装表达社会关系的方式，例如，精英阶层和中产阶级正是在传统服装和时髦服装之间复杂的相互作用的基础上建立起权威，或者形成作为社会不同群体之间的一种联系的制服：旧衣服向下传播——从廷臣到绅士，或从立遗嘱人到贫民——将各个社会群体绑在一起，同时也把他们区分开来。除了赤贫的人，对装饰品的积极选择

图 6.5　一双皮手套，英国，1600—1625 年，欧文・恩特迈尔（Irwin Untermyer）的礼物，1964，64.101.1246&1247，The Metropolitan Museum of Art, New York.

塑造了所有人的视觉身份，这表明一个连贯的服装系统会在社会范围内将个人和他的行为联系起来——因此沃里克的居民能够通过莱斯特伯爵的服装来了解他的身份地位。

在节俭法案的限制和特定社区的日常互动——即从规定到实践——之间的来回摇摆，揭示了焦点从固定的身份语言到各种更灵活的话语的转变：从国家层面对阶层和服装的规定到面对面解决的地方和区域差异。正是在这些直接的互动中，服装"显露"了出来——它使个人与他人服装形象的互动方式变得微妙。对服装的了解和购买是在复杂的社会互动之后进行的，这种行为本身也塑造了复杂的社会互动，在区分社会等级的同时也将不同的社会等级联系在一起。特别是中间阶层的互动范围确实非常广泛——他们既会与贵族一起列队游行，也会为穷人提供慈善资助。服装是他们用来表达自己对社会地位的看法的关键策略之一，这种社会地位在几代人的时间里不断提高，而他们手套上的蕾丝的质量在中产阶级形成的过程中所发挥的作用也许比历史学家以前所意识到的更重要。对这些社会关系的追踪表明，服饰作为一种社会地位的体现，与其在阐明个人和家庭身份方面所扮演的角色具有复杂的相关性。

对于这些社会群体来说，服装在标志生命周期中各种时间跨度和时刻方面的地位具有不同的意义——在关键的宗教节日里，有贵族和官员身着华服游行，也有穷人身着新衣服以展示他们收到的慈善捐赠；为婚礼和葬礼添置衣服也具有特别的意义。如图 6.6 所示，对亨利·翁顿爵士整个人生的引人注目的叙述表明，这些事件被认为塑造了一个人的身份，并成为各种各样穿着得体的仪式的集合。在这些时刻，来自不同社会阶层的人可能聚集到一起，而他们的穿着既表现出距离，也表达了亲近。在这些正式场合以及城市的街道上，不同社会群体的成员都能清楚地意识到其他群体的存在，而他们彼此间社会地位的差异就是通过穿着来表达的。

图 6.6 亨利·翁顿爵士（Sir Henry Unton），作者不详，板面油画，约绘于 1596 年。©National Portrait Gallery, London.

第七章　民　族

厄敏古丽·卡拉芭芭

引　言

奥斯曼帝国[1]在地理学意义上北起克里米亚南至苏丹，西起波斯尼亚东至波斯湾，囊括从高加索到摩洛哥的广大区域，其社会是由许多族群组成的。[1]匈牙利人、塞尔维亚人、克罗地亚人、波斯尼亚人、阿尔巴尼亚人、罗马尼亚人、保加利亚人、希腊人、土耳其人、阿拉伯人、犹太人、柏柏尔人、库尔德人、

[1]　奥斯曼帝国亦称“奥托曼帝国”，奥斯曼土耳其人建立的军事封建帝国。奥斯曼土耳其人（简称土耳其人）为突厥人的一支，原居中亚，信奉伊斯兰教，13世纪初西迁小亚细亚，1299年独立建国。至14世纪末，土耳其人侵占巴尔干半岛大部，兼并小亚细亚。1453年奥斯曼帝国灭东罗马帝国，迁都君士坦丁堡（更名为伊斯坦布尔），苏里曼一世时形成地跨亚、非、欧三洲的大帝国。17—18世纪，奥斯曼帝国与奥地利、俄国交战迭遭失败，势力转衰。19世纪初，境内民族解放运动兴起，巴尔干半岛诸国先后独立。第一次世界大战中，奥斯曼帝国参加同盟国方面作战失败，战后遭列强宰割。1922年末，奥斯曼帝国告终。

——译注

拉兹人[2]、亚美尼亚人和格鲁吉亚人正是其中一部分族群。[2] 在这片广阔的土地上，有着各种各样的民族、语言、宗教和教派，还有各种制度甚至行政系统。奥斯曼帝国的社会文化是多元的。[3] 一方面，每个群体都有属于自己的共同的历史、习俗、信仰体系和日常生活，正是这些让他们有别于其他群体，赋予他们身份；另一方面，帝国内各群体之间的互动也带来群体的相似性或混合性。人们打扮身体、着装及点缀配饰的方式就是展露其群体身份的符号。本章正是就此探讨在奥斯曼帝国社会中，民族服饰的表现是如何构建出民族性的。

民族性是一个相对较新的概念。[4] 在民族国家出现后，生活在国家边界内的群体就会被他们的国家身份同化。[5] 与此同时，为了在更大的民族国家范畴内识别不同共同体，诞生了民族的概念。作为“种族”的替代术语而发展起来的“民族”，与群体的生物学基础相关，从根本上说具有本质主义的含义，并加载了政治性概念。在当代社会理论中，一个民族群体会被理解为一种处于较之更广泛的社会中的子群体；其成员认为自己与众不同，他们声称群体成员相互间有着亲缘关系和共同的历史，并分享代表该群体身份的符号。[6] 然而，当这一概念被置于近代早期的背景下时，宗教在定义民族性方面就变得比亲缘关系、文化或共同历史主张更为重要。[7] 因此，在本章的分析中，我们在确定群体的边界时，会将民族性和宗教放在一视同仁的地位上加以考虑。

民族身份总是变化无常，这就是说，它是一种不断被其群体成员以及他们所面对的他者所塑造出来的身份。族裔的内部和外部定义都是一直处于构建中。[8] 民族身份被分配给群体，也被群体成员所定义、接受、抵制、再定义、

[2] 拉兹人是土耳其和格鲁吉亚黑海沿岸地区的一个族群，在 16 世纪奥斯曼帝国统治时代皈依伊斯兰教。——译注

拒绝或捍卫。[9] 换言之，群体不断地根据“我们”和“他们”两种类别做出臆断，[10] 而通过服饰表达出象征意义则是一种表现出“我们”和“他们”类别及特征的方式。本章便是探讨奥斯曼帝国社会中的民族性是如何通过服饰的象征意义而不断地被定义的。

本章的研究涵盖了16—17世纪，使用了旅行者笔记及绘画、服饰画册和苏丹的法令作为资料来源。旅行者笔记和视觉资料有助于我们识别不同民族和宗教团体的服饰，以及他们如何与外界互动从而构建一个民族的外部定义。苏丹的法令则是用服装法令的形式强制规定不同的群体应如何装扮自己的身体，旨在通过衣着从外部定义民族和宗教身份。人们对这些法规的规避表明了他们对国家企图定义其民族性的反抗。在近代早期，服装标志着规定的身份——涉及性别、年龄、婚姻状况、地位和所在地区——为了维护社会秩序，节俭法案试图为不同的共同体规定特定的服装风格。[11] 然而，民族身份并非一成不变，因为群体之外的人们会以不同的方式诠释民族服装，而属于该民族共同体的个人则会抵制这些由国家强制推行的着装制度。每一次与“他者”的互动，无论是个人层面还是制度层面，都会在奥斯曼帝国中创造出一个新的民族定义，同时也不断构建着民族身份的范畴。

此项研究必然有一些局限。首先，土耳其式服装风格并没有被包含在内，因为术语“土耳其人（Turk）”[3] 不仅指某个民族，更泛指通常意义上的穆斯林社群。此外，在不同岗位工作的穆斯林男子拥有用来标记他们职业的不同制服。因而，在此种情况下人们很难明确定义出一种土耳其的民族服饰。其次，

[3] 该词在历史上特指奥斯曼帝国治下社会中居于支配地位的穆斯林。——译注

我们也没有讨论民族共同体是如何通过服饰对其自身进行内部构建和交流的问题。这个话题必须留待将来，等人们对那些由共同体成员自己创造出的文本和视觉资源进行了确认和检验之后再进行研究。

在本章的其余部分，我们首先会讲述群体同他者的互动是如何通过服装的风格、色彩和材质表现而带来民族身份的持续构建的，将介绍生活在奥斯曼帝国领土内的保加利亚、塞尔维亚、希腊、犹太和亚美尼亚等民族的服饰以及西方游客对它们的解释。接下来，我们将展示彼时民族或宗教身份的立法要求，并尝试解释这些法规是如何对宗教和民族群体的特定服装做出强制规定的。总之，我们旨在证明服装的风格、色彩和材质并不是在反映静态的民族身份，而是在不断地重构它们，并且是对阶级、宗教和民族地位博弈等各种紧张关系做出的一种反应。

保加利亚服饰

大多数前往伊斯坦布尔的欧洲游客都会顺路游览巴尔干地区，其中有些旅行者笔记就描绘了巴尔干地区各民族服饰的风格，并通过其所展现的民族服饰构建出其民族身份。其中，保加利亚人和塞尔维亚人正是这些旅行者笔记中最常提到的群体。汉斯·德恩施瓦姆（Hans Dernschwam）[12] 是护送奥地利帝国 [4] 大使奥吉耶·吉塞林·德·比斯贝克（Ogier Ghiselin de Busbecq）

[4] 原文为“Habsburg Empire”，哈布斯堡帝国，即奥地利帝国（1804—1918 年由哈布斯堡王朝统治的君主制国家，后改组为奥匈帝国，1918 年 11 月哈布斯堡王朝被推翻，帝国瓦解）。——译注

的车队中的一名德国游客，他造访了一处位于尼沙瓦河附近的村庄[13]，在此遇到了保加利亚妇女。德恩施瓦姆对保加利亚村妇的描述与一本16世纪编撰的画册中的描述非常相似（参见图7.1）。奥地利帝国大使巴托罗缪·冯·佩岑（Bartolemeo von Pezzen）在1586—1591年旅居于伊斯坦布尔，向一位不知名的画家订购了此画册以记录奥斯曼帝国领土内的风土人情。如图7.1所示，四名保加利亚妇女姿势各异地站在裸露的地面上，身边有一些家居用品。图下方的古德语书写注解指出，这些保加利亚妇女正在向过往行人兜售食品和饮料。画册中的雕版画从不同的视角为读者展示了她们的服装：其中三人是从正面描绘的，第四名妇女则露出的是背影，读者可以看到她的长辫。她们代表了乡村妇女的辛勤生活状态，同城镇中的妇女特别是那些上层贵妇的悠闲生活[14]形成鲜明对比。图中第一位妇女拿着杯子和水壶，第二位妇女拿着一条面包和一个碗，第三位妇女拿着一碗鸡蛋、一条面包和一把壶，最后一位妇女拿着卷线杆和纺锤在纺纱。

插图中的妇女都穿着类似的衣服，系一条与衣服同色的腰带。左起第一和第三位妇女在五颜六色的长裙下穿着白色长裤，在奥斯曼帝国使用的土耳其语中，这被称为“敦（Don）”。这一时期的遗嘱检验清单[5]的记载表明，大多数穆斯林妇女都在裙子下面穿着长裤和衬衫，就像图中的保加利亚妇女一样。[15]然而，保加利亚妇女的“敦”在材质、样式和装饰上都可能与土耳其人的服装不同，德恩施瓦姆发现她们的“敦”与匈牙利人的服装相似。[16]就是说，在服饰风格中存在着一种不同群体之间的区域性交流，而服装的相似之处也可被用于

[5] 原文为“probate inventory”，为人死后由专门的“评估员”对其遗产进行清点所留下的记录，通常会从死者的现金和衣服开始清点。——译注

图 7.1 保加利亚的乡村妇女，维多波涅斯古抄本 8626（Codex Vindobonensis 8626）。österreichische Nationalbibliothek.

弄清民族群体及更广泛的区域性特征。

如图 7.1 所示，图上绘制的妇女身穿宽袖、白色衬衫，袖子和领子上有着红黑色的刺绣图案。在保加利亚南部，斯蒂芬·格拉赫（Stephen Gerlach）——他是一名来自德意志的牧师，曾担任神圣罗马帝国皇帝马克西米利安二世（Maximilian II）[6] 的特使，出使奥斯曼帝国以续签一项和平条约——目睹了保加利亚妇女的衬衫上有红色刺绣。17 比斯贝克大使在访问索菲亚期间，也看到保加利亚城镇妇女穿着单衣或用粗麻布制成的衬衫。18 比斯贝

[6] 马克西米利安二世是哈布斯堡王朝出身的神圣罗马帝国皇帝，1564—1576 年在位。——译注

克认为衬衫上有刺绣是非常缺乏教养的表现，并认为这样相当不得体和滑稽。[19] 在与这些妇女的接触中，比斯贝克感到，她们对他自己和他朋友的衣着风格的保守、朴素感到惊讶。

通过旅行者与保加利亚城镇妇女之间的互动，一种保加利亚民族身份得以构建。在比斯贝克的解释框架中，花花绿绿、廉价、亮晶晶、略显不得体和粗织的材质代表着一种无趣或缺乏美感、滑稽或搭配不当的风格，以及低下的地位。作为一个局外人，他在探讨其中含义时暗示了自己的新教徒文化背景，同时暗示自己是一位地位很高、受过良好教育的外交官。比斯贝克将保加利亚的刺绣及衬衫的材质与他本人生活的文化背景中的衬衫进行比较，从而为保加利亚民族身份构建出一个延展的定义，也就是庸俗、无趣。[20]

德国牧师格拉赫也注意到，保加利亚妇女佩戴着戒指、硬币耳坠和带蓝色珠子与硬币般的圆片的项链以及如图 7.1 中绘制的那些人物穿戴着的蓝色饰品——手镯、又大又长的项链和极大的圆形耳环。[21] 德恩施瓦姆与他的外交随员所罗门 · 施韦格尔（Solomon Schweigger）都提到，保加利亚村妇的项链是用蚌壳、不值钱的亮石头、珠子、骨头甚至硬币做成的。[22] 那里的年轻女孩都有由吉普赛工匠打造的铜、银的耳坠，还会戴铜或青铜的戒指。[23]

德恩施瓦姆对保加利亚妇女的帽子感到惊讶，并为其绘制了一张简图，它看上去就像一个截圆锥体。“我们在一处驿站见到一种新颖的妇女服装。同其他国家的村妇不同，她们（保加利亚妇女）不遮面，穿着一件将她们从头裹到脚的衣服。她们的帽子看起来就像一个倒扣的碗。它的下半部分要有多宽就有多宽，上半部分则收窄。”[24] 不过，对德恩施瓦姆来说，为保加利亚式帽子这种模棱两可之物构建出含义却显得十分困难，因为这种风格的帽子同波西米亚、匈牙利贵族所戴的饰以珍珠的头冠非常相似。为了完善他的解释框架，德恩施瓦姆不得不将帽子的风格与属于另一种文化的不同物体联系起来，然后对两者进行比较。不过无论如何，就像那些贫穷的保加利亚人的饰品一样，他们帽子上的装饰也是由不值钱的珠子做成的。因此，尽管在德恩施瓦姆的解释框架中这种头冠的样式应同佩戴者的上层社会地位相对应，但保加利亚人那用廉价材质制成的头冠还是传达出他们的贫穷和地位的低下。

比斯贝克还发现，索菲亚的保加利亚城镇妇女的帽子样式看起来笨拙，显得不实用，帽子上部较大，这会使雨水淤积而不是排出去。他还指出，这些妇女会用一切看上去闪亮的东西诸如小硬币、图片和有色玻璃来装饰这些帽子，目的是使她们看起来更高大，但这些装饰同时也限制了她们的活动能力。他是在暗示保加利亚人在理性方面是较为原始的，他们没有足够的理性来应用一种具有实用性的风格。[25]

格拉赫描述了保加利亚妇女用银片或羽毛作头部顶饰的情景，即所谓“sorguç”[7]。[26] 如图 7.1 中就有三位妇女采用了这种羽毛顶饰的装束。其中有两人的长发还用蓝色和红色的带子编成发辫，辫子的末端挂着一些蓝色的小球状饰品。这种发型装饰被称为saçbağı，通过分析布尔萨(Bursa)[27] 遗嘱检验清单，人们可以确定，运用了金银饰物的这种发型是 17 世纪才出现的时新的奢侈版发型。[28] 在普罗夫迪夫（Plovdiv）附近的一个村庄里，德恩施瓦姆亲眼看到保加利亚的年轻女孩都梳着许多根长辫子。她们中有一些将辫子在耳部扎拢，就像如图 7.1 所示的左起第三个女人那样。[29] 这种发型再次对德恩施瓦姆显示

[7] Sorguç：土耳其语，意为羽冠。——译注

出超越理论框架的复杂性——对他来说，这种发型也相当新奇，他将其解释为是马鬃做的假发而非天然人发。这种在文化上模棱两可的发型在他的解释框架中并不存在，而他也没能构建出一个与之关联的保加利亚民族特性。

塞尔维亚服饰

在穿越巴尔干地区的旅途中，旅行者也遇到了塞尔维亚村民。为了将塞尔维亚人与其他人区分开，旅行者会将他们的服饰同生活在该地区的保加利亚人、土耳其人、克罗地亚人和吉普赛人等其他群体的服饰进行比较。例如，格拉赫就对比了生活在尼什的土耳其和塞尔维亚妇女，利用服装来创造可供对比的民族身份。尼什街道上的土耳其妇女会用衣服遮住全身，披巾的末端一直垂到脚背上（图 7.2）。格拉赫发现此种服饰风格同自己生活的文化中修女的服

图 7.2　约斯特·阿曼 (Jost Amman)，德国木刻画，公共场合的土耳其富家妇女及其子女，创作于 1577 年。©Victoria and Albert Museum, London.

饰相似，因而将其解释为有序和体面。与此相反的是，他将塞尔维亚妇女的穿衣风格认定为勾引和性感。这些塞尔维亚妇女用披巾包裹自己的乳房和臀部，耳朵上戴着银或铅质的饰品。同土耳其妇女及其那种遮盖代表更受人尊敬的习俗相比，一种与之相对的服饰风格在塞尔维亚妇女中诞生，而她们的外观被格拉赫解释为放纵和性感但不被尊重。[30]

对这些西方评论家来说，塞尔维亚人的简单样式的衬衫、丑陋的头巾以及家纺的粗布衣服代表了塞尔维亚服饰所具有的原始特征。因此，这些旅行者的描述也暗示了一种附着于塞尔维亚人身份的原始特征。格拉赫看到塞尔维亚妇女穿着样式非常简单的衬衫，这种衬衫是用一根末端垂在前面的带子系住。[31]她们穿自己织的粗麻布制成的衣服而非羊毛制品。[32]德恩施瓦姆曾表示，塞尔维亚妇女戴着同克罗地亚人差不多的丑陋的头巾。她们的面纱和披巾用平纹亚麻布制成，与当时生活在该地区的吉普赛人的披巾相似。女孩们一般不遮盖头发，而是用辫子装饰头部，而这在德恩施瓦姆看来同保加利亚人的装饰一样显得非常笨拙。换言之，头部装饰因为对这些外人来说具有模棱两可性，因而不能体现一个民族的特征。

希腊服饰

生活在奥斯曼帝国不同地理区域的希腊社群具有不同的服饰风格，正是这些风格被外来者当作构建希腊民族身份的象征来源。该时期的旅行者经常提到生活在伊斯坦布尔城佩拉区的希腊妇女和该地区周遭的希腊村妇的服装、饰品。在旅行者的描述中，人们发现他们经常会强调希腊妇女那浮华、招摇的服装和配饰，还有她们放纵的穿着风格。[33] 旅行者描述了她们服装的奢侈和突出女性性征的特点，将希腊妇女解释为一种同奥斯曼帝国社会中其他妇女相比更讲究排场，同时更为放纵的群体。

法国地理学家尼古拉斯·德·尼古拉（Nicolas de Nicolay）于 1551 年作为法国驻奥斯曼帝国大使使团的一员访问了奥斯曼帝国及中东地区。1567—1568 年，他在《东方航海与游记四卷本第一册》（*Quartre Premiers Livres des Navigations et Pérégrinations*）中讲述了自己的见闻。书中还包含由尼古拉亲手绘制、莱昂·达文特（Lyon Davent）刻版的 60 幅素描图。书中描述并绘制了一个来自伊斯坦布尔佩拉区、身着精美女式便服的希腊女孩（图 7.3）。[34] 正如尼古拉在书中提到的那样，年轻的希腊女孩或新妇会戴着暗红色的帽子，这种帽子是用缎子花纹的面料制成的，有时用金属线织成，还会用两英寸宽的带子缠住，并用珍珠和宝石装饰。[35] 而他所描述的希腊女孩戴着的帽子就是如此（图 7.3），帽子的顶部裹着用丝绸和金线制成的带子。[36] 她们帽子上的配件就是 sorguç，即羽冠，而这种 sorguç 在诸多同一时期的图像所描绘的富有的上层穆斯林妇女身上都能见到。[37]

在旅行者的记载中，希腊妇女——无论其经济和社会背景如何——的穿着都表现得很奢华，她们的衣服由诸如丝绒、花缎和经缎等贵重材质制成。[38] 她们的衬衫是用塔夫绸或其他丝织品制成的，上面绣有金线。[39] 意大利艺术家切萨雷·韦切利奥在 1590 年出版了一本有关文艺复兴时期欧洲、亚洲和非洲服饰的书。他在书中称，此时生活在佩拉区的希腊妇女穿着布尔萨（Bursa）制造的面料。[40] 尽管有些布尔萨面料看上去就是一种奢侈品，但生活在布尔萨的中产阶层穆斯林妇女也会消费该面料，在 16 世纪中期和 17 世纪中期，这些面

图 7.3　生活在君士坦丁堡（今伊斯坦布尔）佩拉区的希腊少女。由 Ayşe Yetişkin Kubilay 雕绘。

料甚至传播到地位较低的群体之中。[41]

用金线、银线或丝线织成的面料制成的、带金线绣的花纹或纽扣装饰的希腊礼服频繁地被人提及。[42] 这些旅行者见到的精美面料一定是被希腊社区的富裕群体消费的。而居住在布尔萨城镇的妇女的遗嘱检验清单表明，上层阶级的穆斯林妇女在日常生活中也会穿戴带有黄金和丝绸这些奢侈材质的类似的衣服，但普通的城镇妇女则会满足于穿着较为便宜的低质版服饰。[43]

希腊妇女的这种招摇的着装风格不仅受到生活在诸如伊斯坦布尔这样的大城市的妇女青睐，也受到生活在乡村的妇女的追捧。服装的样式、风格从城市下沉到乡村，不过有很大可能当地人消费的是一种更为便宜的版本。例如，法国学者安托万·加朗（Antoine Galland）在 17 世纪随法国大使使团访问伊斯坦布尔时，目睹埃迪尔内[44] 农村周围的希腊村民在衣着上表现出同等程度的奢侈。[45] 在旅行笔记中，加朗记载了希腊农妇的典型服饰——用毛皮装饰的针织羊毛外衣、带刺绣的帽子、银质腰带和缎子外套。

尼古拉和德国旅行作家兼诗人米歇尔·赫伯勒（Michael Heberer）都将这种招摇的着装风格解释为希腊妇女的自大、傲慢态度的一种外在反映。[46] 这些图绘和文字将道德意义赋予人们的着装风格和外表。[47] 而这些着装风格和招摇的外形所代表的风格，则被旅行者用来识别、区分希腊妇女与他们在生活中遇到的其他社群之人，让外在的民族性得以形成。旅行者的解释框架以一种外来者的视角构建了变动无常的希腊女性的民族身份，而她们每一次与他者的互动都会使她们的民族身份被重新定义。

吸引旅行者注意的不仅是希腊妇女使用的昂贵面料，还有她们佩戴的珠宝和其他珍奇的饰品。[48] 这些妇女用金绳编头发，用珍稀的宝石装饰额头，用金链或银链装饰胸、颈，戴着金手镯，脚下趿着银拖鞋。[49] 在一次婚礼上，格拉赫看到希腊妇女头上戴着用红宝石或绿松石等珍稀宝石制成的头冠，脖子上戴着金项链，耳朵上戴着金耳环，手上戴着金手镯和戒指（图 7.3、图 7.4）。参加婚礼的大多数客人都穿着一种在土耳其语中叫“nalin”的银鞋。

在将希腊人定位为独立族群时，格拉赫将他们与土耳其人进行了比较。土耳其人和希腊人都会戴黄金或银镀金质地并以宝石装饰的头冠。[50] 格拉赫认为，这些头冠的价值大约为 5 000~6 000 达克特[8]。这肯定是一个夸张的估计，因为 5 000~6 000 达克特相当于 350 000~400 000 阿克切（奥斯曼帝国货币

[8] 达克特：ducat，一种曾在欧洲多个国家通用的金币。——译注

图 7.4　希腊妇女，维多波涅斯古抄本 8626。österreichische Nationalbibliothek.

单位）[9]；在 16 世纪中期，[51] 即便是黄金制作的珠宝，这种价格也过于昂贵，因为 16 世纪中期布尔萨的富有妇女在遗嘱中留下的珠宝价值通常不过约 8 000 阿克切。[52] 尽管格拉赫的描述和夸张的评估强调了这种讲究豪奢的希腊身份，但切萨雷・韦切利奥在有关服饰的书中则提出，佩拉区的希腊妇女所穿的服装与土耳其妇女的非常相似。[53] 风格上的相似性让希腊妇女被认定为属于奥斯曼帝国社会的一部分，但招摇和放纵的外形凸显出她们同该社会其他人的不同。

希腊妇女在编垂在背上的发辫时也使用金线，[54] 而编发辫时使用的金银线在当时的穆斯林世界中也是很时尚的物品。[55] 有时希腊妇女会使用价值 20~30 达克特的发网，情况或许正如图 7.4 所描绘的那样。在该图中，希腊妇女的头

[9]　阿克切：akçe，原为奥斯曼土耳其帝国的一种银币，最初每 100 个阿克切约含 0.85 克白银，之后历代均有浮动。——译注

冠下有着一头黑发，还能看到垂到肩头的金色发网。格拉赫写道，她们的脚踝上戴着金链子，脚趾上戴着金环；她们的拖鞋上装饰着银饰片和宝石。在这里，首饰不仅被用来标识身份和代表等级，还让女性的身体部位如手臂、耳朵和头发等变得更美观。

如图 7.3 所示的各种元素旨在将观者的注意力集中在人物的身体上，蕴含着一种女性的美与性方面的吸引力：希腊女孩那波浪般半蓬松的长发“流淌”在她宽阔的肩膀和胸前；闪闪发光的珍珠耳环强调了她毫无遮挡的脖子和胸部，而这些部位也装饰着金质的链子和项链；她的手臂虽然隐藏在用条纹薄布制成的衬衫下，但形状被清晰地勾勒了出来，手腕上的手镯也被仔细地描绘了出来。尼古拉对希腊女孩的美貌的看法与 16 世纪人们对理想的女性身体形态的描述是一致的，就是说，美丽的女性身体是一种隐藏在衣服之下的强健而结实的身体。[56]

从服装方面确立希腊人身份的一种方式是与奥斯曼帝国的穆斯林妇女的外观形成对比——也就是说，前者的服饰被看作一种大胆地采用了能显示其身体特定部位的服装样式。希腊妇女从不遮挡面部，甚至还通过展示她们的脖子和部分胸脯来引起人们的注意。[57] 她们会穿着只覆盖肩膀和背部而不遮挡胸部和颈部的白色披肩。16 世纪的旅行家菲利普·杜·弗莱恩 - 塞纳耶（Philippe du Fresne-Cenaye）和赫伯勒说，即使在公共场合，希腊妇女也不会蒙面。[58] 不遮挡身体的某些部分，反而可能装饰它们以吸引人们注意——这种风格代表了一种在奥斯曼帝国的社会中区分希腊妇女的方法：她们比社会上的其他人更自由，但也显得更轻浮。

犹太服饰

在构建种族身份方面，犹太人也许是最有趣的，因为通过服饰表现出来的犹太特性在很大程度上会受到表现出该特性的那些犹太臣民所处的社会大环境的影响。59 犹太人不仅讲他们定居地的、较他们族群更大的共同体所使用的语言，而且穿着与该共同体风格相同的服装。因此，人们有可能看到犹太人穿着与意大利、土耳其或希腊人类似的卡夫坦[10]。他们用腰带固定卡夫坦，在其下面穿着丝绸衣服。由 16 世纪访问过伊斯坦布尔的奥地利帝国[11]艺术家兰伯特·德·沃斯（Lambert de Vos）绘制的服装画册中，两名犹太医生就穿着同土耳其风格相似的服装（图 7.5），这让人们想起德恩施瓦姆的记载。图中这两人都穿着带红色衬里的蓝色长袍，系着红色腰带，在外面披着黑色长礼袍，穿着黑色或蓝色的鞋子。这些服饰与土耳其服饰的相似之处肯定在民族身份方面制造出了模棱两可的效果。这就是说，通过模拟奥斯曼帝国的穆斯林共同体成员，犹太社区成员的服装消费在界定犹太民族边界方面构建出一种模糊性。因此，他们的着装风格并非要传达一种独特的犹太身份，而是寻求在一个更广泛的共同体内建立起一种归属感。民族的内部定义允许存在他者的象征。这些风格代表了特定的奥斯曼帝国的犹太人，同时标志着他们在一个更大群体中的地位。

另一方面，帽子的风格和服装的颜色也被用来区分民族身份，让人们与更

[10] 卡夫坦：kaftan，流行于阿拉伯世界及土耳其的男式长袍。——译注

[11] 原文为“Habsburg embassy”，哈布斯堡大使馆，即奥地利帝国，参见前注。——译注

图 7.5　兰伯特·德·沃斯绘制的画册中的两位犹太医生（1574 年）。Der Staats- und Universitätsbibliothek, Bremen.

广泛的共同体相分离。土耳其人和犹太男子通过分别佩戴白色和黄色的穆斯林缠头[12]来区分彼此。[60]根据职业或社会背景，犹太男子还会戴不同类型的帽子。例如，人们有可能看到一个犹太男子戴着意大利风格的黑色无檐圆软帽，或是一名犹太医生戴着红色锥形帽。[61]如图 7.5 所示的两名犹太医生中，一名戴着红色锥形帽，另一个则裹着黄色缠头。在耶路撒冷，黄色缠头自古以来就是犹太人的象征。[62]尼古拉还告诉我们，生活在希俄斯（Chios）的犹太人会被强制戴上黄色帽子，生活在塞萨洛尼基（Thessaloniki）的犹太人则需要戴着黄色缠头。[63]因此，某些样式的服饰如圆锥帽，或某些服饰的颜色如黄色，是用来表明犹太民族身份的符号。这种混搭风格在表达犹太民族性的语境下是一种

[12]　穆斯林缠头：turban，一种通常由男性戴的头巾，常见于南亚、中亚、西亚、北非、东非等地，是常见于锡克教徒（不论男女）的头饰，而不少中亚穆斯林男性特别是贵族和上层人士、知识分子也会戴缠头。——译注

超越，而有时制度运作的实践活动比如法规的执行也会对这些过程产生影响。

配饰和不同风格的服装也被用来表示女性的犹太民族身份。就像法国学者兼旅行家麦基瑟德·泰弗诺（Melchisédech Thévenot）的报告说的那样，犹太妇女将铂金或锡饰片贴在头发上，并用绣金或绣银的披巾覆盖头发。[64] 她们一般还会在这条披巾上扎上一条方巾。17 世纪末，荷兰艺术家和旅行家科内利斯·德·布勒恩（Cornelis De Bruyn）观察到，伊斯坦布尔的犹太妇女会在脖子的位置将头发盘成圆发髻，然后将发髻收在一个彩色丝袋里，还会在脖子上佩戴盘成许多串的珍珠项链。[65] 这说明，一个民族共同体的确可以通过服饰的风格、颜色和材质来协调不同的象征意义，以确定其同时作为奥斯曼帝国臣民和犹太人个体的界限。

在犹太社群内部，某些派别会通过服饰风格将自己与其他犹太人区分开来。例如，圣经派（Karaite）[13] 犹太人无论男女，都以其精美的丝质花缎服装闻名。[66] 这与其说是用服饰的样式或颜色，倒不如说是用面料的质量代表了社群内不同群体的等级。圣经派犹太人在整个犹太人群体中只占很小的比例，在 16 世纪的伊斯坦布尔大约仅有 50~100 户。[67] 然而，他们在犹太社群内似乎有较高的经济和社会地位，这点通过他们的华丽服饰有所体现。

当德恩施瓦姆见到伊斯坦布尔的犹太人时，他通过将之与自己所属的共同体进行比较，构建出犹太民族的定义。[68] 对德恩施瓦姆来说，犹太妇女服饰的奢华风格甚至超过了欧洲贵族。她们穿着经缎、花缎和丝绒服装，还有绣金的衬衫和裙子。大多数犹太妇女都有金项链和手镯。他对此的看法是，没有

[13] 圣经派是指拒绝其他犹太法典，只承认并严格遵守《圣经·旧约》及其字面释义的犹太教宗派。——译注

金项链的犹太妇女一定非常贫穷。这意味着这些妇女的衣服和配饰材质的奢华程度所代表的该民族共同体的富裕程度，也是通过比较“我们”与“他们”的类别而构建出来的一个特征。

此外，国家机器也试图利用服装方面的法律，对特定服装的风格、颜色或材质质量做出强制性规定以区分犹太人和穆斯林的身份。例如，泰弗诺就提到，犹太人被命令穿紫色的衣服以及帽子、外套和鞋子。[69] 格拉赫则指出，奥斯曼帝国一次又一次颁布了规范非穆斯林臣民的着装风格的法律。[70] 有人试图强迫非穆斯林臣民穿上用粗布制成的廉价服装、不能使用精美的布料，不过这些强制措施都被人规避。格拉赫认为，颁布此类禁令的缘由是犹太妇女和男人在公共场合过分展示奢华服装和饰品的行为。他举例说，一名犹太妇女戴着价值 4 万达克特的项链在伊斯坦布尔的大街上走来走去，某些犹太男人穿着丝绒或丝绸衣服出门。[71] 虽然价值 4 万达克特似乎有些夸张，但在如图 7.6 所示

图 7.6　阿德里安堡的一名犹太妇女。Folger Shakespeare Library, Washington DC.

的由尼古拉斯·德·尼古拉为阿德里安堡（Adrianople，今埃迪尔内）的一名犹太妇女绘制的素描中，人们可以看到这名妇女戴着一条与格拉赫关于犹太人奢侈服饰的记载吻合的大项链。

奥斯曼帝国内的非穆斯林臣民被禁止穿丝绸或其他精美面料制成的衣服。他们不得不穿粗布制成的服装。他们不能穿优雅的鞋子，而必须穿粗糙的廉价鞋子、戴粗糙的缠头。他们不能穿长裤，只能穿长袜和紧身裤。如果官员发现有非穆斯林臣民佩戴丝质腰带，可以依法将其收缴。[72] 尽管旅行者笔记的记载和重复发布的法令之事本身都表明这些强制性立法措施并不总是成功的，但它们表明当局在以服饰界定民族身份方面发挥了作用。

亚美尼亚服饰

16 世纪，格拉赫发现生活在伊斯坦布尔的亚美尼亚人的服饰与土耳其人非常相似，他们穿着宽松的长裤和衬衫。[73] 英国旅行家彼得·蒙迪（Peter Mundy）于 1618 年访问了伊斯坦布尔并订购了一本服装画册，画册中也描绘了一位亚美尼亚女士的形象（图 7.7）。

图中，亚美尼亚妇女的服装与格拉赫的描述异常吻合。她用一条白色披巾遮住了帽子和肩膀，仅留下部分黑发没有遮住。她穿着一件黑色长袍，长袍的前面从领子到腰部都有扣子，在袖子处和长袍下方开口处可以看到袍子的蓝色衬里。她的袍子上系了一根大皮带，可以看到她在长袍下穿着宽松的白色长裤和一双黄色鞋子——尽管官方的着装法令只允许穆斯林臣民穿这种鞋子。[74] 旅行者对穿黄色鞋子的亚美尼亚妇女的描述以及再三颁布的着装法令都表明，

图 7.7 《亚美尼亚妇女》(*Portrait of an Armenian Woman*)，1618 年。
©The Trustees of the British Museum.

亚美尼亚妇女通过违反着装法令的行为在公共场合积极构建了自己的民族性。

彼得·蒙迪的画册中的女人还戴着“sakalduruk”[14]，这是一种环绕她的脸庞、附在帽子上的配件。格拉赫目睹了亚美尼亚妇女戴着与土耳其妇女类似的面纱，[75] 虽然亚美尼亚面纱是白色的而非黑色的。作为一种身份的象征，亚美尼亚上层社会的妇女也会戴黑色面纱，但这种黑色面纱会用金线编织，以让她们在外观上与土耳其人相区别。另一点与土耳其人不同的是，她们的披巾的背面都有价值可达约 10~15 达克特的黄金刺绣。格拉赫说，亚美尼亚妇女的

[14] Sakalduruk：一种用丝织成的线，可以连接在帽子上，戴时将其固定在下巴下面，可使帽子不脱落。——译注

披巾下、前额上、脖子和耳朵周围都有珠宝，但他认为希腊妇女的穿着更显眼。[76] 换言之，亚美尼亚人的民族身份是通过对亚美尼亚人、土耳其人和希腊人进行比较来构建的，他们在炫耀方面有着等级差别。

除了通过文化互动让民族身份不断外现，非穆斯林臣民的身份也通过服装来传达。奥斯曼帝国的着装法令尤其旨在通过为不同的宗教群体制定不同的服装风格、颜色和材质，以此区分穆斯林和非穆斯林臣民的外观，而这些法令会对非穆斯林群体再做出区分。

秩序社会：着装法令和民族性

在 16—17 世纪，奥斯曼帝国的社会秩序受到了不同变革动力的挑战。社会各阶层之间的流动性很大；宗教团体之间的转型（尤其是从基督教到伊斯兰教）、从农村地区向小城镇的迁徙都大量发生。[77] 例如，16 世纪的奥斯曼帝国官僚盖利博鲁鲁・穆斯塔法・阿里（Gelibolu'lu Mustafa Ali）和 17 世纪的奥斯曼帝国学者科切・贝伊（Koçu Bey）[15] 都抱怨过由于社会流动和移民导致维持社会秩序变得困难。[78] 奥斯曼帝国的行政当局则坚持认为，来自不同等级、职业或宗教背景的人必须展示其特定标志以区分他们所属的群体。[79] 这种做法背后的理由是防止过度消费奢侈品并建立一套身份等级制度。

差不多在两个多世纪里，为了维持社会秩序及通过服装来识别社会群体，

[15] 原文如此，事实上盖利博鲁鲁・穆斯塔法・阿里是位诗人，而科切・贝伊［全名为穆斯塔法・科切・贝伊（Mustafa Koçi Bey）］则是奥斯曼帝国官僚、改革家，有着“奥斯曼的孟德斯鸠”的美誉。——译注

奥斯曼帝国会定期重申节俭法案。[80] 服装的样式、颜色和面料都被用作识别社会秩序中不同群体的标志。[81] 然而，这些法令一再被重申的事实也表明，尽管行政当局关注于维持“明确的差异化标志”，但这些法令其实都为人所规避。[82] 奥斯曼帝国的臣民试图在这种身份识别过程中制造模糊性和混乱，在城市里尤为如此。

从 15 世纪开始，奥斯曼帝国再三颁布了关于服饰的法规，并在帝国首都伊斯坦布尔及其周边地区实施。[83] 为了识别犹太人和基督徒，这些有关服饰的法规既对某些材质、样式和颜色做出了规定，也限制了其获取方式。为了维持穆斯林和非穆斯林社群之间的等级制度，法规规定非穆斯林男人应该穿非常朴素的深色衣服，而且不应该引起他人注意。[84] 反之，穆斯林男人则被允许穿明亮的浅色衣服——包括代表伊斯兰教而与个人民族身份无关的绿色服装——还可以戴白色缠头以及前面提到的黄色鞋子。例如，1571 年颁布的一项法令禁止居住在迪亚巴克尔（Diyarbakır，小亚细亚东南部的一个城市）的非穆斯林穿绿色的 çağşır（一种在膝盖处收紧的裤子）、绿色的 başmak 和 papuç（两种款式的鞋子）以及白色缠头。此外，在同一法令中，非穆斯林妇女被禁止佩戴面纱和白色 makrama（一种大披肩），而这些服饰都是穆斯林妇女的标志。[85]

15 世纪，在征服马其顿后，奥斯曼帝国颁布了一项法令：基督徒被命令戴蓝色帽子并穿长衣，而犹太人被命令戴黄色帽子。[86] 这一法令持续生效，甚至到 16 世纪，土耳其人和犹太人还以帽子的颜色来区分彼此，就像前面我们提到的那样。土耳其人穿白色衣服；犹太男人戴黄色缠头，并且犹太医生被允许戴红色圆锥帽。[87]

不仅仅是颜色，纺织品和服装类型也受到管制，其被用于代表不同的民族—宗教社群。1568 年，犹太人和基督徒被禁止穿优质的克尔赛密绒厚呢（çuka）服装；由丝绒、“kutnu”（一种由丝和棉线织成的面料）和其他优质面料制成的长袍（kaftans）；以及由高级布料制成的 çağşır。换言之，这是企图利用服饰的材质质量差别形成标志，在穆斯林和非穆斯林之间建立一种地位等级差异。此外，还禁止非穆斯林采用某些服装款式，如用精纺平纹细布制成的骑兵式缠头和穿在鞋里的软拖鞋（içedik）。

同年的晚些时候，由于犹太人不遵从这些法律，导致当局重新颁布另一项法令。[88] 第二道法令对着装的要求更加详细。服装的材质质量、样式和颜色被结合起来充当识别民族—宗教社群的标志。例如，犹太人和基督徒被命令穿棕色斗篷菲拉斯（ferace）、深灰色克尔赛密绒呢衣服、由没有缝线的一种粗棉布（bogası）制成的衬里，以及没有衬里且鞋头平坦的黑鞋（başmak）。此外，他们还被限制穿戴用半棉半丝的布制成的腰带，其价值不得超过 30 阿克切。伊瑟迪克斯（İçediks）可以用黑色和棕色的厚羊皮（meşin）制作，但不能使用一种优质皮革（sahtiyan，一般为红色或黄色，由山羊皮制成）来制作。非穆斯林臣民被限制只能穿着质量一般的服装；精美、昂贵和色彩丰富的服装材料是上等地位的标志，且仅限于穆斯林使用。奥斯曼帝国通过强制推行这种服饰标志而在社会群体之间创造出可明显区别彼此的方式，并被视为维护社会秩序的方法之一。

在同一法令中，还参照已有法律对非穆斯林妇女的服饰问题进行了阐述。

非穆斯林妇女被禁止穿戴菲拉斯[16]和一种小帽（arakiye），因为这两种服饰的风格都同穆斯林密切相关。她们还被禁止穿戴由“seraser”（一种昂贵的丝织品）制成的衣领，在当时的一本仪礼书中这种衣领料被认为只能由地位较高的人使用。[89]非穆斯林妇女被限制只能穿蓝色裤子。她们也只被允许使用相对保守的材质如 kutnu 制成裙子和某些鞋型。然而，旅行者的描述表明，非穆斯林臣民消费奢侈布料和珍贵珠宝是非常普遍的情况。此外，这些节俭法案的重复出现表明，当局关于着装风格和颜色的限令并没有被非穆斯林群体遵守。换言之，人们对被指定外表形式有着抵触情绪。国家对民族进行外部定义与民族性的内部定义和再定义可谓一场博弈。

着装立法先是将非穆斯林视为一个单一共同体，之后还根据民族对他们进行细分。在一部法典中特别提到了亚美尼亚人，[90]他们被允许穿与犹太人相似的服装，但必须在头上缠一条多色的小饰带（alaca）以示亚美尼亚人的身份。亚美尼亚妇女被允许穿“fahir”（意为高级）服装和一种由非常薄的透明面料制成的服装 terlik——穿在卡夫坦外面。[91]

此后 9 年，奥斯曼帝国又颁布了另一项法令，其中提到非穆斯林不遵守服饰规范的问题。在该法令中，他们被禁止穿克尔赛密绒厚呢 (çuka)、进口克尔赛密绒厚呢（iskarlat）、缎子、真丝花缎（kemha）或丝质长袍（kaftans）。虽然以前曾禁止非穆斯林穿菲拉斯，但在新法令中只禁止非穆斯林穿丝质菲拉斯。所有允许非穆斯林穿着的衣服都应用粗棉布制作，不允许他们穿着用非常精细的平纹细布制成的衣服。[92]这些对服装要求的变化也表明，在奥斯曼帝国

[16] Ferace：一种带长袖的女式长外套。——译注

的社会中民族性的表现是在不断变化的；随着时间的推移，各群体和行政部门不断对这些表现做出妥协，从某种意义上来说，这导致了社会上的一些模糊性和混乱。

结 语

本章介绍了16—17世纪生活在奥斯曼帝国的不同民族共同体的服饰。民族的概念是通过民族群体与他者——无论”他者”是个人还是当局——之间的互动形成的。在个人与共同体的互动过程中，个人通过其饰物的风格、颜色和质量创造出民族群体意义。在这个意义创造的过程中，如果个人遇到的饰物特性模糊，或者不存在于他或她的解释框架内，[93]那么他或她一般会尝试寻找一种适合的方式来理解它。例如，德国人汉斯·德恩施瓦姆将保加利亚村妇的帽子与波西米亚贵族佩戴的冠冕进行比较。

如果饰物对观察的他者来说是熟悉之物，那么他或她就会将对象及其意义与一个已在其解释框架中存在之物进行对比。在这一比较过程中，物质性的三个维度（风格、颜色和质量）被利用起来，它们具有的象征意义不仅被用来诠释服装，还会被用来诠释讨论中的民族身份特征。例如，奥地利帝国大使比斯贝克将保加利亚妇女衬衫上的红色刺绣解释为缺乏教养。这种诠释不仅描述了服装的含义，还向他人传递出穿着这些服装的妇女的秉性——就是说，这些服装传达或定义了她们的民族性，在比斯贝克的案例中，她们是一个俗气或不太成熟的群体。在这种背景下，每次互动实际上都会导致不同的诠释，这取决于观察者是谁；这个人基于自己的文化背景创造出对被观察民族群体的新理解。就是说，即便在早期现代社会背景下，民族性也总是在不断变化的。

将生活在同一地区的不同民族进行比较是另一种产生民族认同的过程。群体之间的互动并不总是创造出独特风格，有时反而会形成相似性或混合性。例如，犹太人通常将自身的风格与所处社会的风格混合在一起，而亚美尼亚人则被描述为其服饰看起来与土耳其人的相似。在一个社会中，民族群体不仅会遇到来自其他文化背景的人，还会与当局发生互动。在奥斯曼帝国，就像在其他早期的现代国家一样，行政当局的政策旨在保持不同群体之间的明显差异——特别是根据宗教划定分界线，有时也在民族群体之间进行划分。行政当局还利用服饰的颜色、风格和材质作为象征性资源来识别民族或宗教共同体。然而，各共同体并不总是接受这些指定的符号：它们有时会被人抵制或拒绝。旅行者所描述的奥斯曼帝国不断重申的着装法令以及希腊人炫耀性的打扮风格都为这种抵抗行为提供了证据。这种情况下就会存在模糊的空间，臣民（服饰的风格、颜色和材质）与特定共同体的关联变得模糊，进而挑战社会秩序。

虽然这里讨论的重点是奥斯曼帝国，但本章所描述的过程即民族性通过服装这种符号被定义并进行磋商、妥协的过程在整个早期现代欧洲很常见。相互构建跨越服饰差异的民族身份是该时期许多旅行者笔记的一个特点，无论它们记录的是在欧洲不同政体之间的旅行，还是在这个探索和新兴殖民的时代，边界不断扩大的已知世界的更远方。从奥格斯堡到新西兰，从威尼斯到弗吉尼亚，旅行者们饶有兴趣地关注当地居民的穿着打扮，而且——异常关键的是——通过参考熟悉的范例来理解所观察到的事物。从已知的参考框架向外推，观察者因此将奇怪和不寻常的东西纳入自己的先验模式中，并相应地归纳出道德和行为品质。这种观察也符合当时具有时代特性的原始人类学立场。

正如切萨雷·韦切利奥的《古代和现代服饰》或其他在此时期产生的服装书，其目的是记录、理解并为在文艺复兴的世界中所遇见的文化相对性寻找一个位置。同样，这里所提到的对服装面料和款式做出规定和限制的节俭法案，当时也在整个欧洲得到响应。虽然颁布节俭法案通常是为了编制等级和划分财富差异（见本书第六章），但其有时也会被用来规范、确定少数民族和宗教团体的外观。

总而言之，尽管群体身份往往被认为在前现代时期是静态的和被规定好的，但个人和统治当局层面与共同体之间的各种多样化互动导致了一种通过服装这一象征性资源而不断共同创造民族身份的过程。就像在其他地方一样，在奥斯曼帝国，人们的着装方式所产生的效果是强有力的，让包容和分离、相似和差异的无尽变化成为可能，从而强调了自我和他者的身份。

第八章　视觉表现

安娜·雷诺兹

伴随着如今同文艺复兴关联起来的大范围文化变革，视觉图像的爆炸性增长为后人了解此时期人们如何装扮自己提供了一个前所未有的观察角度。由于存世的文艺复兴时期的服装、配饰和珠宝相对稀少，在经过数百年的品味变化和自然环境破坏的考验后，针对其他来源的视觉表现的研究成为理解和诠释这一时期的服装的重要组成部分。这些广泛的原始视觉资料包含了平面和三维艺术。不过，正如本章将展示的那样，客体所提供的有关服装的信息类型千变万化，并且带有现代观察者在诠释时必须注意的特殊局限性和限制。

严格来说，将这一时期的服装描述为文艺复兴的一部分在很多方面都是不准确的，因为与同时期产生的其他形式的原始视觉资料（最明显的是绘画、雕塑和建筑）不同，服装这一形式本身并没有从古典文化中获得灵感。因此，这里讨论的是一个更广泛的和近似的时间范畴，而不是某个始终如一的风格特征。本章第一部分将讨论文艺复兴时期视觉来源材料的相关性和局限性。之后，我们将对每一种主要的视觉媒体进行详细介绍并对其特殊价值进行研究。换言之，我们将斟酌服饰图像出自何处；艺术家、制作者和赞助人为何以此方式来表现；最后讨论文艺复兴时期的男女实际上是如何穿衣的问题，这些原始资料到底能告诉我们什么。

原始视觉资料的重要性

部分由于关键技术的进步，我们所拥有的15世纪的原始视觉资料——最主要的是绘画和泥金手抄本[1]——远胜于前。与此同时，该时期在艺术领域日益增强的世俗化倾向意味着其所描绘的人物（以及他们所穿的服装）类型在扩大，并且越来越倾向于反映艺术家所处时代的社会现实。同服装一样，不同视觉媒体的存活率受到战争、不断变化的宗教意识形态、品味和自身易碎性的影响，这会让我们对其在15—16世纪的重要性产生理解偏差。

如图8.1所示的年轻模特是彼时安特卫普的著名丝绸商人约里斯·维克曼斯（Joris Vekemans）的女儿之一，她不是科妮莉亚（Cornelia）就是姐姐伊丽莎白(Elisabeth)。[1] 这幅真人大小的全身画像[2]显示出视觉图像比存世服装优越之处，因为存世服装通常是孤立存在的，脱离全套搭配；而视觉图像可以

[1] 泥金手抄本，又名泥金装饰手抄本（Illuminated manuscript），内容通常是关于宗教的，内页装饰精美且常常大量绘制宗教图画。——译注

[2] 原画尺寸为123厘米 × 93.4厘米。——译注

图 8.1 《伊丽莎白或科妮莉亚》（*Elisabeth or Cornelia Vekemans*），科内利斯·德·沃斯（Cornelis de Vos）约绘于 1625 年。Museum Mayer van den Bergh. ©Museum Mayer van den Bergh, Antwerpen.

显示出意想不到的颜色组合——在此画中，浅灰绿色的挂袖和裙摆被打开，露出下面的珊瑚色丝质衣服，衣服上面装饰着蓝色的丝带，显得生气勃勃。一般而言，相比用于面料的染料，绘画所使用的颜料的持久性更强，这意味着肖像画可以成为确定服装原本颜色的有力指标，虽然在本章的后面我们将谈到颜料也可能发生变化。我们还应考虑绘画的完成度——大概是画中模特的父亲于 1625 年去世的缘故，这幅肖像是一件未完成的作品，因而预想的最终成品中模特的衣服外观可能与现存的略有不同。

通过此类肖像，观者也能了解彼时各种服装是如何被穿搭在一起的，以及它们是如何与饰品搭配的。图中的年轻女孩穿着一个由带褶皱的、半透明亚麻布制成的立领，领子边缘镶有蕾丝，在连衣裙上身部分的方形领口处也有一个配套的领布。手腕处用平织亚麻布和蕾丝作袖口装饰，蓝丝带玫瑰花结给衣服的上身部分增添了特色。画中模特手持折扇，两只手腕都戴着金手镯。肖像还显示了服装的不同元素在身体上展现的实际效果，还能表明它们是如何或在何处得到支撑或填充的。在此例中，主人公衣服的大身部分所展现的光影效果清楚地表现出这些绿色面料的硬挺——当穿着者坐下时它们并没有在腰部起皱，不像与裙子配套的面料那样会在穿着者的左臂下形成自然的褶皱。

正如此案例所显示的，文艺复兴时期肖像中的衣服通常会占据画面的很大部分面积，而且是最吸引人眼球和色彩最丰富的部分，其在一般为黑暗的画面背景下显得特别突出。我们可以将作品与画中模特的传记及委托作画的更广泛的背景结合起来考察，视觉图像会帮助我们理解模特们为什么要这样穿，而不仅仅是简单地让我们识别衣服的组成特征。例如，在此画中我们需要特别注意的是，女孩的衣服是她父母选择的，然后由艺术家用绘画的形式呈现出来，这肯定是有意识的决定，作品会提醒任何到女孩家里拜访之人她父亲的丝绸贸易业务，向观者展示她父亲能够入手的各种颜色和高品质的面料，以及她父亲的个人财富和社会地位。

原始视觉资料的局限性

图像的文献学价值始终必须根据艺术家的原意来考虑，就像原始文学资料

图 8.2 《诺丁汉伯爵夫人凯瑟琳·凯里》，罗伯特·皮克创作，约 1597 年。Private collection, courtesy of The Weiss Gallery.

会带有偏见一样，原始视觉资料也是如此。比如，解读肖像往往需要的不是对所穿衣服进行简单的和字面的表述，而是需要人们根据复杂的视觉代码进行“阅读”和诠释，而这些代码可以提供模特的社会地位、财富、年龄、性别、婚姻状况、声誉、个人历史、国籍、宗教信仰等信息。重要的是，人们要认识到，这种文化上的诠释可能是高度复杂和多层面的，还可能与现代认识完全不同。

由罗伯特·皮克（Robert Peake）[3] 约在 1597 年创作的肖像《诺丁汉伯爵夫人凯瑟琳·凯里》（*Catherine Carey, Countess of Nottingham*）（图 8.2）展示了视觉信息的这种潜在的复杂性。作为首席寝宫女官（First Lady of the Bedchamber）和尚衣女官（Mistress of the Robes）[4]，模特在伊丽莎白一世的宫廷里身居高位。[2] 她的服装既非常时尚，又令人难以置信地华丽：刺绣大身、尖形低腰腰线、用别针做出褶皱的裙子覆盖在一个宽大的车轮状的鲸骨裙撑上、有开口的绉领和连在一顶高帽上的装饰性长头巾。凯瑟琳·凯里的打扮向 16 世纪的观者表明了她的时尚性，同时表现出她受人尊敬的地位，而这种地位也意味着她必须在仆人的帮助下才能披挂如此复杂的盛装。这套服装的大身和裙子上绣着大量植物图案，包括玫瑰、百合、草莓、三色堇、藤叶、葡萄、香豌豆花、忍冬和榛子，每种植物在文艺复兴时期都有特殊的象征意义，这些含义在当时关于草药和寓意的书中都有所规定。玫瑰和三色堇同伊丽莎白一世尤为相关，出现在此处可能是为了向模特的女主人致敬。除了来自植物的灵感，刺绣图案还包括方尖碑（代表新教）、蛇（象征着谨慎或智慧），以及一种艺术体书写的“S”，即代表忠诚的图案“Fermesse”[5]。这条裙子最初可能属于女王伊丽莎白一世，并作为一种特殊地位的象征被赏赐给凯瑟琳·凯里。不管怎么说，凯瑟琳·凯里在这样一幅声名远播的肖像中穿着该套衣服出

[3] 指老罗伯特·皮克（Robert Peake the Elder），英国画家，活跃于伊丽莎白一世统治后期和詹姆士一世统治时期。凯瑟琳·凯里为伊丽莎白一世的表亲和女官。——译注

[4] 首席寝宫女官、尚衣女官均为英国王室女王内侍的名称，一般有女侍从（Lady-in-Waiting to the Queen）、寝宫女官和尚衣女官之分，传统中尚衣女官为女侍官长。——译注

[5] “Fermesse”出自法语，字面意义为“封闭的 S”；该图案为艺术体的大写字母“S”，头尾封口，似倾斜的阿拉伯数字“8”。——译注

现，这本身就是深思熟虑的结果，而且带有多方面的意义，让人将她与伊丽莎白时代的宫廷联系起来。

文艺复兴时期的艺术家必须在现实主义（即创造一个可识别的形象）与理想化（即创作一件美丽的艺术品）之间取得平衡。艺术家们会选择并强调那些最符合他们动机的服装元素。他们这种基于彼时的美的概念的理想化既适用于模特所穿的衣服，也适用于衣服之下的身体——例如，在文艺复兴的早期阶段是一种瘦长、窄腰的人物，其下垂的衣服呈现出完美的国际哥特式[6]曲线。就像肖像画家可能会在画作中掩饰模特皮肤上的痘疤一样，他们笔下的服装往往也不会显示穿过的痕迹。这一时期大多数衣服的外层都是无法清洗的，不过污渍在画中被忽略掉了。类似地，一些艺术家在绘画中毫不费力地抹去了衣服的折痕，让人们对面料及其与覆盖其下的人体的互动反应产生了误解。

视觉表现也会在服装结构方面产生误导，它完全忽略了扣件和接缝，或者给人一种面料图案能穿过接缝继续延伸的印象，实际上这种处理方式昂贵（因为会用到更多面料）且复杂。中世纪的泥金手抄本画经常包含一些穿着符合当时时尚之人，而同一场景中的其他人物则穿着臆想的虚构服装或历史上的服装。这种服装差异是基于既定惯例的，即某些人物应该穿相应不同类型的衣服，如此一来，读者容易理解所讲的故事。因此，圣经中的人物以及宗教人物被刻画为穿着束腰外衣和斗篷，异教徒则戴着硕大的珠宝和缠头，而普通人穿着当时的服装。[3] 类似地，某些颜色或形状具有特殊含义，如绿色与希望有关，

[6] 国际哥特式（International Gothic）艺术是哥特式艺术的一个发展阶段，于 14 世纪末 15 世纪初发端于勃艮第、波西米亚及意大利北部，随后传播到西欧的广大地区，其名称由法国艺术史学家路易·库拉若（Louis Courajod）提出。——译注

因此其可能被刻意选择来表现一对相爱的年轻人；而“达格林”（dagging，边缘呈锯齿状的面料）则被用来暗示某人参与了不当性行为。在肖像中，服装也可能是艺术家的创作，模特不一定拥有或穿着他们在画中展现的服装。模特为绘制肖像而去租借服装是一种可选方案，有些艺术家也会提供自己的道具或设计清单中的服饰。4 汉斯·霍尔拜因（Hans Holbein）[7] 的三幅肖像中出现了同一块独特的金色面料，对此较可能的解释是艺术家使用了一种图案设计，而不是让三个不同的模特拥有同一块布料制成的衣服。5 正如艾米丽·戈登克（Emilie Gordenker）[8] 所表达的，一些 17 世纪的荷兰艺术家 [最典型的就是范·戴克（Van Dyck）][9] 故意将幻想和现实融合在一起，为他们的模特创造出一种旨在显得古典、文艺或田园的服装。6

同样地，委托作品有时需要几年的时间才能完成，艺术家题写的日期可能是开始或完成的时间。新时尚很少在出现之初就被绘入画中，因而有时原始文献资料可以为新时尚的出现时间提供更准确的佐证。例如，圆头鞋在 1480 年风靡一时，但三年后才首次出现在泥金手抄本画中。7 时尚从城市中心传播到外省地区也需要时间，所以一幅带日期的乡绅家庭成员的画像大致可以反映出某种时尚在大都市精英群体中流行过多久。类似地，老年人往往倾向于保留他们年轻时的流行风格，而这种风格早已在社会上更为时尚的一群人眼中消失了。

[7] 老汉斯·霍尔拜因或小汉斯·霍尔拜因，父子二人为 15—16 世纪的德国画家，欧洲北方文艺复兴的代表人物。——译注

[8] 艾米丽·戈登克曾任荷兰海牙莫瑞泰斯皇家美术馆馆长，现为梵高美术馆馆长。——译注

[9] 指安东尼·范·戴克 (Anthony van Dyck)，比利时画家，英国国王查理一世时期为英国宫廷首席画家。——译注

这一时期，绝大多数的肖像倾向于描绘富人，即那些有势力但仅限于严格的小圈子内、有能力委托制作昂贵艺术品之人。它们常常展示的是人们穿着他们最好的甚至可能专门为绘制画像而购买的衣服，而不是更为常见的日常服装。后者通常具有与前者类似的剪裁及风格，但面料不会那么昂贵，并且衣服上的装饰较简单。因此，肖像会让人对服装的丰富性产生误解，即便描绘对象是贵族成员也是如此。为绘制肖像选择的正式服装，也可能比变化频繁得多的非正装风格的衣服老套。

绘　画

直到现代，大多数西方绘画都是象征性的，具有不同层次的主题，包括历史画（宗教和神话场景）、肖像、风俗画（展示日常生活）、风景画、动物画和静物画。在中世纪时期，宗教题材图像最为盛行；而在 16 世纪，包括神话场景在内的世俗历史画与肖像的重要性不断上升。到17 世纪，风景、日常场景、动物和静物成为越来越受艺术家欢迎的题材，特别是在新教国家，公开的宗教题材画（如圣母和圣婴的肖像）在很大程度上已经不受欢迎（尽管宗教主题可通过象征主义暗示）。而当我们审视服饰时，肖像显然是特别重要的资料，虽然人们在其他类型的画中也能找到有关服饰的线索。

绘画中对服饰的刻画也受到所用材料的影响。在文艺复兴时期，绘画颜料是由彩色颜料与黏合剂混合而成的。在 14—15 世纪，颜料与蛋黄的结合产生了蛋彩画。引入油性涂料作为载体介质使得颜料的干燥速度变得更慢，艺术家们的创作因此拥有了更多的灵活性，也让他们有机会从一种色彩平稳地过渡到另一种色彩，能够对形状、光线和阴影进行建模。最早使用油画的是北欧艺术家，其率先发源于此，与所用颜料介质有如宝石般细致、准确地表现面料和珠宝的能力有关。安·琼斯（Ann Jones）和彼得·斯塔利布拉斯（Peter Stallybrass）[10] 指出，最终的绘画作品效果及价格取决于所使用的颜料，而这些颜料是根据构图中的不同元素依次分级和选择的，最昂贵的颜料往往留给图中的面料和珠宝。[8] 颜料本身来自彩色矿物质、泥土、植物和动物，会随着时间的推移而发生显著改变，正如我们将看到的那样，这可能会让画中所描绘的服装的颜色出现误导性效果。

肖 像

肖像可以是单人、双人或群像，最常见的是胸像、半身像或全身像，其大小会影响委托费用的高低。莫罗尼（Moroni）[11] 创作的吉安·杰罗拉莫·格鲁梅利 (Gian Gerolamo Grumelli) 的真人大小的全身肖像（图 8.3）大约于 1560 年在威尼斯附近的贝加莫绘成，这注定是一项既耗金钱又耗时间的工作。

这幅画被称为“粉衣者”，其反映了画中主要颜色的独特性质以及模特服装的统一性，虽然人们如果仔细观察就会发现艺术家非常巧妙地表现了服装不同部分的纹理和装饰的微妙变化。格鲁梅利的无袖短大衣是用粉红色的丝绒制成的，上面绣有精致的银色叶形图案，这件大衣套在一件与之相配的长袖紧身

[10] 安·琼斯，作家；彼得·斯塔利布拉斯，耶鲁大学客座教授。——译注

[11] 指乔瓦尼·巴蒂斯塔·莫罗尼（Giovanni Battista Moroni），16 世纪意大利画家。后文提到的作品名为《吉安·杰罗拉莫·格鲁梅利的肖像》（*Portrait of Gian Gerolamo Grumelli*），又名《粉衣者》（*The Gentleman in Pink*，*The Man in Pink*），长 216 厘米、宽 123 厘米，现藏于意大利贝加莫莫罗尼宫。——译注

图8.3 《粉衣者》，乔瓦尼·巴蒂斯塔·莫罗尼约创作于1560年。Fondazione Museo di Palazzo Moroni. Photo：DeAgostini/Getty Images.

上衣之上。从宽松的短罩裤底部拼接并覆盖整个大腿的护膝也用同样闪亮的面料制成。格鲁梅利的针织丝质长筒袜提到膝盖处，由上面装饰着白色流苏的粉红色吊袜带固定；而他的鞋子上装饰着长长的斜纹布，显然是用丝绒制成的。少数几处不是粉红色的装饰就是他悬挂在黑皮剑带上的黑剑、一顶用粉红和白色羽毛装饰的黑帽，以及一件在领口和袖口有红色刺绣装饰的白色亚麻衬衫。画中独特的粉红色颜料可能反映的是一件真正的衣服的色彩，不过对这种颜色的使用也是当时威尼斯周围地区艺术家作品的典型风格，他们对各种绚丽颜料的使用反映了该地区的重要性——交换各种行业所需异域材料的贸易中心。

肖像画家是第一个专门从事某一特定题材绘画的画家群体。从17世纪开始，专业的衣纹画师在其中扮演的角色也有所发展。一个繁忙的画室会同时处理相当多的委托作品，当署名画家完成主题人物的脸部后，衣纹画师则负责后续工作，完成涉及服装面料的区域。这意味着服装在画中扮演了更为焦点的角色。在文艺复兴时期，在宫殿或乡间别墅中也涌现了专门用于展示肖像的房间。

在文艺复兴时期，一种新型的奉纳肖像（votive portrait）[12] 发展起来 . 这种画的特点是将赞助人的形象绘制成虔诚地跪在一幅宗教题材画前。这些画上展示的赞助人通常身着当时的时尚服饰，同身着古典装饰织物或象征其圣职的长袍的宗教人物在一起。由汉斯 · 梅姆林（Hans Memling）[13] 绘制、标注日期为 1484 年的《莫雷尔三联祭坛画》（*The Moreel Triptych*）[14]（图 8.4）就是一个很好的例子。这幅画也被认为是现存的首幅尼德兰画派绘画家族的集体肖像。这幅三联祭坛画是为布鲁日的圣雅各伯教堂设计的，由威廉 · 莫雷尔（Willem Moreel）委托创作。他是当地的大批发商、普通生意人和在该市有着许多官职的显贵。祭坛画中央描绘的是圣克里斯托弗背着化身为孩子的基督[15]，两边是圣莫鲁斯和圣吉尔斯(教堂就是为他们而建的)。外侧的画板上，左边是威廉 · 莫雷尔和他的 5 个儿子，右边是他的妻子芭芭拉 · 范 · 弗兰德尔

[12] 奉纳肖像也被称为赞助者肖像（Donor portrait）。——译注

[13] 汉斯 · 梅姆林是 15 世纪欧洲北方文艺复兴的代表人物，德裔早期尼德兰画家。——译注

[14] 《莫雷尔三联祭坛画》又名《圣克里斯托弗祭坛画》（*the Saint Christopher Altarpiece*），现藏于比利时布鲁日格罗宁格博物馆。——译注

[15] 该画主题出自基督教传说。克里斯托弗孔武有力，以负人渡河行善。某日一小孩求助，克里斯托弗负其过河时发现小孩重到几乎背不动。过河后，他向小孩子说："你让我感觉有如背负世界。" 小孩则回答："你背负的不只是全世界，还有它的创造者。我就是基督，你的君王。" ——译注

图 8.4 《莫雷尔三联祭坛画》，汉斯·梅姆林绘于 1484 年。Groeninge Museum, Bruges. Photo：Fine Art Images/Heritage Images/Getty Images.

贝希（Barbara van Vlaenderberch）[16] 和他们 13 个女儿中的 11 个，其中 6 个女儿是在风景画完成后绘上的。[9] 女家长和男家长分别由他们的圣名圣人——圣芭芭拉（可以通过她右臂上的塔来识别）和在士兵盔甲外披着黑色本笃会道袍的马勒瓦的圣威廉——引导。

芭芭拉·范·弗兰德尔贝希身穿矩形领口的女用护肩布，外套深 U 形领、黑色花缎礼服，胸前是打褶、绣花的白色紧身小衫。宽大的红色腰带和上面垂着精美的亚麻布披巾的截锥体帽子让她的整体装束显得完整，整体风格相对克制。[10] 她的长女紧跟着她跪在后面，穿着多米尼加修女的长袍；而右边的次女则穿着和她母亲一样的成人礼服。其他年轻一些的女儿们则穿着更为简单的滚边服装，头上戴着金色的额饰。有一位女儿的帽子带上印着她的名字“玛丽亚”。[11] 威廉·莫雷尔穿着是一件内衬毛皮的红色塔巴德式外衣，他的儿

[16] 芭芭拉·范·弗兰德尔贝希（Barbara van Vlaenderberch）一般作芭芭拉·德·弗兰德尔贝希（Barbara de Vlaenderberch）。——译注

子们在高领的黑色或红色紧身上衣之上套着内衬毛皮的长袍。很容易通过着装从画里的宗教人物间将赞助人识别出来，他们的着装显然是昂贵而时尚的，虽然并非过度炫耀——其风格对于由一个当地富裕的重要家庭委托的祭坛画而言完全合适。

风俗画

肖像虽然提供了大量有关服饰的视觉信息，但也有一定的局限性，其中一些可以通过其他原始资料加以补充。肖像的标准构图是从正面展示人物，通常为一个很小的角度，将衣服的背面隐藏起来；而流行的半身肖像则排除了胸部以下的穿着。风俗画和地貌图在这方面特别有用，它们能从不同的角度展示人物以及不同身份的人所穿的衣服，其中有许多人是无法负担肖像委托费用的。风俗画可以从衣着上突出画中囊括的不同社会群体人物的等级差异。此类画中不时也会出现正在穿衣或脱衣的人物或是人物正在进行其他需要脱衣的行为，观者从而可以了解肖像中通常隐藏在下的衣服的穿着层次。此外，风俗画还可让人了解当时的习惯性做法、社会风俗和围绕服装的礼仪，诸如上床时该穿什么衣服或是如何存放衣服。一些荷兰风景画展示了当时的荷兰人是如何将亚麻布放在阳光下漂白的，而其他场景则展示了纺织品的制造过程如蕾丝的制作。莱顿[17]艺术家艾萨克·克拉斯．凡·斯万楞博格（Isaac Claesz. Van Swanenburg）用一系列画作展示了家乡羊毛产品制造过程中的各个阶段，包括剪毛与精梳（Het ploten en kammen）、缩绒与染色（Het vollen

[17] 莱顿（Leiden）是荷兰西部城市。——译注

en verven)。[12] 风景画中有时还会出现一些小人物，他们的轮廓可能特别有趣。他们也可以被当成一种有用的手段，来确定几乎没有其他线索的那些风景或建筑场景的年代。

老彼得·勃鲁盖尔（Pieter Bruegel the Elder）创作的《农民的婚礼》（*The Peasant Wedding*，图 8.5）说明了服饰会提高我们对一幅风俗画及其所描绘的文化背景的理解。在布拉班特（Brabant），乡下谷仓就是举办婚宴的场所。新娘坐在位于绿色罩篷下的桌子旁。她穿着绿色的衣服，头发蓬松，戴着光环一般的帽子，举止透露出尊贵之气。她按习俗，没有吃饭，只是静静地坐着，目光向下、双手紧握。画面中其他人都在行动——吃饭、搬运、倒水、吹风笛——这些人物代表了当时社会的一个横截面。在最右边，一位富有的地主同

图 8.5 《农民的婚礼》，老彼得·勃鲁盖尔创作于 1567 年。Vienna Kunsthistorisches Museum. Photo：Fine Art Images/Heritage Images/Getty Images.

一位或许刚主持了婚礼的修道士在交谈。可以通过挂在腰间的剑(乡绅的标志)和他身上那件有着时尚剪裁、用昂贵的带图纹的黑色丝绸制成的紧身上衣来识别这位地主，这与其他参加婚礼的人所穿的普通羊毛衣服和麻布衣服不同。农民和外来者（修道士和地主）在服装上存在差异，与之呼应的是他们的不同行为。后者热衷于交谈；而前者则专注于食物，几乎没有进行任何人际交往。衣着和肢体语言结合在一起，引导观者思考不同的社会礼仪和人物等级次序之间的差异。[13]

除新娘之外，所有的妇女都戴着完全遮住头发的无装饰的平纹亚麻布头巾，有的将头巾挂在脑后，有的将头巾向后折叠到头顶。男人们则戴着各种类型的帽子，这表明对普通服饰形式进行想象性挪用是画家采取的一种常见策略。吹奏者戴的帽子上装饰着三枚银币；而前景中的小孩戴着一顶超大的帽子，并以一根昂贵的孔雀羽毛装饰。一个端着临时碗盘托板的人在自己的红帽上系了一束白色的、带小金属饰物的丝带，而他的同伴则用绿色帽子那上翘的帽檐来携带他的木勺。

这些人物被艺术家从各个角度展示出来，他还绘出了衣服构造的细节，例如，男人的紧身裤后面有接缝，他们的紧身上衣底部有纽孔，衣服就是通过这些纽孔系在一起的。穿着红白相间服装的风笛手在最初形象中还带有一块很大的遮阳布，不过在1622年后的某个时候遮阳布被涂掉了，人们得知此点是因为这张遮阳布曾出现在艺术家之子于当年制作的一个副本中。虽然有传闻说老彼得·勃鲁盖尔参加过类似画中所绘场景的婚礼，而且画面看起来像真的，但作品中的场景依然不可能代表某场特定的婚礼，也不能准确反映当时人们的穿着。同肖像一样，这幅画也是经过艺术家的净化和精心创作的。

微型肖像

另一种特殊类型的绘画是微型肖像，最早于16世纪20年代在文艺复兴时期的英国和法国宫廷中创立。绘制微型肖像的技术是从绘制泥金手抄本画的技术发展起来的，“miniature（微型）”的词源并非基于尺寸，而是基于技术（源自拉丁语“miniare”，意为用红铅着色——最初是用于书写手稿的大写字母的技术）。

微型肖像的尺寸很小，而且刻意专注于面部肖像，因而很自然地限制了它们所能包含的时尚信息量（它们很少展示全身人物），不过它们对人们研究珠宝和颈饰细节往往有着启示作用。微型肖像经常作为私人礼物馈赠，或作为爱情信物，或作为君主对其臣民恩宠的标志。有些微型肖像还作为统治者送给他国统治者的外交礼物，或者作为在婚姻谈判中传递的画像。微型肖像易于运输和佩戴，通常被镶嵌在珠宝的盒式吊坠上或精致的盒子里。虽然有些微型肖像是大幅画的复制品，但大多数微型肖像是根据生活实际绘制的，它们的私密性——在私人场合观看，并作为某人不在身边时的记忆提示物——或许意味着，同预期公诸于众的正式肖像相比，微型肖像倾向于只对面部肖像进行程度较低的理想化修饰，服装也不太矫揉造作。

此外，微型肖像中人物所穿的衣服有时可能会被认为不适合用于全身肖像。有两幅展示英国王后身着假面舞会服装的肖像都是微型画，这可能并非巧合。[14] 艾萨克·奥利弗（Isaac Oliver）大约在1610年创作的丹麦的安妮[18]的微型肖像显示，王后的一半头发以微卷的方式松散地披在肩上，其余的头发

[18] 丹麦的安妮（1574—1619年）：英国王后，英国国王詹姆斯一世之妻。——译注

则是辫成复杂的辫子，用珍珠、宝石来装饰——与她在其他肖像中塞了软垫做成的正式发型完全不同。15 她的一个肩膀上披着斗篷，这是化装舞会服装的一种常见特征，而此形象在王后全身像中从未出现过。同样地，约翰·霍斯金斯（John Hoskins）绘制的亨丽埃塔·玛丽亚（Henrietta Maria）[19] 微型肖像则显示，1632 年王后在白厅 [20] 上演的戏剧 *Tempe Restor'd*[21] 中装扮成“神圣的美女和星星”。她的发型和羽毛帽子再次显示这种装扮与当时的时尚有着不同之处，她衣服上装饰的大量银色星星也是如此。16

壁画

壁画自古以来就被人们应用，不过，它作为人们对古典世界的兴趣重燃的一部分在 15 世纪得到复兴，并用于装饰教堂、公共建筑和私人住宅的墙壁与天花板。特别是在意大利，世俗和宗教建筑中的重要环形壁画提供了有关 15—16 世纪服饰的大量信息。佛罗伦萨的新圣母教堂有许多由文艺复兴时期的主要艺术家与重要赞助人合作设计、绘制的壁画。其中最著名且保存完好的就是两幅由多梅尼科·吉兰达约（Domenico Ghirlandajo）和他的助手们设计、绘制的壁画，用于装饰教堂的主礼拜堂——托尔纳博尼礼拜堂。这两幅壁画完成于 1485—1490 年，描绘了圣母玛利亚和施洗者圣约翰的生活场景，同时也融入了大量富有的托尔纳博尼家族成员及其熟人的肖像。该家族的族长、

[19] 亨丽埃塔·玛丽亚（1609—1669 年）：英国王后，英国国王查理一世之妻。——译注

[20] 白厅宫：又称怀特霍尔宫（Palace of Whitehall），位于英国伦敦，1530—1698 年是英国国王在伦敦的主要居所，17 世纪末遭遇火灾，现仅存国宴厅。——译注

[21] 剧名，据说为亨丽埃塔·玛丽亚和四位贵妇于 1631 年开斋节在白厅宫为国王献上的假面剧。——译注

银行家乔瓦尼·托尔纳博尼（Giovanni Tornabuoni）负责出面委托创作这些壁画。这群佛罗伦萨精英们穿着 15 世纪的时装出现在神圣传说中的圣经人物身边，而这些圣经人物的服装较为简单，更接近于古典的帷幕。在这里，前者更多是作为超然的旁观者而非场景中积极的参与者出现的，他们的出现将故事带入现场，强调神圣事件的真实性。[17]

在《圣母诞生》(*The Birth of the Virgin Mary*，图 8.6）中，服装被作为一种叙事手段来区分故事中的不同人物，从而指导会众。此画的场景设定为一个富丽堂皇的房间，房间里装饰着雕有嬉戏的丘比特的古典风格浅浮雕带和嵌花板，穿着此画创作时代服装的中心人物一定赋予了该画更多的即时性和实用性。在画面右边，圣安妮斜倚在床上，看着助产士准备为她新生的女儿玛利亚洗澡。在画面左边，由五位年轻妇女组成的队伍前来祝贺这位母亲。带领这支队伍之人因优雅的衣着和最接近构图中轴线的位置而引人注目，她就

图 8.6 《圣母诞生》，多梅尼科·吉兰达约，1486—1490 年，佛罗伦萨新圣母院。Photo：Peter Barritt/Getty Images.

是捐助者的独生女儿洛多维卡·托尔纳博尼（Lodovica Tornabuoni）。这幅画完成于1490年，当时她才14岁。洛多维卡的着装明显突出了她的重要性。她的锦缎长袍（cioppa）用了当时最时尚的剪裁，上衣是方领的，大身收紧且前面镶有饰带；用极其昂贵的丝线织成的裙子从腰部开始打褶，上面用金线织成飞鹰和太阳光芒的图案。[18]洛多维卡的衣服生硬地落在地上的方式，与倒水的少女那飘逸的裙摆形成鲜明对比，显示出两件衣服所采用的面料重量不同。[19]洛多维卡的喇叭形袖子在手肘处被裁开，并在肩缝处被分开，露出她穿在下面的被整理成蓬松状的白色衬衫（camicia）。虽然15世纪在较为温暖的意大利，已婚妇女在公共场合要遮住头发的习俗并不被人们严格遵守，但洛多维卡在此没戴面纱更可能是因为她当时还很年轻。图中显示她戴着一个独特的"crocettina"吊坠（珍珠环绕的十字架），它后来成了她的嫁妆——她于1491年结婚。[20]

画作物理外观的变化

在解读绘画作品中的服装时，要考虑的一个重要因素是图画表层的物理外观在几个世纪里可能发生的变化。某些颜料有外观改变的倾向，而且这种倾向会因气候条件的影响而加速，特别是当画作被暴露在光线、水分和大气污染之下时更是如此。此外，整幅画作表层的不同颜料会呈现不同程度的褪色效果，让后人对艺术家的意图产生误解，例如对面料的色调、对空间的复原及其三维性产生误解。

从植物和动物中提取的有机颜料最容易脱色，特别是红色、黄色颜料和靛蓝。可以在约1630年创作的《圣阿德里安公民警卫队肖像》（*Portrait of the*

St. Adrian Civic Guard）[22]中清楚地看到这种效果（图 8.7）。[21]荷兰的公民警卫队（或称“schutterij”）是一支志愿防卫组织，由地方法官任命的富裕公民组成。这种类型的民兵群像（称为“schuttersstukken”）一般是在成员更替时委托绘制——每位军官都会分担雇用艺术家的费用，而且明显对个性化描绘有要求以纪念各位军官所扮演的重要角色。该画中展示的军官刚刚服完三年兵役，正从警卫队的会议大厅——哈勒姆（Haarlem）的圣阿德里安廊厅——沿着楼梯走下来，领头的是警卫队上校彼得·雅各布斯·奥利坎（Pieter Jacobsz Olycan），可以通过佩戴的橙色肩带来识别他。掌旗官（旗手）按惯例是一名年轻的单身汉，通常在穿着上就显得比其他人物奢侈很多。掌旗官萨洛曼·科尔特曼（Saloman Colterman）出现在画面的右边，身穿一件带鲜花纹样的白色丝绸紧身上衣(1630年11月，他在结婚后不得不辞去了掌旗官一职)。

图 8.7 《圣阿德里安公民警卫队肖像》，亨德里克·格里茨·波特（Hendrick Gerritsz Pot）约创作于 1630 年。Frans Hals Museum, Haarlem. Photo：Margareta Svensson.

[22] 《圣阿德里安公民警卫队肖像》又名《1630 年圣阿德里安民兵队的军官们》（*The Officers of the St. Adrian Militia Company in* 1630）。——译注

其他几位军官穿的淡淡的灰蓝色肩带是用靛蓝画的，这种颜料暴露在光线下时非常容易褪色。一条有一小部分被边框遮住的肩带显示，最初用的是一种更为明亮的蓝色颜料。这种效果对该画的美学效果产生了影响（今天在该画中，肩带不像曾经那样突出，并且显示出较浅的三维效果），更影响了该画的意义，因为现在的人们无法马上看出画中人物所穿衣服的颜色与荷兰国旗的颜色——深橙色、白色和蓝色——的紧密对应关系。[22] 位于画面左侧的蓝色腰带比右侧的保存得好，这可能是因为 18 世纪时该画一直挂在圣阿德里安公民警卫队大厅的某个大窗户左侧。在其他民兵团体肖像如弗兰斯·哈尔斯（Frans Hals）于 1627 年创作的《圣阿德里安民兵连军官的宴会》（*The Banquet of the Officers of the St. Adrian Militia Company*）中，蓝色肩带显然被保存得较好，这可能是颜料层的厚度和曝光度等因素综合作用的结果。有趣的是，当靛蓝被作为纺织染料时，反而不会像在画中那般易“逝”。

随着时间的推移，到了今天，其他颜料的变化也会让一幅画出现失真的视觉效果。例如，在微型肖像中经常用于重现珍珠光泽的微小银点会被氧化，会让人认为画中项链是由深色珠子而非原本有乳白色光泽的珍珠制成的。颜料中作为载体介质的油会褪色、变黄，使原来的蓝色颜料变成绿色。同样地，用于覆盖成画并使画的表面发亮的清漆也会随着时间的推移而褪色，画作因而呈现出过度的褐色调。这些变化是偶然发生的。不过有时候画中人的衣服会被故意修饰，偶尔是由原作者但更多的是由后人加以修饰的，以使其风格符合当时盛行的审美。此外，19 世纪的修复工作和用强研磨料、溶剂进行清洗的操作有时也会磨灭画作的一些细微之处，导致画中服装面料的表面纹理呈现失真的视觉效果。我们在解读一幅作为历史服饰的视觉证据的画作时，必须牢记其发生的所有变化，不管这些变化是有意为之还是偶然出现的。

泥金手抄本画

14—15 世纪是制作泥金手抄本的高峰期，其主要产地中心首先出现在巴黎，到 15 世纪中叶则转移到佛兰德斯。最早的是宗教书籍（圣经和祈祷书），15 世纪时手抄本的内容越来越世俗化，出现了古典文本的新译本、传奇剧和原始文史资料。印刷机和活字的发明使得手抄本生产在 16 世纪中期陷入衰退。不过，从 15 世纪开始存留下来的大量手抄本提供了有关该时期时尚的丰富信息。封闭的书页对插图起有保护作用，使其免受光线伤害，因此这些插图的颜色特别鲜艳，通常会展示许多类型的人——包括富人和穷人——在各种场合和气候下的穿着。它们也经常将穿着时尚服装的人物与穿着（有时是不准确的）历史化或虚构服装的人结合在一起。有时，历史事件会被绘者置于当时的社会背景中。

一幅署名为“大师科埃蒂维（Coëtivy）”、约绘制于 1460—1470 年的《哲学向波伊提乌介绍文科七艺》（*Philosophy Presenting the Seven Liberal Arts to Boethius*）的典型插画（图 8.8）[23] 描绘了古代人物和寓言人物，他们身着文艺复兴时期的精英读者熟悉的衣服。原书《哲学的慰藉》（*The Consolation of Philosophy*）的作者是古罗马哲学家和政治家波伊提乌（约 480—524 年）。该书大约创作于 524 年，当时他因叛国罪入狱，在等待审判

[23] “大师科埃蒂维（Coëtivy Master）”为当时手抄本画上常见的签名，有学者推测此人为亨利·德·伏尔甘（Henri de Vulcop）。——译注

图 8.8 《哲学向波伊提乌介绍文科七艺》，大师科埃蒂维 [(Coëtivy Master，也可能为亨利·德·伏尔甘 (Henri de Vulcop？)]，约 1460—1470 年。The J. Paul Getty Museum, Los Angeles.

期间于监狱里写就该书。该书是中世纪和文艺复兴时期人们阅读最广泛的作品之一。在这幅插画中，位于画面左边的波伊提乌正与哲学（的化身）对话，后者向他展示了文科七艺的化身，每一艺都拥有属于她们的象征物，它们分别是：文法（书）、修辞（卷轴）、逻辑（图文转轮）、音乐（音乐符号）、几何（斜角规和度量器）、算术（有符号的卷轴）和天文（浑天仪）。尽管书中内容是关于古罗马晚期的，但插图作者绘制的女性穿着流行于 15 世纪末的勃艮第宫廷的各种风格的衣服和帽子。“天文”戴着一顶尖顶帽，上面披挂着精美的透明头巾；“音乐”戴着一顶金色的女式圆筒形垫料小软帽——这种帽子被称为“波尔雷特”(bourrelet)；“几何”则戴着一个高得不同寻常的折叠式波尔雷特。“文法”和“修辞”选择了用简单的厚亚麻布头巾来遮盖她们的头发，穿着的衣服也是最基本的款式——简单样式的斗篷和长袍。同她的高级地位相称，“哲学”作为她们的领袖，戴着最高、样式最复杂的帽子——一顶像 M 形的风筝，显然以相当硬挺的异形线条构造的“赫宁（hennin）”[24]套在一顶金色的尖角帽上——正如玛格丽特·斯科特（Margaret Scott）指出的那样，这种装扮也符合波伊提乌对哲学的描述，即“她”似乎可以触摸到天空。[23] 七艺的化身中，有些穿着简单样式的长袍，而有些则衣着较为华丽，例如，“几何”穿的是一件V领绿色长袍，领口和下摆都镶有金边，腰线高，腰上系着一条黑色的宽腰带，长袍的一边折了起来，以防她走路时布料拖曳在地面。波伊提乌穿着一件粉红色的及地长袍——长袍的下摆和袖口镶有毛皮，戴着红色的帽子。同样，他并没有以5世纪罗马人的模样出现，而是穿戴着15世纪下半叶老年男子惯常风格的服饰，它们让人隐约联想到当时的学士服。[24]

素　描

日益关注对自然主义和世界的直接观察，是文艺复兴时期的一个重要特征，这导致素描作为一种传播媒介繁荣起来。技术的进步也对其发展产生了影响——15世纪纸张供应量增加，使昂贵的兽皮羊皮纸有了替代品；而印刷术则为纸质作品的复制和传播提供了途径。文艺复兴时期的素描有许多用途，如让艺术家针对构图进行逐步的早期构思、捕捉所爱之人那转瞬即逝的外貌、记录雕塑或建筑的外形。有些素描只供艺术家观看所用，另一些被称为“Modelli”[25]的素描则是供赞助人评估的。在文艺复兴时期，赞助人越来越多

[24] 赫宁为中世纪晚期欧洲贵族妇女佩戴的一种形状各异的头饰，后世将赫宁作为识别公主或重要的皇室女性的元素。——译注

[25] Modelli：意大利语“Modello（模型）”的复数。——译注

地参与到大型壁画或其他绘画作品的创作中，同时更加强调艺术家在设计上的原创性和创造性，因此他们需要定期讨论相关概念和构图。[25]这样一来，素描就成了根据需要对作品进行调整和完善的视觉辅助工具。英国的伊尼戈·琼斯（Inigo Jones）和意大利的贝尔纳多·布翁塔伦蒂（Bernardo Buontalenti）的一些服装设计显然也是供戏剧作品的赞助人观看及批准的，有时也供其挑选。[26]

许多艺术家对人体做过研究，然后将其纳入完成的油画或版画中，有时根据需要，这些画会作为标准图样被多次重复使用。阿尔布雷希特·丢勒（Albrecht Dürer）显然对男性和女性服饰的错综复杂非常着迷。他为爱尔兰农民和士兵画的素描表明，他的这种兴趣跨越了社会阶层和民族界限。[27]他的一系列钢笔素描展示了纽伦堡妇女在各种场合下的着装。推测《穿家居装的纽伦堡妇女》（*Nuremberg Lady Dressed for the Home*，图 8.9）[26]创作于 1500 年左右，模特可能是丢勒的妻子阿格尼丝（Agnes）。[28]画中女人的上衣大身有覆盖手腕的长袖，领口被一个可能为羊毛质地的类似披肩的领子（Gollar）遮住，领子上装饰了黑色穗带（或刺绣）和白色毛皮（也可能有衬里），用领针固定。[29]在裙子外面，女人穿了一件细褶的亚麻布围裙，皮腰带上挂着一个小钱袋。她的头发完全被一条在脖子后绑扎固定的细麻布头巾（或“斯陶希莱恩（Steuchlein”）盖住，这是德国所有阶层的已婚妇女的标准装束。这种头巾是覆盖在被称为“乌斯豪博（Wulsthaube）”[27]的大衬垫支撑帽之上的。

[26] 这幅画的英文名称通常为 *Nuremberg Woman in House Dress*。——译注

[27] 斯陶希莱恩（Steuchlein）、乌斯豪博（Wulsthaube）均为德语音译，两者多为白色。乌斯豪博的外形较挺，略似蘑菇；斯陶希莱恩为头巾，细节变化较多。穿戴时，妇女先将乌斯豪博戴在头上，使头发拱起，然后外披斯陶希莱恩并将其绑扎起来。——译注

图 8.9 《穿家居装的纽伦堡妇女》，阿尔布雷希特・丢勒创作于约 1500 年。Veneranda Biblioteca Ambrosiana. Photo：DEA/G.CIGOLINI/VENERANDA BIBLIOTECA AMBROSIANA/De Agostini/Getty Images.

女人左手还拿着一块手帕。这幅素描揭示了有关服装结构的有趣细节，例如，打褶围裙延续到腰带之上，表明其显然是挂在脖子上的。该图还显示了日常服饰如皮质袋子的特征，而这些特征不一定会出现在正式绘制的肖像中。

版　画

版画可以从一个模板中复制出多张图像，而文艺复兴时期版画制作市场规模的快速增长是视觉信息在整个欧洲传播的关键方法。版画被用来传达信息，如一件艺术品的外观、一个人的面部特征或一种外国服装的时尚风格。它们通常包含被特别揭示的服饰细节，因为在缺乏色彩的情况下，线条会变得更加重要。不过，尽管许多版画都署有日期，但用它们来证明其所描绘的服装出现的时代可能有问题。版画经常在问世后再版，有时会有一些变化，这导致各种版本或“印本”的出现，所刻日期可能代表最初或后来的年份。版画创作有时也会基于更早时期的绘画作品，因此版画上的日期可能会给人某种暗示：存在一种比实际情况延续了更长时间的时尚。

亚伯拉罕·博斯（Abraham Bosse）[28]的版画是特别宝贵的原始资料，因为即便表现的是传统主题或圣经主题，它们也始终如一地展示着 17 世纪法国时尚和社会环境中的资产阶级人物。博斯的《司法宫的拱廊》（*La Galerie du Palais*）[29]（图 8.10）表现了 17 世纪 30 年代西岱岛[30]上的巴黎司法宫的三个拱门小店。

该版画是根据科尔内耶（Corneille）于 1632 年创作的戏剧《拱廊》（*La Galerie*）演绎而来，博斯描绘了衣着优雅的男女正在浏览店里摆出的商品的场景。[30] 画面右边，裁缝店陈列的商品包括立领、范达克领、打裥机件、女式帽子和袖带，它们被钉在陈列架上或装在堆叠的盒子里。中间的布商摊位售卖手套、丝带、口罩、围脖和扇子。画中有博斯自己设计的三把扇子，卖家选择了一个标有“eventails de Bosse”[31]字样的盒子来盛放。[31] 这样的版画不只展

---

[28] 亚伯拉罕·博斯是法国画家。——译注

[29] 这幅画的英文名为 *The Gallery of the Palace of Justice*。——译注

[30] 西岱岛是法国巴黎市中心塞纳河中的岛屿，是巴黎城区的发源地，著名的巴黎圣母院和圣礼拜堂都位于该岛。——译注

[31] “eventails de Bosse”为法语，意为“博斯之扇”。——译注

示了人们穿戴的是什么，还展示出时尚是如何与日常生活中人们的行为以及礼仪结合起来的。博斯对购物的描述既是一种奇观，又是一种社会活动——而且是妇女积极参与公共生活领域的一种新活动——这点在17世纪以来涌现的越来越多的文学和视觉资料中都有所呼应，包括1609—1610年问世的本·琼森（Ben Jonson）创作的喜剧《爱碧辛或沉默的女人》（*Epicoene or the Silent Woman*）[32]。32

图8.10 《司法宫的拱廊》，亚伯拉罕·博斯创作于约1638年。 The Metropolitan Museum of Art, New York.

[32] 《爱碧辛或沉默的女人》的英文名通常作 *Epicœne, or The Silent Woman*。——译注

尽管这幅版画所表现的时尚服装与其他视觉和文学资料中的时尚服装吻合，一些讽刺性的版画还是会使用夸张的手法来突出在当时受制于社会评论的服装元素。追求时尚的诱惑是一个反复出现的调侃性的主题。在 17 世纪 30 年代，在衣着打扮上刻意追求不经意的疏忽是非常时尚的做法，而该做法在博斯的版画中一些衣冠不整的骑士身上体现得淋漓尽致，这表明，观者必须意识到其中有带戏剧性和嘲讽意味的成分。不过，讽刺作品在帮助人们评估社会对时尚风格的反应方面是一个特别有用的工具，因为这些风格显然被时人认为值得效仿。

16 世纪时，第一本服装书问世，其中带有版画插图。[33] 可以将这些认为是 17 世纪末首次出现在法国的真正的时装版画的先驱，它们同时也表明对探索和分类的迷恋是文艺复兴时期一个非常具有普遍性的特点。最知名的早期服装书是由亚伯拉罕・德・布鲁因（Abraham De Bruyn，出版于安特卫普，1581 年）、让・雅克・布瓦萨尔（Jean Jacques Boissard，出版于巴黎，1581 年）和切萨雷・韦切利奥（出版于威尼斯，1590 年、1598 年）编撰的。这些书分层次地系统展示了来自不同民族、城市并具有不同社会地位的人物，是时尚男女、服装设计师和艺术家的灵感来源，同时也在国际上传播着服装风格。不过，人们在认识这些图绘的文献价值时必须始终与这样一种认识协调，即它们经常用刻板观念来宣传每个国家的人所穿的服装，而且艺术家的信息来源有时可能是口头描述而非直接观察。切萨雷・韦切利奥在《古代和现代服饰》第二册的开篇“论述”中承认，他对亚洲和非洲服饰的描绘是基于第二手报告，而不是基于自己亲眼所见或可靠的证据。[34]

壁毯画

到目前为止，本章论述的重点集中在传统的平面艺术——绘在画布、面板、灰泥墙、羊皮纸上的画，以及纸上素描或版画。然而，现在通常被称为装饰艺术的东西——服装本身就属于此大类——也经常描绘各种服装形式。在15世纪，壁毯画在细节刻画和技术水平上就已达到了一种非凡的水准，其在文艺复兴时期比油画的价值要高得多。同绘画一样，在创作壁毯画时即使是在描绘历史题材，创作者也经常将穿着当时服装的人物纳入画中。这一时期壁毯的主要生产中心是法国和低地国家或地区，尤其是阿拉斯和图尔奈。在织机上织出的壁毯通常是根据挂在经纱后面的全尺寸底图进行复制的。底图本身很少存世，因为它们通常创作于纸上并被多次重复使用或者分割成几片以方便设计方案的转移、管理。壁毯在保存方面也要经受特殊的压力，用于纱线的染料往往比绘画颜料更易褪色，尤其是羊毛线还会受到霉菌和虫害的侵扰。

《发现独角兽》(*The Unicorn is Found*）是生产于纽约的《独角兽壁毯画》（*The Unicorn Tapestries*）系列壁毯画的第二幅（图 8.11)。分析人物服装对于确定这张壁毯的生产时段（约1495—1505年）非常重要——特别是画中男人穿的圆头鞋的形状和他们的发型。服装也为确定狩猎队中各个人物的身份及其扮演的角色提供了线索，而这对于了解该画的叙事也有帮助。狩猎的贵族出现在画面的右上方，戴着一顶红色的帽子，帽子上装饰着一根硕大的羽毛，他穿着带有金线织成的石榴图案的紧身上衣，脖子上戴着金链。负责寻找猎物的训狗师出现在画面的左前方，他牵着自己专门训练的嗅探犬引路，同时用手指着独角兽所在的方向。他在蓝色马裤上穿着有保护作用的过膝皮裤，这种皮

图 8.11 《发现独角兽》(出自《独角兽壁毯画》),约 1495—1505 年。The Metropolitan Museum of Art, New York.

裤可以防止腿被荆棘和带刺灌木划伤,加斯顿·福波斯(Gaston Phébus)于 1387 年在风行一时的狩猎指南《狩猎之书》(*La Livre de la Chasse*)中就推荐了它。[35] 壁毯画中包含的细节非常多,显示了服装许多复杂的结构特征,包括男士紧身裤背面的接缝、固定遮阳布的系丝带点和狩猎号角的皮带上的装饰结。不过,尽管此画对文艺复兴时期的狩猎装进行了详细刻画,其风格很可能还是理想化的。男人们穿着的大量不同款式的紧身上衣、马裤、帽子和鞋为构图增添了多样性和趣味性,但服装形式的这些变化很可能是为了视觉效果而进行了夸张。

雕 塑

与我们讨论过的二维的原始视觉资料不同，立体建模的雕塑可从三维角度去表现一个穿着衣服的人。在这一时期，许多新雕塑形式被开发出来，其中就包括复兴的古典风格半身像。这种半身像从 15 世纪开始流行，制作材料广泛，包括大理石、彩色木、蜡、赤陶和青铜。如图 8.12 所示是一尊确定创作时间最早为文艺复兴时期的大理石半身像，创作于 1453 年。[36]

这尊雕塑表现的人物是皮耶罗·德·美第奇（Piero de Medici），最初放置在美第奇宫宫门上的一个壁龛里。模特穿着无袖束腰外衣，里面是一件织有许多堆砌的石榴图案的丝绒紧身上衣。束腰外衣的边缘上装饰着钻石环，这

图 8.12　皮耶罗·德·美第奇，米诺·达·费埃索（Mino da Fiesole）创作于 1453—1454 年，大理石雕像。Museo Nazionale del Bargello, Florence. Photo：y DeAgostini/Getty Images.

也是美第奇家的家纹，象征着力量和忠贞。虽然这尊大理石半身像的个性化特征受到古代雕塑风格的影响，但人物手臂处的水平截断及对服装细节的精细刻画是一种创新。[37] 与古代范例不同的是，15 世纪时大多数男性半身像下面都刻有模特的名字、艺术家的名字和日期，这在解读其所表现的服饰时很有用。不过，文艺复兴时期的许多雕塑都有局限性，那就是这些雕塑经常被塑成男人身穿汲取了古典风格灵感的盔甲，如皮耶罗·德·美第奇的弟弟乔瓦尼的半身像（Giovanni），而不是穿着皮耶罗他们所处时代的时尚服装。[38]

结 语

技术创新加上与文艺复兴有关的文化变迁，意味着在欧洲出现了比既往更多的原始视觉资料。人们对个性化的兴趣日益浓厚，这一点体现在作为一种流派的肖像的兴起上。这种偏好既反映在主体的面部特征上，也体现在他或她的服饰细节上。鉴于这一时期存世的服装实例稀少，这些原始视觉资料因而具有巨大的价值。本章虽然重点讨论的是最重要的原始资料的来源，但其他原始资料如陶瓷、彩色玻璃、马赛克和刺绣等也能被证明具有价值。

当然，原始视觉资料不能取代存世服装的价值。人们也不应该对其进行孤立的考察，而应最好同文学和文献资料——包括家庭开支账目、信件、回忆录、彼时的出版物和社会评论——进行对比。在相当偶然的情况下，可以将原始文学资料和原始视觉资料结合起来分析，就像艾萨克·奥利弗（Isaac Oliver）于 1616 年创作的微型肖像中绘制的第三代多塞特伯爵理查德·萨克维尔（Richard Sackville, 3rd Earl of Dorset，图 3.7）所穿的衣服那样。萨克维尔的一份1617年的清单清楚地描述了这套服装的一些细节，如宽松的短罩裤，“物品1，一条猩红色的布伦马裤，猩红色的格纹倒绒面料上饰满了沃切特真丝金银蕾丝，蓬松的倒绒面上绣满了太阳、月亮和星星”。不过在这份清单中，这套衣服只包括五件相配的物品（马裤、手套、长袜、帽子的饰带和靴用袜），并不包括我们在微型肖像中看到的紧身上衣、高底鞋、腰带和剑架。[39] 此种差异或许可以用这样的一个事实来解释：伯爵此时负债累累，已经卖掉了许多家产。

本章所探讨的许多艺术表现形式都显示出对描绘早期服饰风格特别是古典风格的兴趣，这种偏好在该时期之后仍在持续。15—17世纪的服装类型引起了后世艺术家的兴趣，比如盖恩斯伯勒（Gainsborough），他的模特所穿“范戴克（Vandyke）”服饰就是基于17世纪30年代的服装风格。[40] 不过，19—20世纪在服装书和百科全书中所进行的服饰“重绘”，可能会导致人们对文艺复兴时期的服装抱有一种非常不准确的、扭曲的和感性的观点。例如，此类插图中，维多利亚时代中期的女性有时会穿着被认为有吸引力的、带S形领口和低腰线的服装，展露出斜肩，而这完全改变了都铎王朝时期的衣着风格。[41] 因此，服装史学家必须始终确定他们所见乃是真正的文艺复兴时期的原始资料，没有经过后世的诠释——在结构、颜色甚至体型方面将后世美学强加给过去的美学。

第九章　文学表现

格里·米利根

罗兰·巴特（Roland Barthes）曾有一段著名的评论。他说，时尚是一种具有物质性词汇和语法的语言，不过他也坚持认为，时尚需要通过杂志、报纸和广告中的书面语言获得意义。[1]在文艺复兴时期的意大利，某些文本对服饰的描述方式可能会被巴特视为关于时尚的文学作品。这些作品包括服饰书，如切萨雷·韦切利奥的《古代和现代服饰》和贾科莫·佛朗哥（Giacomo Franco）的《威尼斯妇女的服饰》（*Clothing of Venetian Women*, 1610 年），这两本书都含有定义诸多社会类别和职业人群服饰的图像和文字叙述。此外还有更多针对服饰进行说教的文本，其中最具影响力的是巴尔达萨雷·卡斯蒂廖内的《廷臣》（1528 年）。这是一部被广为翻译的有关理想的廷臣形象的革命性著作。它对服饰和人的行为进行了深刻分析，并识别出一种同我们今天所知的时尚非常相似的服饰现象。事实上，欧亨尼娅·波利切利（Eugenia Paulicelli）就认为，现代时尚的概念化首先就是在意大利建立起来的，其主要是通过时代和卡斯蒂廖内实现的。[2] 因此，当“时尚（moda）”一词首次出现在阿戈斯蒂诺·兰普尼亚尼（Agostino Lampugnani）写的专著《租来的马车或服饰和时尚的习惯》（*The Rented Carriage or of clothing and fashionable habits*，1648 年）中时，意大利的时尚体系已经很好地建立起来了。[3]

我们对意大利文艺复兴时期的服饰和时尚的了解应主要归功于艺术史学家和材料史学家的工作，他们对如何生产、穿着和调整服饰，以及个人和共同体是如何通过服饰经济打造身份进行了探索。意大利文学学者也为此做出了贡献。根据一些优秀的研究成果，我们可以将文艺复兴时期的名著定位到现代时尚系统地图的坐标之中。[4] 这些历史学家和文学学者都在不同程度上关注文本（文学和其他表现形式）在文艺复兴时期的服饰方面能提供些什么信息，而对意大利背景下的服饰诠释学的研究则借助一些散见的文章展开，因而这一问题尚需更为系统性的研究。为了综合横跨文艺复兴时期的意大利文学中出现的某些服饰元素，本章不仅要研究那些公开论述着装的文本，还要研究那些将着装作为阅读和写作的叙事手段的文本，特别是那些用于表现身份政治而精心制作的文本。本章首先讨论文学对服饰隐喻的诠释，特别是披巾作为文学身份所构建的隐喻以及所起的物质性标志的作用，在后半部分则将转向论述衣着和身份转变的现象。

服饰及其诠释过程

彼特拉克（Petrarch）[1]在翻译完薄伽丘（Boccaccio）的《十日谈》（*Decameron*）的最后一篇小说——著名的格里塞尔达的故事后写信告诉作者，他用拉丁文换去了这则故事中的意大利文的衣服。[5]将文学比喻为衣服对彼特拉克来说并不陌生。他已经在《歌本》（*Canzoniere*）[2]的第125首和第126首中探讨了二者的这种关系，在这两首诗中，他把他的文本称呼为需要合适装扮以便抛头露面的女性。在第126首诗的最后几节中，他写道："若你拥有心仪的装饰，你便能大胆地离开这片密林，去到人间。"（126，vv.66-68）[6]在这些早期人文主义的开山之作中，彼特拉克称拉丁文与诗歌写作技巧是文学的衣服和珠宝，因此我们可以将他视为一位文学裁缝，一个为大众观者装扮自己文本之人。他在小说和诗歌中运用的隐喻不仅表达了女人要被男人打扮以供人观看的观念，还表明文本——也就是暗指人——会因装饰和服装的变化而发生根本性改变。服饰就像文学，不仅有可能被改变，还有可能主动改变。

两个世纪后，诗人路多维科·阿里奥斯托（Ludovico Ariosto）[3]没有描述他对拉丁文的选择，而是将他编织情节的叙事技巧描述为精心纺织一张"gran tela（大块布匹）(13.81)"。[7]阿里奥斯托称他的诗作《疯狂的奥兰多》（*Orlando Furioso*）为"布"，而不是人们常说的"挂毯"，这种区分很关键，因为布与

[1] 指弗朗切斯科·彼特拉克（Francesco Petrarca），意大利学者、诗人，被视为人文主义之父。——译注

[2] 《歌本》是彼特拉克所著抒情诗集，最初名为《琐事碎片》（*Rerum vulgarium fragmenta*）。——译注

[3] 路多维科·阿里奥斯托（1474—1533年），意大利文艺复兴时诗人，代表作为《疯狂的奥兰多》（也称《疯狂的罗兰》）。——译注

挂毯不同，它隐含着这是一种可被塑造和重塑造的材料之意。[8] 与彼特拉克相反，阿里奥斯托挑战的是自己、书中人物和读者，他要塑造和设计这块布并赋予其意义。

这一过程体现在长诗第 26 章，该章讲述了一位骑士要为占有玛菲莎而战。在其中一节中，女骑士玛菲莎穿上了女性化的衣服而不是她通常披挂的盔甲。一位敌方骑士看到玛菲莎，臆断她是一名他可以通过击败其男性同伴而赢得的女人。在将玛菲莎一方的男人们打落马下之后，这位敌方骑士声称玛菲莎是自己的财产，因为在他看来，这是他作为男人和胜利者的权利。此时，仍然穿着女性化的衣服的玛菲莎解释道，此种行径通常会被许可，然而她并非自己身着的服饰所暗示的那种女人（26.79）。说完后，玛菲莎脱下裙装，准备换上盔甲。阿里奥斯托中断了关于衣着的转变的描述，转而告诉读者，仅仅是穿上紧身上衣，玛菲莎的身份就已经改变："她样貌英俊、身体匀称，除脸之外，都与马尔斯 [4] 别无二致"（26.80）。[9] 在此，叙述者描写了一个由服饰决定性别的混合体，而玛菲莎的性别身份以男性他者凝视的角度二次投射到她身上，显得很有说服力。

在这一段中，阿里奥斯托对穿着、社会身份和其所起作用之间的斗争进行了评论。这个场景与典型的文学作品中的异装癖不同，因为在这个案例中，读者并没有误解玛菲莎的性别身份。从某种意义上说，当敌方骑士遇见玛菲莎时，她只是一个以穿着女装来伪装自身的女人。玛菲莎和她的女装之间关系的断裂，强调了她的行为与社会规范的差异。事实上，她在大胆地拒绝在将妇

[4] 马尔斯（Mars），希腊—罗马神话中的战神。——译注

女当作男人间的交易品的经济模式中充当被动的参与者时，首个反抗行为就是脱下自己的女性化服饰。虽然我们并不清楚这里的女性化服饰是女性脆弱的标志还是让女性变得脆弱的手段。在这样的情节中，阿里奥斯托促使读者也开始思考自己的性别在身份构建过程中所扮演的角色。是作者(如彼特拉克)给身份穿上衣服并加以改造；还是读者通过把欲望投射到个人身上来使其身份可能符合相应的社会类属（尽管它们可能不完美），从而创造意义？个人在多大程度上可以抵制这样的分类，或者只是用一种服饰换取另一种服饰？我们现在要研究的正是作者、读者、欲望、身份和服饰之间的这种紧张关系。

披　巾[5]

文艺复兴时期的文学作品中最有意义的服饰也许就是披巾。披巾在早期意大利传统文学中无所不在，它还是最常用的隐喻性服饰，象征着写作和阅读的自反性行为。[10]披巾在文本中既是一种物质层面的服饰，又是一种隐喻；而它作为一种隐喻时，我们可以将它理解为神学上的灵魂的肉体披巾，或者在一些情况下更为直接地将它理解为基督教的虔诚。此外，披巾也可以象征真理的模糊性，对但丁来说，这件衣服也是对文本本身的隐喻。在《神曲》(*Comedy*）中有一个令人难忘的时刻——但丁告诉读者，要在他的诗歌披巾下察觉到真理："现在看吧，看看隐藏在 / 我那奇怪的诗句披巾下的深意。"(Inf.9.62-63）[11]

[5] 英语中"veil"一词可泛指面纱、头巾、披巾等诸多遮挡用的纱巾，在本卷，后文中一般将"veil"译为披巾，少数情况下根据语境译为面纱、头巾等。——译注

相比但丁，彼特拉克更多地使用了披巾的隐喻来表现模糊和透明、世俗和神圣的对立。彼特拉克之后的作家和视觉艺术家都借鉴了他关于披巾将作为人类矛盾性的标志的描述。在阿格诺罗·布朗齐诺（Agnolo Bronzino）为诗人劳拉·巴蒂费里（Laura Battiferri）画的肖像里，诗人就戴着透明的披巾、拿着彼特拉克的十四行诗集，而这只是以对立（即色情和贞洁）的方式来解读披巾含义的一个例子（图 9.1）。

彼特拉克的诗意披巾也为我们从莱昂·巴蒂斯塔·阿尔伯蒂（Leon

图 9.1 《劳拉·巴蒂费里的肖像》，阿格诺罗·布朗齐诺，约 1555 年，布面油画。Palazzo Vecchio, Florence. Photo：DeAgostini/Getty Images.

Battista Alberti）[6] 的光学解释中发现有关披巾的创新概念奠定了基础。对阿尔伯蒂来说，披巾能掩盖真相，也能澄清真相。在他的专著《论绘画》（*On Painting*）中，阿尔伯蒂提出，即将成为艺术家的人要透过披巾观看其希望再现的一切物体。阿尔伯蒂坚持认为，没有什么“比披巾更容易”使模仿成为可能，因为人们只有在透过披巾的经纬线观看物体时，才能将物体的轮廓和外形看得最真切。[12] 阿尔伯蒂的物质披巾最初看上去可能与但丁的必须“揭开”的诗歌披巾或彼特拉克的矛盾披巾没有共同之处，但它们确实唤起了相同的功能。所有这些披巾都在引诱读者去凝视——或许去阅读——因为人们必须“阅读”这些披巾，才能形成观念——所形成的即便不是真理，也至少是真理的艺术表现形式。

关于彼特拉克的诗歌，玛格丽特·布罗斯（Margaret Brose）[7] 认为，当我们从但丁转到彼特拉克时，作为服装品类之一的披巾的隐喻情境就从寓言过渡到恋物，它成为补偿先验身体损失的“欲望的再物质化场所”。[13] 这是一种对贞洁披巾进行的色情化，是保利切利（Paulicelli）[8] 所指出的一种在 16 世纪意大利文艺界出现的现象。此时，披巾从神圣的象征变成了世俗的配饰。[14] 在彼特拉克的《歌本》中，披巾成为恋物对象，完全取代了女人。这一过程在《歌本》第 52 首诗、著名牧歌《阿克泰恩和戴安娜》（*Actaeon and Diana*）中特

[6] 莱昂·巴蒂斯塔·阿尔伯蒂（1404—1472 年）：文艺复兴时期意大利的建筑师、作家、语言学家、哲学家等，是当时的一位通才。他将文艺复兴时期的建筑营造提高到理论高度。其代表作有《论建筑》《论绘画》《论雕塑》等，其中《论建筑》于 1485 年出版，是当时第一部完整的建筑理论著作。——译注

[7] 玛格丽特·布罗斯（Margaret Brose），加利福尼亚大学圣克鲁兹分校文学系教授。——译注

[8] 尤金妮娅·保利切利（Eugenia Paulicelli），纽约市立大学昆斯学院和研究生院的意大利研究、比较文学和妇女研究教授。——译注

别明显。在奥维德讲述的这个神话中，阿克泰恩碰巧看到处女神戴安娜和她的宁芙在水池中洗浴。[9] 戴安娜被阿克泰恩注视的目光激怒，将他变成了一头牝鹿，无法说话的他随即被他的猎犬吞噬。彼特拉克修改了奥维德的神话——他的爱人没有沐浴，而是清洗了她的披巾。在诗歌中，诗人所凝视的不是一位女性的裸体，而是在她双手间的布料。

> 戴安娜的爱人从未如此快乐，
>
> 直至偶然得窥女神全身赤裸。
>
> 他看到女神在清寒的水中洗浴，
>
> 比起单纯的山中牧羊姑娘，
>
> 她洗濯的迷人金发和在风中飘扬的美丽披巾，
>
> 更让我欢喜。(52.1-52.6) [15]

戴安娜的披巾和作为恋物对象的披巾在彼特拉克之后继续出现在艺术和文学作品中。提香（Titian）的取材奥维德神话的画作《戴安娜和阿克泰恩》（*Diana and Actaeon*, 1556—1559 年）就采用了一种特别“彼特拉克”的模式，将披巾从一块增加到数块，一个概念通过戴安娜的披巾在水中的倒影被强化（图 9.2）。[16]

此外，这幅画还使用了以男性为主体的多重视角手法：阿克泰恩和可能为

[9] 阿克泰恩和戴安娜的故事来自奥维德的《变形记》。戴安娜是罗马神话中的女神（对应希腊神话中的女神阿耳忒弥斯），终身保持贞洁；宁芙（nymph，也译作“精灵”）为戴安娜的侍从和同伴，是生活在森林中的一群女神，一般是美丽女子的形象。——译注

图 9.2 《戴安娜和阿克泰恩》，提香作于 1556—1559 年，布面油画。The National Gallery London/The National Galleries of Scotland. Photo：National Galleries of Scotland/Getty Images.

男性的观者视角。当阿克泰恩敏捷地抛开一块类似披巾的布料时，他所处的位置让他能够看见戴安娜就在面前，而画作的观者却发现戴安娜此时正转身离开。因此，观者也许比阿克泰恩更像彼特拉克：他们被动看到的披巾——实际上有多块披巾（和多个女人），还是作为代表戴安娜裸体的恋物标志。

塔索的《阿明塔》中的披巾

文学作品中，托尔夸托·塔索（Torquato Tasso）那部极具影响力的田园剧《阿明塔》（*Aminta*，1573 年上演）对披巾意义的运用达到了极致。披巾象征着女性的贞洁和性，身份的变化以及人类在辨识真相方面的局限性。塔索笔下的披巾满载着如此这般的意义，与莎士比亚所著《奥赛罗》（*Othello*）中的手帕即关于苔丝狄蒙娜的不贞的“亲眼所见的证据”非常类似，不过在莎士比亚看来，该证据在根本上就悲剧性的不可靠。[17] 在塔索和莎士比亚笔下，当身份以一片布来隐喻时，它就为真实事件甚至是暴力事件提供了发生的催化剂。

《阿明塔》的情节是围绕着与此剧同名的主人公对贞洁的宁芙西尔维娅的爱展开的。西尔维娅不屑于所有男人的爱，而她的披巾，就像彼特拉克表达的那样，是将她的身体与男人分开或者更确切地说是与男人的凝视分开的关键之布。简・泰勒斯（Jane Tylus）[10] 注意到披巾在该剧中的核心地位，她的论点集中在塔索将披巾表述为异化的象征和现代发明。揭去披巾的黄金时代同遮盖得密不透风的现代之间不断出现对比，披巾既是象征，也是将欲望内在化、异化和约束欲望的工具，是该剧的塔索版本里的当下时代的印记。[19] 剧中合唱团唱道，在黄金时代，“赤裸、年轻的处女也会展示她那新鲜的玫瑰，现在它却被披巾遮盖”（*I.chorus*.598-601）。[20]

西尔维娅用披巾保护自己清白的做法遭到了愤世嫉俗的宁芙达芙妮的质疑，达芙妮声称，西尔维娅在水池被男人凝视时，用披巾作道具来吸引男人的注意。“她弯下腰，看上去仿佛迷恋自己，她向池水请教该如何打理她的秀发，而她秀发上的是披巾，披巾上面有她的花朵。”（II.ii.134-140）[21] 如果说塔索通过暗示披巾起到了既阻碍又吸引恋人的作用从而让女性运用披巾的方式变得复杂，那么他也将这种矛盾性延伸到了男性身上。

看起来，阿明塔是一位天真的爱人；但他也曾假装嘴唇被蜜蜂蜇了，从而

---

[10] 简・泰勒斯（Jane Tylus）：美国耶鲁大学比较文学教授。——译注

获得西尔维娅的同情之吻。他欺骗的先例让他的天真受到怀疑，而且这让人很难分清阿明塔是真的天真无邪，还是在继续以行之有效地唤起同情的方法来勾引西尔维娅。这种不确定性在剧中最重要的时刻被凸显出来。我们看到，阿明塔和他的朋友提尔西在树林里发现了西尔维娅，当时她被一个萨梯[11]赤裸裸地绑在树上。此刻，西尔维娅是一个脆弱、赤身裸体、被束缚的女人，而一个相当重要的事实是，阿明塔在将她解下来时挪开了视线。泰勒斯认为，他的行为反映了一种内在约束准则，这给原本赤裸的女人蒙上了“披巾”。[22] 这也就是现代社会强加给法庭的文明“披巾”，甚至它或许比实际的那种半透明物质——布料更有效，因为这种约束很像该剧第一幕的合唱中所谴责的荣誉“披巾”：“你，荣誉，首先遮挡了快乐的泉源……让美丽的眼睛只能向下看。”（*I.chorus*.603-611）

在西尔维娅被解开并逃入森林后，是她真正的披巾推动了核心情节的发展。一位宁芙声称，西尔维娅一定是被狼杀死的，她向剧中人物和观者展示了被撕碎的披巾。“这是她的披巾！”这一时刻是这部叙事剧中为数不多的叙事戏之一，这段情节在1583年该剧的阿尔丁（Aldine）版本版画中有所强调（图9.3）。在这幅木刻版画中，前景是西尔维娅被绑在树上的身体（这一幕实际并没有上演），而画面中部的背景则是手持被撕碎的披巾的信使。这幅画强调了阿明塔是如何占有披巾的，而这块布料在塔索和彼特拉克处都代表了西尔维娅的身体。让人浮想联翩的是，披巾是该剧中为数不多的道具之一，这个标志性物质具有的稳定性同其象征意义的不断变化形成对比。当然，这也是一个误会

[11] 萨梯：Satyr，希腊神话中森林里的神祇，以好色著称。——译注

图 9.3 《阿明塔》(托尔夸托·塔索,1573 年)版画,第三幕,萨梯试图强奸西尔维娅,阿尔丁版,1583 年。Photo：DEA PICTURE LIBRARY/De Agostini/Getty Images.

出现的标志，因为西尔维娅还活着。

陷入痛苦的阿明塔试图自杀——这可能是出于真诚，也可能不是；而戏剧的结尾是西尔维娅出于怜悯最终向阿明塔让步。这部剧传递的信息，更确切地说，是披巾传递的信息，被有意无意地模糊了。我们不确定阿明塔是否相信西尔维娅的披巾真的是不可穿透的，或者他是否掩饰了自己的引诱策略。毕竟，正是他对披巾的运用最终为他赢得了奖赏——西尔维娅。我们无从知晓阿明塔是那个会挪开视线、用荣誉的“披巾”遮住西尔维娅的纯真牧羊人，还是已经蜕变成一个将欲望掩盖在伪装出来的尊重的“披巾”之下的新式情人。或许对塔索来说，这两种披巾早已变得无法区分。

我们对塔索的披巾进行反思，就能明白这种配饰为何在文学作品中如此受欢迎。披巾本身就是一种对人类环境中的不确定性和模糊性的物质隐喻。戴上披巾可以表示伪装纯真或真实。这种欺骗不一定是负面的，相反，它是生产虚构故事的一种中介。披巾是一种工具，它允许人在新潮和恭敬的虚伪领域宣示自己的无辜。实际上，披巾是在一个充满欺骗的世界里存留的纯洁的残迹——或者至少是其标志。

披巾与身份：妓女与修女

即使是物质性的披巾也具有隐喻和对立的含义。根据诸如禁奢令等法律所规定的风俗习惯，可以通过披巾来识别寡妇、修女、妓女和未婚处女。根据加科莫·兰特里（Giacomo oLanteri）的《经济学》（*Economica*,1560 年）一书记载，威尼斯的一条法律规定未婚女性应戴上披巾，这样“男人可以远离淫乱，不会变得娘娘腔和软弱，而是变得阳刚，灵魂和身体都会变得强壮。”[23] 兰特里称，女性会用披巾遮住脸，但与立法者的意图相反，她们还会把衣服拉下来露出乳沟，使得“她们显得比不戴披巾时更淫荡”。[24] 根据兰特里的说法，披巾没有标示未婚女性的贞洁，反而标示着女性在性方面的可得性。

出于种种原因，也经常有将披巾强加给妓女的法律出台。这些法规旨在从视觉上区分贵族妇女和妓女，因为妓女也积攒了相当可观的财富和服饰。妓女被要求戴上黄色披巾的情况并不少见，这种颜色自中世纪开始就一直被用来标记边缘群体。[25] 一些文献指出人们要区分妓女和“女士”是十分困难的，例如切萨雷·韦切利奥在《古代和现代服饰》里就写道：“在现在的罗马城，歌妓的穿着是如此精美，以至于几乎没人能将她们与城里的贵妇区分开来。”[26]

韦切利奥关于妓女的叙述和相关图像揭示了针对着装的欲望和焦虑之间

到底有何联系。事实上，妓女和贵妇在视觉上的相似性既是令人们不安的根源，也是情欲的乐趣所在。韦切利奥对威尼斯妇女的论述就显现出这种矛盾态度。韦切利奥指出，威尼斯的妓女看起来很像寡妇，因为两者都戴着相当长的披巾。而根据他对这两类妇女的描述可知，能区分两者的是她们的行为而不是服饰。妓女会从披巾中探出头来窥视四周，还会微微掀起她们的裙角（图9.4）。[27]

妓女与寡妇相似的外表也可能意味着她们同样具有独立地位（图9.5）。同妓女一样，寡妇是一类在某种程度上脱离丈夫或父亲控制，可以按自主风格在世界上通行的妇女。寡妇的外表所引发的焦虑或色情冲动，足以激发艺术家

图9.4　古代服饰：全面收集由提香和他的兄弟切萨雷·韦切利奥描绘的图画，根据世界各国情况编制。切萨雷·韦切利奥绘制。Image courtesy Hathi Trust.

图 9.5 古代和现代的全球所有民族和国家的戏剧及他们的各种衣服和装饰品，由根特的 Luc Dheere，Lucas d'Heere（1534—1584 年）绘制。Image courtesy Universiteitsbibliotheek, Gent Library.

经常性地描绘身着寡妇服饰的妓女从布料间探出头来的形象。

这种性滥交和虔诚的寡妇身份的矛盾性在服饰书以外的文学文本中也有所反映。乔瓦尼·薄伽丘（Giovanni Boccaccio）[12] 的《大鸦》（*Corbaccio*，约创作于 1355 年）讲述了一位去教堂的寡妇在男人面前掀开披巾，因为她知道自己的白皙脸庞在黑布的衬托下会显得很美。[28] 另一边，斯特凡诺·瓜佐（Stefano Guazzo）在《民间对话》（*Civil Conversation*，1574 年）里写道，无论她们的行为如何，戴着披巾的寡妇都是声名狼藉的。“最聪明和最诚实的寡妇都是像刺一样的舌头频繁攻击的目标，这些不幸的妇女似乎越是用黑纱遮住头部和眼睛，就越能燃起他人灵魂中的欲望，让他人试图在她们身上找到一

[12] 乔万尼·薄伽丘（1313—1375 年）是意大利文艺复兴时期佛罗伦萨作家、诗人、人文主义者，以故事集《十日谈》留名后世。——译注

些过错。”[29] 看起来，披巾不能确保一个女人的谦虚身份，虽然这是它原本所代表的意义。

在与披巾有关的妇女中，最突出的便是修女。事实上，和今天一样，在16世纪“戴披巾”这个短语也意味着一名女性成为一位修女。不过，正如作家兼修女阿坎格拉·塔拉博蒂（Arcangela Tarabotti，1604—1652年）提醒我们的那样，许多年轻女性是被迫戴上披巾的，这违背了她们的意愿。在塔拉博蒂的总结中，仪式性的法衣不仅是一种服饰，更是对宗教信仰的嘲讽。她表示，过去不愿成为修女的女孩可以离开修道院，但在她自己所处的时代早已不再如此做：

> 只要她们戴上披巾，就“一切都会好起来”。不管如何抗议，她们的祈祷都是徒劳。所以她们只在表面上奉行仪式；她们拥抱“新郎”耶稣[13]，假装进行仪式；她们嘴上将自己的心奉献给他，但实际上仍然属于这个尘世。[30]

无论女性本人的宗教信仰或生活抱负如何，修女的披巾是创造和象征身份之物，或许是违背她们意愿的。

[13] 基督教里惯常将修女比喻为耶稣的新娘，故有此语。——译注

服饰身份

在本章的前面部分，我们探讨了通过以披巾为隐喻及物质服饰来塑造身份的方式。本章的其余部分将讨论服饰转变现象标志身份转变的方式。我们将从文艺复兴时期的两则对圣经故事的重述开始讨论，它们体现了服饰转变与个人蜕变或宗教转换的不同之处，因为它们始终保留着可逆转的特点。服饰是表达不稳定身份的完美工具。

圣经中最著名的、被描述为通过服饰改变身份的两位女性是以斯帖（Esther）和犹滴（Judith）[14]。两人都是身份转换过程中的主动者，而且对于坏男人来说都很危险。以斯帖从一个隐藏了犹太身份的端庄妻子转变为一个珠光宝气的大胆王后。发生转变的事实本身让她得以暴露自己的身份，同她的丈夫——国王进行谈判，并说服他不要屠杀整个犹太民族。另一方面，圣经故事中的犹滴开始只是一个衣着简朴的悔过的寡妇，但在她居住的城市被一支军队围攻时，她穿上了精美的衣服并“用她所有的饰品打扮自己”[《犹滴传》（*Judith*）10:3]，以吸引指挥攻城的将军的注意。正如圣经故事所讲述的，以斯帖不仅成功说服了她的丈夫放过犹太人，还处死了所有进谗言欲对犹太人不利之人。当然，犹滴也砍下了将军荷罗浮尼的头。这两个文本都提供了关于伪装和服饰在女人欺骗男人方面所扮演的角色的矛盾信息，它们因此很受创作者欢迎，经常在欧洲各地的视觉表现中出现（图 9.6、图 9.7）。

具诱惑力的女性服饰和化妆品（对于男人）的危险性是文艺复兴时期文学

[14] 以斯帖出自《圣经·旧约》；犹迪出自《圣经·新约》，但新教怀疑《犹迪书》的真实性而往往在《圣经·新约》中将其删去，天主教和东正教一般保留此篇。——译注

图 9.6 《亚哈随鲁王面前的以斯帖》(*Esther before King Ahasuerus*)，卡斯帕·范登·霍克（Caspar van den Hoecke），17 世纪，布面油画。Kunsthistorisches Museum, Vienna, Austria. Photo：Imagno/Getty Images.

图 9.7 《带着荷罗浮尼头颅的犹滴》(*Judith with the Head of Holofernes*)，卢卡斯·克拉纳赫（Lucas Cranach），约1530年，木板油画。Kunsthistorisches Museum, Vienna, Austria. Photo：Getty Images.

作品的核心话题之一，不过在这些故事工具被用于表现神性的好处时，即便是在最好的情况下，其提供的信息也是有问题的。杰罗姆（Jerome）是圣经的翻译者，也是基督教妇女正确着装方面的作家，他尤其对犹滴的故事感到不安。[31] 他宣布这本书是次经[15]，还在自己的译本中加入了注释，解释犹滴的美貌和衣着具有神性而非情欲的源头："上帝增添了她的美貌……因为所有这些装扮都不是源自感官，而是源自美德。"[32] 难怪在文艺复兴时期的艺术表现中，犹滴被描绘成身穿各种各样的服饰的形象——从简单到华丽，从"全副武装"到赤身裸体。[33]

卢茨雷斯·托纳布尼（Lucrezia Tornabuoni，1425—1482 年）在她讲述犹滴和以斯帖故事的文学的诗化中特别强调女主人公的服饰，以解释她们因何能在有权势的男人的世界中立足。当以斯帖接近丈夫、暴露了自己的犹太身份时，她的穿着让她看起来"每一寸都像王后"。[34] 此外，她的脖子上戴着一颗大宝石，托纳比尼告诉我们，这颗宝石是"无价之宝"。描述这一独一无二的珠宝可能是为了让读者想起 14 世纪时被当作嫁妆还礼给一位佛罗伦萨新娘的吊坠——就像一幅被认为是吉妮芙拉·德安东尼奥·卢帕里·戈扎迪尼（Ginevra d'Antonio Lupari Gozzadini）的新娘画像所展示的那样（图 9.8）[35]。

托纳布尼，一位来自美第奇家族的统治者的妻子，在自己撰写的一部文学作品里将以斯帖王后描绘成使用服饰的视觉语言来与自己的丈夫谈判，这相当具有暗示性。这点与阿德里安·W.B. 伦道夫（Adrian W.B.Randolph）所解

[15] 次经（apocrypha）：或称第二正典，圣经中属于"第二次正典"的经卷，是一批在《圣经·新约》正典之后出现的犹太典籍或著作。这里提到的"这本书"即《犹滴书》。——译注

图 9.8　一个女人的肖像，可能是吉妮芙拉·德安东尼奥·卢帕里·戈扎迪尼，被认为是窗格画艺术家绘制，约 1485—1490 年。Metropolitan Museum of Art, New York. Robert Lehman Collection, 1975.

释的冲动是一致的：在佛罗伦萨，新娘通过佩戴新娘吊坠或胸针使“新娘”身份“清晰可辨”。[36] 在这种情况下，以斯帖脖子上戴的饰物正是她婚前贞洁的象征，而贞洁是一件价值被号称“无价之宝”的珠宝掩盖的礼物。

在托纳布尼讲述的犹滴的故事中，我们发现她采取了不同的修饰手法，这很可能是为了调和一个未婚女子勾引外敌所引发的道德争议。与其他人对这个故事的阐述不同，这首写于 15 世纪的诗没有用性感来描述犹滴，也没有把她的衣着描述为色情的或特别奢华。相反，在犹滴换上精美的衣服后，托纳布尼反复描述她非常“纯净”，以至于看上去就是“一位小天使……从天堂降临”。[37] 此外，敌军将领荷罗浮尼也被改编了。他被犹滴的打扮震撼，“残暴的心变得如常人一般”。[38] 他也试图通过改变衣着来吸引犹滴。他穿上短款紧身上衣、梳理好胡须，在帐篷里跑来跑去，心情愉悦地等待她的到来。如果这位新情人让我们想起了意大利经典文学传统中因女人的爱而升华的男人形象，那么当犹滴出于神之正义而杀死荷罗浮尼时，托纳布尼肯定也是在探讨这个经典问题。托纳布尼在改编这个故事时，强调的是一种超越优雅的情爱传统的道德观。改变衣着，甚至为了爱一个女人而心软，都不能代替皈依上帝或与上帝和解。

性别认知

在许多文本中，服饰即使不能改变一个人的性别，也能改变公众对此人性别的认识。这种转变会被表述为标准的易装癖案例，即主体在主观上希望他或她的性别被误认，或者因服饰被腐蚀而引起的性别转变。在阿里奥斯托写的《疯狂的奥兰多》中，性别和服饰的关系问题出现在第 32 节中，当时女战士布拉达曼特（Bradamante）身穿盔甲来到特里斯坦城堡。[39] 在特里斯坦城堡外，布拉达曼特打败了几位骑士，获准进入城堡。在观者看来，当她摘下头盔、露出一缕长长的金发时，她就从男性变成了女性。然而这种转变并不完全：她继续身披盔甲，盔甲正是当初让她成为（别人眼中的）男性的服饰。她的性别带来了一个问题，因为特里斯坦城堡对男性和女性入城有着不同的规则：男性比武，女性需参加选美比赛。不过，布拉达曼特对城堡主人做出了回应，挑战性别、服饰和性的一致性规则：

> 还有很多人留着长发，
>
> 如我一般，但这并未让他们成为女人。
>
> 我该像一名骑士还是如同一位女人进入（城堡），
>
> 非常清楚：
>
> 为何你希望称我为女人，
>
> 即便我的每个举止
>
> 如同男人？……（XXXII）[40]

布拉达曼特表示，城堡主人根据她的头发判断她是个女人，这种思路就像他先前因为她穿着盔甲而判断她是名男骑士一样。既然她的举止都是属于骑士的行为，那么为何她的头发的意义压倒了先前的服饰和举动的？意味深长的是，布拉达曼特声称自己能呈现出想要的性别，而讽刺之处在于，她的性别表达犹如一种表演，既受制于她所穿的衣服，又为这些衣服所促成。迪安娜·谢梅克（Deanna Shemek）就一针见血地指出，盔甲或“金属边界”分割了布拉达曼特必须调和的各种身份。[41] 但这个边界也具有惊人的可塑性，因为布拉达曼特可以通过装扮她的盔甲来创造一种性别模糊性。通过穿着，她在不同性别间游走；她创造了一种“补充”身份，一个可能既非男性亦非女性的骑士身份。[42] 如果她不打算脱衣服，她就会问，人们如何知道她是女性：

> 我既不是以女人的身份来到这里，

也不希望作为女人获得好处。

假如我不曾脱衣，

谁能说，

我是或不是那个“她”呢，

不为人知的事不应说出口。（XXXII.3-8）[43]

布拉达曼特暗示，脱掉衣服意味着将结束她的暧昧游戏，我们不仅不能确定在盔甲下会发现什么，还会意识到这种发现不受布拉达曼特欢迎。金发披在盔甲上，说明布拉达曼特选择了展示一种重叠的性别。这与《疯狂的奥兰多》里的人物玛菲莎不同，玛菲莎是一位女战士，她声称自己的处女身份被女性服饰不准确地代表了。布拉达曼特则反以服饰作为武器，在那个狭小的空间中攫取更多的权力——超过从假定的男女二元对立中所能获得的。[44]

男人被衣服改造性别的情况则有些不同。虽然偶尔有一些戏剧情节［如《上当者》（*The Deceived*，1532 年）］涉及男性角色被误认为女性；但更有趣的情况——男性转变为女性是出现在批判男性气质的文本中的。[45] 在许多作品中，服饰“怂恿”性别“做出改变”；而在其他文本中，服饰只是一个已发生改变、被女性化的男人的标志。因此，服饰可以标志人物的女性化，也可以成为一种使人物女性化的力量。

和古代的赫拉克勒斯[16]一样，阿里奥斯托和塔索所著史诗中的英雄们被女人诱惑，从“男性”战士变成了“娘娘腔”爱人。在《疯狂的奥兰多》第 7 节

[16] 赫拉克勒斯：希腊神话中的英雄，一位半神，天生力大无穷。——译注

中，鲁杰罗被描述为从根本上被女巫阿尔西纳的爱改变了。阿尔西纳以前的情人变成了各种植物，而鲁杰罗被阿尔西纳改造得更沉溺于平静的生活，服饰成为这种改变的标志："他的衣服柔软得令人愉悦，这暗示着他的怠惰和耽于享乐。"（7.53）他用宝石和项链作装饰，他的身体甚至出现了女性化倾向。"他两只手臂，迄今为止是如此的阳刚，现在每只手臂却都被一只有光泽的手镯紧紧圈住。"（7.54）这种性别上的变化也带来了道德上的变化，正如叙述者所解释的那样："他的一切都变得软弱，除了他的名字；其余都是腐烂和衰败的。"（7.55）塔索也是这样描述英雄里纳尔多爱上了美丽的阿米达后的状况。骑士同伴发现里纳尔多时，他和鲁杰罗一样披挂着珠宝、精美的衣服而不是武器。凝视着盾牌上倒映出的自己，里纳尔多为自己的外表感到羞愧，特别是在他注意到自己的剑因奢华而"变得如女子般软弱"，成了"无用的装饰品"而不是"军事工具"时。（16.30）他放弃自己的这种转变并恢复具有"美德"的战士身份，其象征性的动作就是毁掉他华丽的衣服，仿佛毁掉衣服就能抹去一度存在的假定身份："将他空虚的时装和那些毫无价值的奢侈品撕成碎片，这曾是他悲惨的奴役生活的标志。"（16.34）

男性服饰与性别身份之间的联系也是说教文本和道德文本的核心要素。这些作品暗中争论的矛盾点在于，到底是服饰本身腐蚀了男人，还是说这只是社会腐败的一个征兆？在关于文艺复兴时期意大利青少年的著作中，伊拉里亚·塔代伊（Ilaria Taddei）解释说，在15世纪，人们担心装饰品会腐蚀男孩的心灵，因此在各种禁奢法案中甚至对14岁或18岁以下的男孩的装扮进行了规范（图9.9）。[46]

诸如佛罗伦萨在1497年发布的裁决等禁止14岁以下的男孩穿戴黄金、

图 9.9 《圣伯纳迪诺的奇迹》(*Miracles of St. Bernardino*) 中衣着考究的年轻人，1473 年，皮埃特罗·万努奇即佩鲁吉诺（约 1450—1523 年）创作，蛋彩画。Galleria Nazionale dell' Umbria. Photo：De Agostini/Getty Images.

丝绸质地以及带刺绣的服饰，因为时人认为青春期是一个危险时期，正常的男性气质有可能在培养过程中被服饰腐蚀。同样地，佛罗伦萨医学教授弗朗西斯科·蓬塔诺（Francesco Pontano，1428—1435 年）在著作《论少女的整体性和完美状态》(*On the Whole and Perfect State of Maidens*) 中警告说，浮华和饰品会将（本应接近天使）的男人贬低到“低于猪”的地位。这些“最污秽的男人（scelleratissimi maschi）”涂白他们的脸颊和脖子，去除体毛，剪短并染亮他们的头发，这些举动让他们处于“既不属于男人也不属于女人”（13-30）的状态。[47]

蓬塔诺的论文并非孤例。在 Quattro 和 Cinquecento[17] 时期，许多作家将世界上的诸多弊病归咎于男人的发型、剃光胡须的脸颊和华丽的服饰。这些作家特别关注年轻男性，因为男性化在当时被视为一个发展的过程，[48] 而青春期则被认为是最不稳定的年龄段，甚至像作家西尔维奥・安东尼奥（Silvio Antoniano）在《关于儿子的基督教教育的三本书》（*Three books on the Christian education of sons*，1584 年）[49] 中所描述的那样，是“最危险的（pericolosissima）”。危险来自这一时期的男性缺乏自制力，涉及青春期男性的性本能的情况更是如此，而控制这些男孩的最好的方法之一就是规范他们的发型和衣着，消除任何可能让他们在公共场合以“一个受到影响的女孩（una vezzosa femminetta）”的形象出现的东西（1.2）。[50] 大多数道学家“仇视”男性的着装，因为它会对他们认为合适的男性气质构成威胁，而许多作者也提到过现实世界对男性选择服饰的影响。安东・弗朗切斯科・多尼（Anton Francesco Doni, 1513—1574 年）在表达口语化和直率的作品《大理石》（*The Marbles*）中做了清楚的解释：如果世界走上了一条“邪路”，那便是因为男人变成了女人；而这种转变是危险的，因为男人已经把剑换成了线轴。在下面这段话中，我们看到，男人的合适的服饰是指用于统治和保卫共和政体的服饰；娘娘腔的服饰的出现不仅是意大利主权丧失的结果，更是其最主要的原因：

[17] 意大利语，“Quattro”指 15 世纪意大利的文艺，“Cinquecento”特指 16 世纪意大利的文艺。——译注

> 让我来发泄我对那些变成女人的男人的愤怒……你们戴着胸针、小奖章般的项链垂饰、羽毛、小帽子、小仪典剑、喷了香水的手套，变形的纽扣、小项链，带装饰性开叉、超大的装饰性开叉的衣服围着我转。哦，你看起来就像年轻的美女！男人的衣服是头盔和托加袍，是代表着领导、治理、获取和保卫共和政体的服饰。[51]

服饰的表现

如果说服饰能将乞丐变成贵族、把寡妇变成妖媚的情人、把男人变成女人，那么这不仅是因为服饰让个人的外表体现其内在，还因为个人的公共形象具有包容主体同一性的潜能。[52] 这意味着，一个人穿什么固然很重要，但是他或她如何穿衣服才是最重要的。在本章的结论部分，我们将浏览卡斯蒂廖内关于服饰的表现的著作，思考他为何强调的不是服饰的材质，而是服饰的穿戴方式。对卡斯蒂廖内来说，改变个人的不是服饰样式的变化，而是服饰的表现。

在 16 世纪，穿着适当比奢华更有优势。[53] 此外，美越来越多地与我们可以称之为隐蔽性展示的表演行为联系在一起。阿尔伯蒂在撰写于 15 世纪的《生活》（*Vita*）中已经描述了这种表演，书中他说明了一个人应该如何在行为上保持最大限度的谨慎，使走路、骑马和说话看上去自然。他告诉我们，要做到这一点，就必须在“艺术中加入艺术，使结果看起来不矫揉造作”。[54] 大概在一个世纪后，卡斯蒂廖内在畅销书《廷臣》里将这种行为编入法典，并称之为

“斯普瑞扎图拉（sprezzatura）”[18]:“（也许是为了发一个新单词的音,）在所有事情上实行‘斯普瑞扎图拉’，以便掩盖其他所有技巧，使所做或所说的一切看上去不费吹灰之力，几乎根本无须思考。”[55] 与“斯普瑞扎图拉”相反的是“矫揉造作”，而矫揉造作是一种应该避免的品质，原因是它因不那么美观而贬低了个人在公众舆论中的价值。事实上，就卡斯蒂廖内的意见而言，人们可以说，在形象塑造方面，对服饰的操纵比服饰本身更有优势。

该书中某位发言者借观察日常生活所得指出了关于操纵服饰的复杂概念：

> 你有没有注意到，当一个女人沿着街道去教堂或其他地方时，会不知不觉地碰巧（玩耍或由于某种原因）掀起了她的衣服，恰好露出她的脚，而且往往是露出少少的一点？如果在那一刻你看到她带着迷人的女人味、穿着丝绒鞋和精致的长筒袜，这种充满魅力的事物难道不会直击你的心房吗？(I,XL)[56]

这段简短的文字简单有效地传达了真实和假象之间、“矫揉造作”和“斯普瑞扎图拉”之间的紧张关系。发言者并非十分沉迷于丝绒鞋和衬托女人腿部的裙子，而是着迷于这个女人的表演，裙子兴许是她自己有意掀起的，兴许不是。尽管这位女人的腿部可以在身体活动时自然地显露出来，但如果她能够在观察者不知道她的身份的情况下有意做出这种表演，那就更加令人印象深刻，甚至可以说是令人向往。这种关注公众监督和“自然”表现的“斯普瑞扎图拉”，

[18] “sprezzatura”为意大利语，可以理解为一种举重若轻的态度，指刻意做出的漫不经心、得心应手的样子，掩盖实际付出的大量努力。“sprezzy”是其现代简称。——译注

至今仍然是现代时尚界术语的组成部分，时尚博客还会讨论什么是“sprezzy”，而什么不是。[57]

“斯普瑞扎图拉”的概念乍看起来似乎很容易掌握，但人们很快就会发现，社会可能判定一个人的艺术行为是失败的。《廷臣》中讲到，所有聚集在乌尔比诺（Urbino）宫廷的发言者都提供了成功和失败的表演实例。他们的评论至少提出了两方面的挑战：了解品位的规则十分困难，而且社会表演的裁判员是几乎不可能确定的。卡斯蒂廖内笔下的演讲者都是乌尔比诺宫廷中地位显赫之人，他们以其自称的专业地位表达自己的判断，就像红毯活动中的时尚评论员一样——发表对时尚的观点，却没有明确的方法来辨别谁才可能是时尚评委。例如，评论的权力并不限于书中的王子，宫廷中所有的“眼睛”都是潜在的评论员。这些编纂外观规范的法官——与社会力量、商业力量一起协商关于个人自我表达的规则——让卡斯蒂廖内的书成为时尚史的基础文本。

这种对着装的身体的社会性编排还包括——至少对女性而言——化妆品的表现。[58] 卡斯蒂廖内将化妆品纳入了他的“斯普瑞扎图拉”理论，为此他模糊了美的规则，不像阿尔伯蒂等道德家那样公开谴责化妆品对女性的身体健康及（经济和道德的）价值的损害。[59] 卡斯蒂廖内指出，女性“注定”比男性更关心美，因此她们可以采取措施改变自己的自然外观（Ⅲ.9），但在他具体谈到化妆品时，美的规则很快变得模糊不清。书中的一位发言者提出，女人使用化妆品是为了“看起来”很美，但只有让观者无法确定其是否使用了化妆品的女人的外观，那才算是美（Ⅰ.40）。在赞扬了这种无形的化妆品之后，发言者继续说道，真正的美是在一个女人根本不会涂抹自己的脸时所呈现的。实际上这是种陈词滥调，把女性困在了一个不可能实现的窘境中，同时也掩盖了《廷臣》整部书的基本观点。如果一个女人在她的化妆品上采取了真正的“斯普瑞扎图拉”，观者也将无法辨别这种颜容是否真的是天然的。因此，一个女人不可能声称自己是真正的天然美，因为总会遭遇人为的猜疑。

如果说女性被要求在自然和装腔作势之间找到适当的平衡，那么男性则承担着不同的平衡任务，即同时展示优雅与阳刚之气、个人风格与政治的亲密关系——卡斯蒂廖内用三章的篇幅讨论了这个问题（II,26-28）。在试图概括所有的男性着装时，故事里的发言者费德里科·弗莱戈索（Federico Fregoso）说，男人只要遵循习俗，就应该可以随心所欲地着装。然而这种说法是虚伪的，因为男人不仅必须确定并模仿他人的习惯，还必须在规避虚荣、娘娘腔甚至政治上的亲密关系的风险的情况下成功表达出自己所处的阶层。服饰是政治性的，因为它与外国（如西班牙、法国、英国、土耳其）时尚涌入意大利有关，正如阿梅德奥·库翁达姆（Amedeo Quondam）和其他人所指出的那样，卡斯蒂廖内在指出时尚与被征服的意大利的状况相对应时，推导出了意大利服饰与当时政治之间的重要联系。[60] 这正如费德里科所说：

“但我不知道，命运到底做了什么，让意大利没有像过去那样有一种被公认为归于意大利人的着装方式：因为尽管这些新时尚的引入使过去的时尚显得非常粗糙，但旧的依然或许是自由的标志，而新的则证明是被奴役的预兆，我认为如今这一点明显得到了证实。”(II,26)

由于这一时期没有意大利时尚，费德里科试图打造出一种他称之为“旧斯塔梅佐”[19] 的时尚，一种处于外国时尚的极端状况之间的“中间地带”。例如，

[19] 旧斯塔梅佐：giusto mezzo，意大利语，意为中间地带。根据上下文，此处可将其理解为“中庸”。——译注

他指出，男人应该避免过度穿着，除非在节日，否则只穿深色衣服。不过，正如费德里科所解释的那样，这种“旧斯塔梅佐”时尚的演绎很容易失误。如果廷臣在克制装扮方面出错，他就有变得看起来毫无生气的危险；如果他过分倾向于奢侈装扮，他就可能变得像娘娘腔（II,27）。

娘娘腔是社会法官给予的一个标签，暗示男人在男性着装方面的失败。然而，任何服饰表现，无论是戴着西班牙帽子还是偷偷掀起裙子下摆或拔去眉毛，都不过是一次成功或失败的时尚尝试。服饰表现也是一种通过表象来施加作用的手段，以及在意识到他人注视的目光时展示个人的欲望。如果我们回到最初对披巾的讨论——一件能让被爱者操纵、控制爱人的凝视的衣服——我们会发现，这种辩证法在16世纪的文学作品中被扩展到一个社会性的、更规范的考察领域里。不仅仅是情人，整个宫廷（在某些情况下包括场地上所有的“眼睛”）都在仔细地审视对方的穿着。意识到这种凝视，人们会调整自己的着装，以满足一个又一个群体的欲望；或者人们也可以像虚构的女主人公玛菲莎和布拉达曼特一样，选择抵制根据着装来划分的社会类属。在所有情况下，文学都赋予了这些服饰以意义，但也会掩盖服饰的意义，最终会引导人们跨越迅速变化的物质世界。

原书注释

Introduction

1. John Nevinson, "The Dress of the Citizens of London," in *Collectanea Londiniensia: Studies in London Archaeology and History*, eds Joanna Bird, Hugh Chapman, John Clark (London and Middlesex Archaeological Society, 1978), 265.
2. Desiderius Erasmus, *Collected Works of Erasmus: Colloquies*, vol. 1, trans. and annotated by Craig R. Thompson (Toronto: University of Toronto Press, 1997), 18.
3. William Harrison, *Description of England* (Folger Shakespeare Library, Washington, 1994), 145–6.
4. David Hillman and Carla Mazzio (eds), *The Body in Parts* (London: Routledge, 1997), vi–xxix.
5. Kristen Ina Grimes, "Dressing the World: Costume Books and Ornamental Cartography in the Age of Exploration," in *A Well-Fashioned Image: Clothing and Costume in European Art, 1500–1850*, eds Elizabeth Rodini and Elissa B. Weaver (Chicago: University of Chicago Press, 2002), 13–22.
6. Elizabeth Sutton, *Early Modern Dutch Prints of Africa* (Aldershot: Ashgate, 2012), 7.
7. Scott Manning Stevens, "New World Contacts and the Trope of the 'Naked Savage,'" in *Sensible Flesh: On Touch in Early Modern Culture*, ed. Elizabeth D. Harvey (University of Pennsylvania Press, 2003), 132–3.
8. Stephen Greenblatt, "Mutilation and Meaning," in Hillman and Mazio (1997), 236. See also Will Fisher, "Had it a codpiece, 'twere a man indeed," in *Ornamentalism: The Art of Renaissance Accessories*, ed. B. Mirabella (Ann Abor: University of Michigan Press, 2011), 103 & 108–9.
9. Greenblatt (1997), 531.
10. Dinah Eastop, "Textiles as Multiple and Competing Histories," in *Textiles Revealed*, ed. Mary M. Brooks (London: Archetype Publications, 2000), p. 17.
11. Ann R. Jones and Peter Stallybrass, *Renaissance Clothing and the Materials of Memory* (Cambridge: Cambridge University Press, 2000), 32.
12. Chiara Buss, "Silk, Gold, Crimson," in *Silk, Gold, Crimson: Secrets and Technology at the Visconti and Sforza Courts* (Milan: Silvana Editoriale, 2009), 54–5; F. Magaluzzi Valeri, *La corte di Ludovico il Moro*, vol. 1 (Milano, 1929), 374, cited in *Women in Italy, 1350–1650: Ideals and Realities*, eds M. Rogers and P. Tinagli (Manchester: Manchester University Press, 2005), 249.
13. Cordula Van Wyhe, "Piety, Play and Power: Constructing the Ideal Sovereign Body in Early Portraits of Isabel Clara Eugenia (1568–1603)," in *Isabel Clara Eugenia: Female Sovereignty at the Courts of Madrid and Brussels*, ed. Cordula van Wyhe (Madrid and London: Centro de Estudios Europa Hispánica and Paul Holberton Publishing, 2012), 122.
14. Martha C. Howell, *Commerce Before Capitalism* (Cambridge: Cambridge University Press, 2010), 208.
15. Craig Clunas, *Superfluous Things: Material Culture and Social Status in Early Modern China* (Honolulu: University of Hawai'i Press, 2004), 150–1.
16. Catherine Kovesi Killerby, *Sumptuary Law in Italy, 1200–1500* (Oxford: Clarendon Press, 2002), 33–4.

17. Carmen Bernis, *Indumentaria española en tiempos de Carlos V* (Madrid: Instituto Diego Velázquez, 1962), 31.
18. Amanda Bailey, "'Monstrous Manner': Style and the Early Modern Theater," *Criticism*, vol. 43, no. 3, Summer 2001: 259.
19. Nicholas Davidson, "Theology, Nature and the Law," in *Crime, Society and the Law in Renaissance Italy*, eds Trevor Dean and K.J.P. Lowe (Cambridge: Cambridge University Press, 1994), 92. On the laws for young women in Genoa, see Diane Owen Hughes, "Sumptuary Law and Social Relations in Renaissance Italy," in *Disputes and Settlements: Law and Human Relations in the West*, ed. John Bossy (Cambridge University Press, 1983), 93–4.
20. Maria Hayward *Rich Apparel: Clothing and the Law in Henry VIII's England* (Aldershot: Ashgate, 2009), 41–60.
21. Emilie Gordenker, *Van Dyck (1599–1641) and the Representation of Dress in Seventeenth-Century Portraiture* (Turnhout: Brepols, 2001), 71.
22. See S.A.M. Adshead, *Material Culture in Europe and China 1400–1800* (Basingstoke: Macmillan, 1997), 27–8.
23. Quoted in Marieke de Winkel, *Fashion and Fancy: Dress and Meaning in Rembrandt's Paintings* (Amsterdam: Amsterdam University Press, 2014), 43.
24. For further discussion of dress, disguise, and identity see Susan J. Vincent, *Dressing the Elite* (Oxford: Berg, 2003), Chapter 5, 153–88.
25. Stefano Guazzo, *La civil conversazione*, vol. 1, ed. A. Quondam (Modena: Panini, 1993), 140.
26. Quoted in Karen Newman, *Fashioning Femininity and English Renaissance Drama* (Chicago: University of Chicago Press, 1991), 119.
27. Cesare Vecellio, *De gli habit antichi e moderni di diverse parti del mondo* (Damiano Zenaro: Venice, 1590), 140.
28. William Brenchley Rye, *England as seen by Foreigners in the days of Elizabeth and James I* (New York: B. Bloom, 1967), 71.
29. See J.L. Colomer and A. Descalzo, eds, *Spanish Fashion at the Courts of Early Modern Europe*, vols. I & II (London: Paul Holberton, 2014).
30. Vecellio (1590), 233.
31. Melanie Schuessler, "French Hoods: Development of a Sixteenth-Century Court Fashion," in *Medieval Clothing and Textiles*, vol. 5, eds R. Netherton and G.R. Owen-Crocker (Woodbridge: Boydell & Brewer, 2009), 129–60.
32. Yassana Y. Croizat, "'Living Dolls': François Ier Dresses His Women," *Renaissance Quarterly* 60 (2007): 94–130.
33. Catherine Mann, "Clothing Bodies, Dressing Rooms: Fashioning Fecundity in The Lisle Letters," *Parergon*, vol. 22, no. 1, January 2005: 137–157.
34. Thomas Middleton, *Anything for a Quiet Life*, Act I, Scene I in *Thomas Middleton: The Collected Works*, eds Gary Taylor and John Lavagnino (Oxford: Oxford University Press, 2007), 1602.
35. Karen Newman (1991), 120.
36. Ulinka Rublack, *Dressing Up: Cultural Identity in Renaissance Europe* (Oxford: Oxford University Press, 2010), 4.
37. Karen Newman, *Cultural Capitals: Early Modern London and Paris* (Princeton University Press, 2007), 2.
38. Margaret F. Rosenthal, "Clothing, Fashion, Dress, and Costume in Venice (c. 1450–1650)," in *A Companion to Venetian History, 1400–1797*, ed. E.R. Dursteler (Leiden and Boston: Brill, 2013): 889–928; Ilja Van Damme, "Middlemen and the Creation of a 'Fashion Revolution': The Experience of Antwerp in the Late Seventeenth and Eighteenth Centuries," in ed. Beverly Lemire, *The Force of Fashion in Politics and Society* (Aldershot: Ashgate, 2010), 21–40.
39. David Gilbert, "Urban Outfitting: The City and the Spaces of Fashion Culture," in *Fashion Cultures: Theories, Explanations and Analysis*, eds S. Bruzzi and P. Church-Gibson (London: Routledge, 2000), 17.

40. Erasmus (1997), 371–2.
41. Howell (2010), 232.
42. John Evelyn, *Memoirs of John Evelyn*, ed. William Bray (London: Frederick Warne & Co, 1897), 160.
43. Fabrizio Nevola, "'Più honorati et suntuosi ala Republica': botteghe and luxury retail along Siena's Strada Romana," in *Buyers and Sellers, Retail Circuits and Practices in Medieval and Early Modern Europe*, eds B. Blondé, P. Stabel, J. Stobart, I. Van Damme (Turnhout: Brepols, 2006), 68–9.
44. Ronald M. Berger, *The Most Necessary Luxuries: The Mercers' Company of Coventry, 1550–1680* (University Park: Penn State Press, 1993), 17.
45. Jane Whittle and Elizabeth Griffiths, *Consumption and Gender in the Early Seventeenth-Century Household: the World of Alice Le Strange* (Oxford: Oxford University Press, 2012), 56.
46. Carlo Marco Belfanti and Fabio Giusberti, "Clothing and Social Inequality in Early Modern Europe: Introductory Remarks," *Continuity and Change* 15.3 (2000): 359–65.
47. Richard Goldthwaite, *The Economy of Renaissance Florence* (Baltimore: John Hopkins University Press, 2009), 607.
48. Paolo Malanima, *Il Lusso dei Contadini, consumi e industrie nelle campagne toscane del sei e settecento* (Bologna: Il Mulino Ricerca, 1990), 24.
49. D. Davanzo Poli, *Il sarto*, in *Storia d'Italia: La Moda*, eds C. Marco Belfanti and F. Giusberti (Turin: Einaudi, 2003), 541–3; Eugenia Paulicelli, *Writing Fashion in Early Modern Italy* (Aldershot: Ashgate, 2014), 5–7.
50. See Elisabeth Salter, "Reworked Material: Discourses of Clothing Culture in Early Sixteenth-Century Greenwich," in *Clothing Culture 1350–1650*, ed. C. Richardson (Aldershot: Ashgate, 2004), 179–91.
51. Joan Thirsk, "The fantastical folly of fashion: the English stocking knitting industry, 1500–1700," in *Textile History and Economic History: Essays in Honour of Miss Julia de Lacy Mann*, eds N.B. Harte and K.G. Ponting (Manchester: Manchester University Press, 1973), 50–73.
52. Rublack (2010), 247–8. See also E. Welch, "New, Old and Second hand Culture: the Case of the Renaissance Sleeve," in *Revaluing Renaissance Art*, eds G. Neher and R. Shepherd (Aldershot: Ashgate, 2000), 101–19.
53. M.G. Muzzarelli, "Seta posseduta e seta consentita: dalle aspirazioni individuali alle norme suntuarie nel basso Medioevo," in *La seta in Italia dal Medioevo al Seicento*, eds L. Molà, R.C. Mueller and C. Zanier (Venice: Marsilio, 2000), 218–27.
54. G. Baldissin Molli, *Fioravante, Nicolò e altri artigiani del lusso nell'età di Mantegna* (Saonora: Il Prato, 2006), 111 and 131–49.
55. Fred Davis, *Fashion, Culture and Identity* (Chicago: University of Chicago Press, 1992), 24–5.
56. Diane Owen Hughes, "Distinguishing Signs: Earrings, Jews, and Franciscan Rhetoric in the Italian Renaissance City," *Past and Present* (1986), 112 (1): 20–1.
57. Castiglione, B. *Il Libro del Cortegiano* (Venice: Aldo Manuzio, 1528), Book II, xxvii.
58. Stephen Greenblatt, *Renaissance Self-Fashioning: From More to Shakespeare* (Chicago: University of Chicago Press, 1980), 162–3.
59. Peter Burke, "Representations of the Self from Petrarch to Descartes," in *Re-writing the Self*, ed. Roy Porter (London and New York: Routledge, 1996), 18.
60. Howell (2010), 251.
61. Rosenthal (2013), 897–8.
62. See Stallybrass and Jones (2000), 57.
63. Quoted in Marieke de Winkel, *Fashion and Fancy: Dress and Meaning in Rembrandt's Paintings* (Amsterdam: Amsterdam University Press, 2006), 128.
64. Harry Berger, *The Absence of Grace: Sprezzatura and Suspicion* (Stanford: Stanford University Press, 2000), 24.

65. Laura R. Bass, *The Drama of the Portrait* (University Park: Penn State Press, 2008), 45.
66. Ellen Chirelstein, "Emblem and Reckless Presence: The Drury Portrait at Yale," in *Albion's Classicism: The Visual Arts in Britain, 1550–1660*, ed. L. Gent (New Haven and London: Yale University Press, 1995), 287–311.
67. R.C. Bald, *Donne and the Drurys* (Westport CT: Greenwood Press, 1986), 13–15.
68. Daniela Costa, "La Raffaella di Alessandro Piccolomini: un'armonia nella disarmonia?" in *Disarmonia, bruttezza e bizzarria nel Rinascimento*, ed. L. Rotondi Secchi Tarugi (Florence: F. Cesati, 1998), 148.
69. A. Di Benedetto (ed.), *Prose di Giovanni Della Casa e altri trattatisti cinequecenteschi di comportamento* (Turin: Utet, 1991), 499.
70. See Fredrika Jacobs, "Sexual Variations: Playing with (Dis)similitude," in *A Cultural History of Sexuality in the Renaissance*, ed. B. Talvacchia (London: Bloomsbury, 2012), 78–9 and Tessa Storey, "Clothing courtesans: fabric, signals and experiences," in *Clothing Culture 1350–1650*, ed. C. Richardson (Aldershot: Ashgate, 2004), 95–108.
71. See Amanda Wunder, "Seventeenth-Century Spain: The Rise and Fall of the *Guardainfante*," *Renaissance Quarterly*, vol. 68, no. 1, Spring 2015, and Stanley Chojnacki, "La Posizione della Donna a Venezia nel Cinquecento," in *Tiziano e Venezia*, eds M. Gemin and G. Paladini (Vicenza: Neri Pozza, 1980), 67–8.
72. Cited in E. Tosi Brandi, *Introduzione a Cesena* in *La Legislazione Suntuaria Secoli XIII–XVI, Emilia Romagna*, ed. M.G. Muzzarelli (Rome: Ministero per i beni e le attività culturali, 2002), 345, note 11.
73. Laura Levine, *Men in Women's Clothing: Anti-Theatricality and Effeminization, 1579–1642* (Cambridge: Cambridge University Press, 1994), 20–21.
74. See, for example, Laura R. Bass and Amanda Wunder, "The Veiled Ladies of the Early Modern Spanish World," *Hispanic Review*, vol. 77, no. 1, Winter 2009: 97–144, and Benjamin B. Roberts, *Sex and Drugs before Rock 'n' Roll: Youth Culture during Holland's Golden Age* (Chicago: University of Chicago Press, 2012), 45–74.
75. See Peter Burke, *The Historical Anthropology of Early Modern Italy* (Cambridge: Cambridge University Press, 1987), 165 and Bass (2008), 28.
76. James R. Farr, "Cultural Analysis and Early Modern Artisans," in *The Artisan and the European Town 1500–1900*, ed. G. Crossick (Aldershot: Scolar Press, 1997), 63–9, and James R. Farr, *Artisans in Europe, 1300–1914* (Cambridge: Cambridge University Press, 2000), 114–16.
77. John Cherry, "Healing through Faith: The Continuation of Medieval Attitudes to Jewellery into the Renaissance," *Renaissance Studies*, vol. 15, no. 2 (2001): 154–71. See www.concealedgarments.org
78. Sandra Cavallo and Tessa Storey, *Healthy Living in Late Renaissance Italy* (Oxford: Oxford University Press, 2013), 103–6.
79. Karen Raber, "Chains of Pearls: Gender, Property, Identity," in *Ornamentalism*, ed. Mirabella (2011), 168.
80. Harrison (1994), 148.
81. Carlo Carnesecchi, *Cosimo I e la legge suntuaria del 1562* (Florence: Stabilimento Pellas, 1902), 14, fn 1.
82. Roze Hentschell, *The Culture of Cloth in Early Modern England* (Aldershot: Ashgate, 2008), especially chapter 4, 103–28.
83. Marta Ajmar-Wollheim and Luca Molà, "The Global Renaissance: Cross-Cultural Material Culture," in *Global Design History*, eds G. Adamson, G. Riello and S. Teasley (London: Taylor & Francis, 2011), 13–14.
84. Ulinka Rublack, "Matter in the Material Renaissance," *Past and Present*, no. 219 (May 2013): 67–76.
85. See, for example, Jones and Stallybrass (2000), 134–71.
86. Quoted in Larissa Taylor, "Dangerous Vocations," in *Preachers and People in the Reformations and Early Modern Period*, ed. Larissa Taylor (Leiden and Boston: Brill, 2001), 93.

87. Andrea Caracausi, "Beaten Children and Women's Work in Early Modern Italy," *Past and Present*, no. 222 (February 2014): 101.

Chapter 1

1. T. Dekker, *The Seven Deadly Sinnes of London* (London, 1606), 32.
2. The National Archive, Kew, E101/417/4, f. 6v; M.A. Hayward (ed.), *The Great Wardrobe Accounts of Henry VII and Henry VIII*, London Record Society, 47 (Woodbridge: Boydell & Brewer, 2012), 78.
3. K.J. Allison, "Flock management in the sixteenth and seventeenth centuries," *Economic History Review*, 2nd series, 11 (1958): 98–112.
4. R. Lockyer, *Habsburg and Bourbon Europe 1470–1720* (Harlow: Longman, 1974), 11 and 62; P. Spufford, *Power and Profit: The Merchant in Medieval Europe* (London: Thames & Hudson, 2002), 226.
5. Lockyer, *Habsburg and Bourbon Europe 1470–1720*, 61–2.
6. E. Kerridge, *Textile Manufactures in Early Modern England* (Manchester: Manchester University Press, 1985), 73.
7. N. Canny, *The Oxford History of the British Empire: Volume 1 The Origins of Empire, British Overseas Enterprise to the Close of the Seventeenth Century* (Oxford: Oxford University Press, 1998), 279.
8. F. Braudel, *The Structure of Everyday Life: Civilization and Capitalism 15th to 18th Century*, vol. 1 (London: Harper Collins, 1981), 326.
9. Ibid., 327.
10. F. Morrison, *Itinerary*, vol. 1 (London, 1617), 45.
11. L. Clarkson, "The linen industry in early modern Europe," in *The Cambridge History of Western Textiles*, vol. 1, ed. D. Jenkins (Cambridge: Cambridge University Press, 2003), 476–7.
12. SR 24 Hen VIII, c. 41. It was repeated in 1563 (SR 5 Eliz I, c. 5) although the emphasis was on providing yarn for fishing nets.
13. M. Channing Linthicum, *Costume in the Drama of Shakespeare and his Contemporaries* (Oxford: Clarendon Press, 1936), 102.
14. G. Riello, *Cotton: The Fabric that Made the Modern World* (Cambridge: Cambridge University Press, 2013), 90.
15. A. Seiler-Baldinger, *Textiles: A Classification of Techniques* (Bathurst: Crawford House Press, 1994), 3.
16. Ibid., 85–6.
17. J.L. Bolton, *The Medieval English Economy 1150–1500* (London: J.M. Dent Ltd, 1980), 155.
18. Spufford, *Power and Profit*, 250. Also see R.A. Goldthwaite, *The Economy of Renaissance Florence*, (Baltimore: Johns Hopkins University Press, 2009), esp. ch. 4, and L. Monnas, *Merchants, Princes and Painters: Silk Fabrics in Italian and Northern Paintings 1300–1550* (New Haven and London: Yale, 2008), 6–8.
19. J. Harris (ed.), *Textiles: 5000 Years* (London: Harry N. Abrams, 1993), 169.
20. L. Mola, *The Silk Industry of Renaissance Venice* (Baltimore and London: Johns Hopkins University Press, 2000), 60–1.
21. Harris, *Textiles: 5000 Years*, 86.
22. J.M. Rogers and R.M. Ward, *Süleyman the Magnificent* (London: British Museum Press, 1988), 164.
23. Harris, *Textiles: 5000 Years*, 86.
24. J. Guy, *Woven Cargoes: Indian Textiles in the East* (London: Thames and Hudson, 1998), 26.
25. Ibid., 26.
26. M. King and D. King (eds), *European Textiles in the Kerr Collection 400 BC to 1800 AD* (London and Boston: Faber & Faber, 1990), 134–5.

27. L. Monnas, “New documents for the vestments of Henry VII at Stonyhurst College,” *Burlington Magazine*, 131 (1989): 345–9.
28. A. Sutton, *The Mercery of London: Trade, Goods and People, 1130–1578* (Aldershot: Ashgate, 2005), 298.
29. Ibid., 298.
30. Spufford, *Power and Profit*, 253.
31. T.S. Willan, *A Tudor Book of Rates* (Manchester: Manchester University Press, 1962), 19.
32. W.D. Smith, *Consumption and the Making of Respectability, 1600–1800* (New York and London: Routledge, 2002), 47.
33. B. Lemire, “Fashioning cottons: Asian trade, domestic industry and consumer demand, 1660–1780”, in *Cambridge History of Western Textiles*, 1, ed. Jenkins, 493.
34. Herman van der Wee, (in collaboration with John Munro), “The western European woollen industries, 1500–1750”, in *Cambridge History of Western Textiles*, 1, ed. Jenkins, p. 434.
35. Mola, *Silk Industry*, 172.
36. TNA E101/417/4, ff. 7v–8r; Hayward, *Great Wardrobe Accounts*, 81–3.
37. See J. Cherry, “Leather,” in *English Medieval Industries: Craftsmen, Techniques, Products*, eds J. Blair and N. Ramsey (London: A.&C. Black, 1991), 295–318, and R. Thomson, “Leather manufacture in the post-medieval period with special reference to Northamptonshire,” *Post Medieval Archaeology*, 15, (1981): 161–75; J.M. Cronin, *The Elements of Archaeological Conservation* (London: Routledge, 1990), 265.
38. For example, six fragments of a leather high-necked jerkin, c. 1530–c. 1570, ABO92 <2835>, [406]; G. Egan, *Material Culture in London in an Age of Transition: Tudor and Stuart Period Finds c. 1450–c.1700 from Excavations at Riverside Sites in Southwark*, MoLAS Monograph 19 (London: Museum of London, 2005): no. 2, 18–20.
39. See J. Swann, *History of Footwear in Norway, Sweden and Finland* (Stockholm: The Royal Academy of Letters, History and Antiquities, 2001), 81–100.
40. E. Veale, *The English Fur Trade in the Later Middle Ages*, London Record Society (Woodbridge: Boydell & Brewer, 2003); Cronin, *Elements*, 265.
41. T. Sherrill, “Fleas, fur and fashion: Zibellini as luxury accessories of the Renaissance,” *Medieval Clothing and Textiles*, 2 (London: Boydell Press, 2006), 121–50.
42. E. Veale, “From sable to mink,” in *The 1547 Inventory of King Henry VIII: volume 2 Textiles and Dress*, eds M.A. Hayward and P. Ward (London: Harvey Miller for the Society of Antiquaries, 2012), 341.
43. W.G. Mullins, *Felt* (Oxford and New York: Berg, 2009), 16.
44. Ibid., 103, 107.
45. Ibid., 105.
46. P.E. Cunnington, *Costume of Household Servants* (London: A & C Black, 1974), 64.
47. J. Arnold, *Patterns of Fashion: The Cut and Construction of Clothes for Men and Women c. 1560–1620*, (London and Basingstoke: Macmillan), 46, ill. 329–30.
48. Horse hair was used as padding in a pair of trunk hose, c. 1615–20, Museo Parmigianino, Reggio Emilia; Arnold, *Patterns of Fashion*, no. 23b, 90–1.
49. Egan, *Material Culture*, nos. 178–219, 48–51.
50. Ibid., no. 220, 51.
51. Sutton, *Mercery*, 118–19.
52. S. Levey, “Lace in the early modern period, c. 1500–1780,” in *Cambridge History of Western Textiles*, 1, ed. Jenkins, 585.
53. For the definitive text on lace, see S. Levey, *Lace: a history* (Leeds: Maney, 1990).
54. L. Levey Peck, *Consuming Splendour: Society and Culture in Seventeenth Century England*, (Cambridge: Cambridge University Press, 2005), 91, 99, 106–7. And in Virginia, ibid, 99–103.
55. N. Geffe, *The Perfect Use of Silk-Wormes and their Benefit* (London, 1607), 13.
56. J. Thirsk, “Knitting and knitware c. 1500–1780,” in *Cambridge History of Western Textiles*, 1, ed. Jenkins, 565–6.

原书注释

57. Ibid., 573–6. Also J. Thirsk, "The fantastical folly of fashion: the English stocking knitting industry, 1500–1700," in *Textile History and Economic History: Essays in Honour of Miss Julia de Lacy Mann*, eds N.B. Harte and K.G. Ponting eds (Manchester: Manchester University Press, 1973), 70.
58. Spufford, *Power and Profit*, 226.
59. Lockyer, *Habsburg and Bourbon*, 62.
60. SR RIII, c. 8.
61. Harris, *Textiles*, 86.
62. Guy, *Woven Cargoes*, 32.
63. Harris, *Textiles*, 176.
64. Ibid., 176.
65. Kerridge, *Textile Manufactures*, 24.
66. Canny, *Origins of Empire*, 179.
67. P. Clark and P. Slack, *English Towns in Transition 1500–1700* (Oxford: Oxford University Press, 1976), 48.
68. Ibid., 50–1.
69. Ibid., 53.
70. W.G. Hoskins, *The Age of Plunder: The England of Henry* VIII *1500–1547* (London: Longman, 1976), 120.
71. J.F. Larkin and P.L. Hughes (ed.), *Stuart Royal Proclamations: Royal Proclamations of King James I, 1603–1625*, vol. 1 (Oxford: Clarendon Press, 1973), 581.
72. D. Sella, "The rise and fall of the Venetian woollen industry," in *Crisis and Change in the Venetian Economy in the 16th and 17th Centuries*, ed. B. Pullan (London: Methuen and Co, 1968), 109.
73. Lockyer, *Habsburg and Bourbon*, 94.
74. Spufford, *Power and Profit*, 227.
75. See the website of the Overland Trade Project led by Professor Michael Hicks of the University of Winchester, www.overlandtrade.org
76. Willan, *Tudor Book of Rates*, 21.
77. E.P.G. Gohl and L.D. Vilensky, *Textile Science: An Explanation of Fibre Properties* (Melbourne: Longman Cheshire, 1980), 130–1.
78. M. Pastoureau, *Blue: The History of a Colour* (Princeton: Princeton University Press, 2001), 72.
79. J.H. Hofenk de Graaff, *The Colourful Past: Origins, Chemistry and Identification of Natural Dyestuffs*, (Berne: Abegg-Stiftung Foundation, 2004), 15.
80. Bolton, *Medieval Economy*, 155.
81. Pastoureau, *Blue*, 63–4.
82. Ibid., 66.
83. Guy, *Woven Cargoes*, 19.
84. Pastoureau, *Blue*, 64.
85. W.N. Salisbury (ed.), *Calendar of State Papers, Colonial America and West Indies*, I, 1574–1660, (London: HMSO, 1860), 162.
86. Mola, *Silk Industry*, 122.
87. H.F. Brown, (ed.), *Calendar of State Papers Venetian, vol. 2, 1607–1610* (London: HMSO, 1894), 186.
88. Mola, *Silk Industry*, 70.
89. Channing Linthicum, *Costume*, 1.
90. A. Butler Greenfield, *A Prefect Red: Empire, Espionage and the Quest for the Colour of Desire*, (London: Doubleday, 2005), 137–40.
91. Mola, *Silk Industry*, 133.
92. Harris, *Textiles*, 174.
93. Ibid., 172.

94. Ibid., 172.
95. Ibid., 173.
96. Ibid., 86.
97. Ibid., 87.
98. Guy, *Woven Cargoes*, 30.
99. Gohl and Vilensky, *Textile Science*, 130–1.
100. J.F. Larkin and P.L. Hughes (eds), *Tudor Royal Proclamations: The Later Tudors 1553–1587*, vol. II, (Oxford: Clarendon Press, 1969), 516, no. 678.
101. J. R. Dasent (ed.), *Acts of the Privy Council of England*, 1586–87, vol. 14 (London: HMSO, 1897), 91. With thanks to Louise Fairbrother for this reference.
102. Pastoureau, *Blue*, 69.
103. See E. Cockayne, *Hubbub: Filth, Noise and Stench in England, 1600–1770* (New Haven and London: Yale University Press, 2007), 211. With thanks to Jemima Matthews for this reference.
104. Quoted in D. de Marly, *Working Dress: A History of Occupational Clothing* (London: B.T. Batsford Ltd, 1986), 30.

Chapter 2

1. Phillip Stubbes, *The anatomie of abuses* (London: Richard Iohnes, at the sign of the Rose and Crowne, 1595), 24, sig. [D4v].
2. Ibid., 11, sig. C2r.
3. On personal linens and their manufacture, Janet Arnold, *Patterns of Fashion 4: The Cut and Construction of Linen Shirts, Smocks, Neckwear, Headwear and Accessories for Men and Women, c.1540–1660*, completed by Jenny Tiramani and Santina Levey (London: Macmillan, 2008); Susan North and Jenny Tiramani (eds), *Seventeenth-Century Women's Dress Patterns: Book One* (London: V&A Publishing, 2011), 9, 12–13, 110–35.
4. Susan Broomhall, "Women, Work, and Power in Female Guilds of Rouen," in *Practices of Gender in Late Medieval and Early Modern Europe*, eds Megan Cassidy-Welch and Peter Sherlock (Turnhout: Brepols, 2008), 199–213.
5. Carole Collier Frick, *Dressing Renaissance Florence* (Baltimore: John Hopkins University Press, 2002), 39–44, and Carole Collier Frick, "The Florentine 'Rigattieri': Second Hand Clothing Dealers and the Circulation of Goods in the Renaissance," in *Old Clothes, New Looks: Second-Hand Fashion*, eds Alexandra Palmer and Hazel Clark (Oxford: Berg, 2004), 15, 20–25.
6. Arnold, *Patterns of Fashion 4*, 9.
7. *Letters of the Lady Brilliana Harley*, ed. Thomas Taylor Lewis, Camden Society 58 (1854), 153, 158, 192, 95.
8. On the craft of the early modern tailor, Janet Arnold, *Patterns of Fashion: The Cut and Construction of Clothes for Men and Women c 1560–1620* (London: Macmillan, 1985); and North and Tiramani (eds), *Women's Dress Patterns*, 9–11.
9. Monica Cerri, "Sarti toscani nel seicento: attività e clientela," in *Le Trame della moda*, eds Anna Giulia Cavagna and Grazietta Butazzi (Rome: Bulzoni, 1995), 421–35. My thanks to Dr. Elizabeth Currie for this reference.
10. Heather Swanson, *Medieval Artisans: An Urban Class in Late Medieval England* (Oxford: Basil Blackwell, 1989), 45.
11. Matthew Davies and Ann Saunders, *The History of the Merchant Taylors' Company* (Leeds: Maney, 2004), 58, 59.
12. Collier Frick, *Dressing Renaissance Florence*, 31.
13. Elizabeth Currie, "Fashion Networks: Consumer Demand and the Clothing Trade in Florence from the mid-Sixteenth to Early Seventeenth Century," *Journal of Medieval and Early Modern Studies* 39 (2009): 485–6.
14. Currie, "Fashion Networks," 493.

15. Jane Ashelford, *The Art of Dress: Clothes and Society 1500–1914* (London: National Trust, 1996), 51.
16. For a discussion of contemporary consumer culture: Evelyn Welch, *Shopping in the Renaissance* (New Haven and London: Yale University Press, 2005).
17. *The Lisle Letters*, ed. Muriel St. Clare Byrne, 6 vols. (Chicago and London: University of Chicago Press, 1981), II, 210.
18. On the importance of appearances, Ulinka Rublack, *Dressing Up: Cultural Identity in Renaissance Europe* (Oxford: Oxford University Press, 2010).
19. *Letters of Philip Gawdy*, ed. Isaac Herbert Jeayes (London: J.B. Nichols and Sons, 1906), 28.
20. Frances Parthenope Verney, *Memoirs of the Verney Family During the Civil War*, 4 vols. (London: Longmans, 1892), II, 235. Stomacher: triangular insert worn at the bodice front.
21. Janet Arnold, *Queen Elizabeth's Wardrobe Unlock'd* (Leeds: Maney, 1988), 157–8; Yassana Croizat, " 'Living Dolls': François Ier Dresses His Women," *Renaissance Quarterly* 60 (2007): 94–130.
22. T. Garzoni, *La Piazza Universaledi tutte le professioni del mondo* (1585), quoted in Grazietta Butazzi, " 'The Scandalous Licentiousness of Tailors and Seamstresses': Considerations on the Profession of the Tailor in the Republic of Venice," in *I Mestieri della Moda a Venezia: The Arts and Crafts of Fashion in Venice, from the 13th to the 18th Century*, Exhibition Catalogue, rev. edn. (1997), 46.
23. Elizabeth Currie, "Diversity and Design in the Florentine Tailoring Trade, 1550–1620," in *The Material Renaissance*, eds Michelle O'Malley and Evelyn Welch (Manchester: Manchester University Press, 2007), 154–73.
24. Lucy Hutchinson, *Memoirs of the Life of Colonel Hutchinson*, ed. N.H. Keeble (London: Dent, 1995), 19.
25. *Letters of Philip Gawdy*, ed. Jeayes, 141.
26. Jane Ashelford, *Dress in the Age of Elizabeth* (London: Batsford, 1988), 79–84.
27. Pierre Erondelle, *The French garden* (London: Edward White, 1605), sig. Kv.
28. Margaret Spufford, *The Great Reclothing of Rural England: Petty Chapmen and their Wares in the Seventeenth Century* (London: Hambledon Press, 1984), 90–102.
29. Harald Deceulaer, "Entrepreneurs in the Guilds: Ready-to-wear Clothing and Subcontracting in Late Sixteenth- and Early Seventeenth-Century Antwerp," *Textile History* 31 (2000): 133–49, with reference to the European-wide phenomenon, 145. Anne Buck, "Clothing and Textiles in Bedfordshire Inventories, 1617–1620," *Costume* 34 (2000): 35.
30. Deceulaer, "Entrepreneurs in the Guilds."
31. For a survey of the subject, Claire Walsh, "The Social Relations of Shopping in Early Modern England," in *Buyers and Sellers: Retail Circuits and Practices in Medieval and Early Modern Europe*, eds Bruno Blondé, Peter Stabel, Jon Stobart, and Ilja Van Damme (Turnhout: Brepols, 2006), 331–51.
32. Stephen Greenblatt, *Renaissance Self-Fashioning: From More to Shakespeare* (Chicago: University of Chicago Press, 1980).
33. On the importance of this flow of goods—particularly clothing—outside formal retail channels, Beverly Lemire, "Plebeian Commercial Circuits and Everyday Material Exchange in England, c. 1600–1900," in *Buyers and Sellers*, eds Blondé et al., 245–66.
34. E.g. Ann Matchette, "Credit and Credibility: Used Goods and Social Relationships in Sixteenth-Century Florence," in *The Material Renaissance*, eds O'Malley and Welch, 225–41.
35. Susan Kay-Williams, *The Story of Colour in Textiles* (London: Bloomsbury, 2013), 47–9.
36. Collier Frick, "The Florentine Rigattieri," 17.
37. Joanna Crawford, "Clothing Distributions and Social Relations c. 1350–1500," in *Clothing Culture 1350–1650*, ed. Catherine Richardson (Aldershot: Ashgate, 2004), 156. Also on livery, Ann Rosalind Jones and Peter Stallybrass, *Renaissance Clothing and the Materials of Memory* (Cambridge: Cambridge University Press, 2000), 17–21.

38. *The Private Diary of Dr. John Dee*, ed. James Orchard Halliwell, Camden Society, o.s. 19 (1842), 53–4.
39. Ilid Anthony, "Clothing Given to a Servant of the Late Sixteenth Century in Wales," *Costume* 14 (1980): 32–40.
40. On making and maintenance, Ninya Mikhaila and Jane Malcolm-Davies, *The Tudor Tailor: Reconstructing Sixteenth-Century Dress* (London: Batsford, 2006), 42, 45. For a detailed look at the alterations to an early seventeenth-century waistcoat, North and Tiramani, (eds), *Women's Dress Patterns*, 34–47.
41. *The Paston Letters: A Selection in Modern Spelling*, ed. Norman Davies (Oxford: Oxford University Press, 1983), 46.
42. Peter Mactaggart and Ann Mactaggart, "The Rich Wearing Apparel of Richard, 3rd Earl of Dorset," *Costume* 14 (1980): 41–55; *The Diaries of Lady Anne Clifford*, ed. D.J.H. Clifford (Stroud: Sutton, 1990), 81.
43. Stubbes, *Anatomie of apparel*, 29, sig. E3r.
44. Maria Hayward, "Fashion, Finance, Foreign Politics and the Wardrobe of Henry VIII," in *Clothing Culture*, ed. Richardson, 173–8.
45. Jones and Stallybrass, *Renaissance Clothing*, 19.
46. *Lisle Letters*, VI, 25.
47. Hayward, "Fashion, Finance, Foreign Politics," 177. On gifts of clothing to and from Elizabeth, Arnold, *Queen Elizabeth's Wardrobe*, 93–103.
48. See Kathleen Ashley, "Material and Symbolic Gift-Giving: Clothes in English and French Wills," in *Medieval Fabrications: Dress, Textiles, Cloth Work, and Other Cultural Imaginings*, ed. E. Jane Burns (New York: Palgrave Macmillan, 2004), 137–46.
49. See Sheila Sweetinburgh, "Clothing the Naked in Late Medieval East Kent," in *Clothing Culture*, ed. Richardson, 109–21; Dolly MacKinnon, "Charitable Bodies: Clothing as Charity in Early-Modern Rural England," in *Practices of Gender in Late Medieval and Early Modern Europe*, eds Megan Cassidy-Welch and Peter Sherlock (Turnhout: Brepols, 2008), 235–59.
50. See Elisabeth Salter, "Reworked Material: Discourses of Clothing Culture in Early Sixteenth-Century Greenwich," in *Clothing Culture*, ed. Richardson, 179–91; Kristen M. Burkholder, "Threads Bared: Dress and Textiles in Late Medieval English Wills," in *Medieval Clothing and Textiles* 1, eds Robin Netherton and Gale Owen-Crocker (Woodbridge: Boydell Press, 2005), 133–53. For an extensive study using wills as primary source material, Maria Hayward, *Rich Apparel: Clothing and the Law in Henry VIII's England* (Farnham: Ashgate, 2009).
51. *Liber Famelicus of Sir James Whitelocke*, ed. John Bruce, Camden Society 70 (1858), 24.
52. Jane E. Huggett, "Rural Costume in Elizabethan Essex: A Study Based on the Evidence of Wills," *Costume* 33 (1999): 74–88; discussion of garment descriptions and quotes, 75–6.
53. Sara Mendelson and Patricia Crawford, *Women in Early Modern England 1530–1720* (Oxford: Clarendon Press, 1998), 222.
54. See for this area: Collier Frick, "The Florentine Rigattieri"; Patricia Allerston, "Reconstructing the Second-Hand Clothes Trade in Sixteenth- and Seventeenth-Century Venice," *Costume* 33 (1999): 46–56; Patricia Allerston, "Clothing and Early Modern Venetian Society," in *The Fashion History Reader: Global Perspectives*, eds Giorgio Riello and Peter McNeil (London and New York: Routledge, 2010), 93–110 (an earlier version published in *Continuity and Change* 15 (2000): 367–90); Kate Kelsey Staples, "Fripperers and the Used Clothing Trade in Late Medieval London," in *Medieval Clothing and Textiles* 6, eds Robin Netherton and Gale Owen-Crocker (Woodbridge: Boydell Press, 2010), 151–71; Harald Deceulaer, "Second-Hand Dealers in the Early Modern Low Countries: Institutions, Markets and Practices," in *Alternative Exchanges: Second-Hand Circulations from the Sixteenth Century to the Present*, ed. Laurence Fontaine (New York and Oxford: Berghahn Books, 2008), 13–42; Deceulaer, "Entrepreneurs in the Guilds"; Beverley Lemire, "Shifting Currency: The Culture and

Economy of the Second Hand Trade in England, c. 1600–1850," in *Old Clothes, New Looks*, eds Palmer and Clark, 29–47.

55. Jones and Stallybrass, *Renaissance Clothing*, 26–32; Matchette, "Credit and Credibility."
56. Matchette, "Credit and Credibility," 227; Jones and Stallybrass, *Renaissance Clothing*, 30, 184. Also on the frequency of clothing pledges, Lemire, "Plebeian Commercial Circuits," 251–2, albeit with statistics mostly for a later period, and "Shifting Currency."
57. Mendelson and Crawford, *Women in Early Modern England*, 222.
58. John Stowe, *The Survey of London*, orig. pub. 1598 and 1603 (London: Nicholas Bourn, 1633), 215–16.
59. Trevor Dean, *Crime in Medieval Europe 1200–1550* (Harlow and London: Longman, 2001), 19.
60. Thomas Harman, *A caueat for common cursetors vvlgarely called uagaboes* (London: Wylliam Gryffith, 1567), sig. B4v–C1r.
61. *Dudley Carleton to John Chamberlain 1603–1624: Jacobean Letters*, ed. Maurice Lee (New Brunswick: Rutgers University Press, 1972), 153.
62. Public Record Office, State Papers Domestic, Charles I, SP16/479/78.
63. A phenomenon particularly common it seems in Italian cities: e.g. Allerston, "Clothing and Early Modern Venetian Society," 100.

Chapter 3

1. Isabelle Paresys, "The Dressed Body: the Moulding of Identities in Sixteenth Century France," in *Cultural Exchange in Early Modern Europe*, vol. 4; *Forging European Identities, 1400–1700*, ed. H. Roodenburg (Cambridge: Cambridge University Press–European Science Foundation, 2007), 227–257; Ulinka Rublack, *Dressing Up: Cultural Identity in Renaissance Europe* (Oxford: Oxford University Press, 2010).
2. Ulrike Ilg, "The Cultural Significance of Costume Books in Sixteenth-Century Europe," in *Clothing Culture, 1350–1650*, ed. C. Richardson (Aldershot: Ashgate, 2003), 29–47.
3. Georges Vigarello, *Le corps redressé. Histoire d'un pouvoir pédagogique* (Paris: Delarge, 1978) and Philippe Perrot, *Les dessus et le dessous de la bourgeoisie, une histoire du vêtement au XIXe s* (Paris: Fayard, 1981).
4. E.g. Odile Blanc, *Parades et parures. L'invention du corps de mode à la fin du Moyen Age* (Paris: Gallimard, 1997); Joanne Entwistle, *The Fashioned Body. Fashion, Dress and Modern Social Theory* (Cambridge: Polity, 2000); Susan J. Vincent, *The Anatomy of Fashion: Dressing the Body from the Renaissance to Today* (Oxford: Berg, 2009).
5. See Susan Vincent, "From the cradle to the grave. Clothing the early modern body," in *The Routledge History of Sex and the Body, 1500 to the Present*, eds Sarah Toulalan and Kate Fisher (London and New York: Routledge, 2013), 163–76.
6. Evelyn Welch, *Shopping in the Renaissance: Consumer Cultures in Italy 1400–1600* (Yale: Yale University Press, 2005).
7. Erving Goffman, *The Presentation of Self in Everyday Life* (New York: Anchor Books, 1959).
8. Sylvie Steinberg, *La Confusion des sexes. Le travestissement de la Renaissance à la Révolution* (Paris: Fayard, 2001), 180–94.
9. Ibid., 103–8.
10. From Philippe Ariès, *L'Enfant et la vie familiale* (Paris: Seuil, 1975), 79.
11. Brantôme, *Recueil des Dames* (Paris: Gallimard, 1991), II, III: "Sur la beauté de la jambe, et la vertu qu'elle a," 451–2.
12. Quoted by Giorgio Riello, "From Renaissance Platforms to Modern High Heels: Disequilibrium of gait," in *A Feast for the Eyes! Spectacular Fashions*, eds A.C. Laronde, S. Boucher and I. Paresys (Milano: Silvana Editoriale, 2012), 115–17.
13. This style was also adopted in England and the Low Countries, but not in Spain or in Italy: Janet Arnold, *Patterns of Fashion: The cut and construction of clothes for men and women c. 1560–1620* (London: Macmillan, 1985), 49.

14. Ibid.
15. Gabriel André Perouse, "La Renaissance et la beauté masculine," in *Le Corps à la Renaissance. Actes du XXXe colloque de Tours 1987*, eds J. Céard et alii (Paris: Amateurs de Livres, 1990), 60–76.
16. Thomas Lüttenberg, "The Cod-piece. A Renaissance Fashion between Sign and Artefact," *The Medieval History Journal*, vol. 8, no. 1 (2005): 49–81.
17. See various examples in Janet Arnold and Jenny Tiramani, *Patterns of Fashion 4: The cut and construction of linen shirts, smocks, neckwear, headwear and accessories for men and women c. 1540–1660* (London: Macmillan, 2008).
18. Paresys, "A profusion of ruffs," in *A Feast for the Eyes*, 100–3.
19. Juan de Alcega, *Libro de geometria, práctica y traça, el cual trata de lo tocante al officio del sastre* (Madrid: Guillermo Drouy, 1580).
20. Francisco de la Rocha Burguen, *Geometria y Traça perteneciente al officio de Sastres* (Valencia, Pedro Patricio Mey, 1618). See Doretta Davanzo Poli, "Il sarto," *Storia d'Italia, Annali 19, La moda,* eds M. Belfanti and F. Giusberti (Torino: Einaudi, 2003), 539.
21. Vincent, *Dressing the Elite*, 48–9.
22. Montaigne, *Essais*, in *Oeuvres complètes* (Paris: Gallimard, 1962), Bk. I, chapter XLIII.
23. Jacqueline Boucher, *Société et mentalités autour de Henri III* (Lille: Atelier de reproduction des thèses, 1981), 1138.
24. Not all fashionable ladies were followers of such a constrictive system. In sixteenth-century Italy, for example, some women espoused an alternative silhouette. A Venetian ambassador visiting Paris in 1577 thought that women were "even more elegant . . . and more slender" (than his country women) because of their soft waist and *vertugadin*. But a French traveler in Italy, just a few years later, marveled at the "overly loose waists" of Roman women, which "made them seem pregnant," a statement apparently not intended as a compliment, see "Voyage de J. Lippomano, ambassadeur de Venise en France en 1577," in *Le Voyage en France. Anthologie des voyageurs européens en France, du Moyen Age à la fin de l'Empire* eds J.-M. Goulemot et al. (Paris: Laffont, 1995), 126–7; Montaigne, *Journal de voyage en Italie*, in *Oeuvres complètes*, 1217.
25. Jenny Tiramani, "Pins and Aglets," in *Everyday Objets: Medieval and Early Modern Material Culture and its Meanings*, eds T. Hamlin and C. Richardson (Aldershot: Ashgate, 2010), 92.
26. Brantôme, *Recueil des Dames,* 129.
27. Vigarello, *Le Corps redressé*, chapter 1.
28. Baldassare Castiglione, *Il Libro del Cortegiano* (Venezia: Aldo Manuzio, 1528), Bk. II, chapter 27.
29. Montaigne, *Essais*, Bk. I, chapter XXXVI, 223.
30. E.g. François Deserpz (Desprez), *Receuil des la diversité des habits, qui sont de present en usage, tant es pays d'Europe, Asie, Affrique & Isles sauvages* (Paris: Richard Breton, 1562).
31. Jean de Léry, *History of a voyage to the land of Brazil, otherwise called America* (1578), ed. J. Whatley (Berkeley: University of California Press, 1990).
32. Franck Lestringant (ed.), *Le Brésil d'André Thévet. Les singularités de la France Antarticque (1557)*, (Paris: Chandeigne, 1997), 126.
33. Christian Marouby, *Utopie et primitivisme. Essai sur l'imaginaire anthropologique à l'âge classique* (Paris: Seuil, 1990), 126–37; Murdoch Graeme, "Dress, Nudity and Calvinist Culture in Sixteenth-Century France," in *Clothing Culture*, ed. Richardson, 123–36.
34. Denis Crouzet, "Imaginaire du corps et violence au temps des troubles de Religion" in *Le corps à la Renaissance, Actes du colloque de Tours, 1987*, eds J. Céard et el. (Paris: Amateurs de livres, 1990), 115–27.
35. *Un banquier mis à nu. Autobiographie de Matthäus Schwarz, bourgeois d'Augsbourg*, ed. Ph. Braunstein (Paris: Gallimard, 1992); Rublack, *Dressing Up,* chapter 2.
36. Georges Vigarello, *Concepts of Cleanliness: changing attitudes in France since the Middle Age* (Cambridge: Cambridge University Press, 1988); Vincent, *The Anatomy of Fashion*, chapter 5.

37. Ibid., 146–8.
38. Christine Aribaud, “Les taillades dans le vêtement de la Renaissance: l’art des nobles écritures,” in *Paraître et se vêtir* (Sainte-Etienne: PU Sainte-Etienne), 143–58.
39. Montaigne, *Essais*, Bk. III, chapter V, 70.
40. Béroalde de Verville, *Le Moyen de parvenir (1617)*, (Albi: éd. du Passage, 2002), 57.
41. Jeffrey C. Persels, “Brageta Humanistica, or Humanism’s Codpiece,” *Sixteenth-Century Journal* 28 (1997): 79–99; Rabelais, *Gargantua* (Paris: Garnier-Flammarion, 1968), 70.
42. Paresys, “Vêtir les souverains français à la Renaissance: les garde-robes d’Henri II et de Catherine de Médicis en 1556 et 1557,” in *Se vêtir à la cour en Europe (1400–1815)*, eds I. Paresys and N. Coquery (Villeneuve d’Ascq: Centre de recherche du château de Versailles-IRHiS-CEGES Lille 3, 2011), 133–57.
43. Daniel Roche, *The Culture of Clothing: Dress and Fashion in the Ancien Régime* (Cambridge: Cambridge University Press, 1996), 182.
44. Roberta Orsi Landini and Bruna Niccoli, *Moda a Firenze 1540–1580: lo stile di Eleonora di Toledo e la sua influenza* (Florence: Polistampa, 2005), 133.
45. Pietro Bertelli, *Diversarum Nationum Habitus Gentum* (Padua: Alci, 1589), and Vecellio, *Habiti antichi et moderni di tutto il mondo* (Venezia: Zenaro, 1590).
46. Quoted in *Essais historiques sur les modes et la toilette française par le chevalier de***, tome premier* (Paris: Librairie universelle Pierre Mongie, 1824), 142–3.
47. Vigarello, *Concepts of cleanliness*, part 1, chapter 1.
48. Vincent, *Anatomy of Fashion*, 141.
49. Vecellio, *Habiti antichi et moderni*: Citella Spagnuola, fig. 621–2.
50. Rosine Lambin, *Le voile des femmes. Un inventaire historique, social et psychologique* (Bern: Peter Lang, 1999).
51. Annick le Guérer, *Le parfum des origines à nos jours* (Paris: Odile Jacob, 2005).
52. Vigarello, *Concepts of Cleanliness*, part 2, chapter 3.
53. *Le bain et le miroir: soins du corps et cosmétique de l’Antiquité à la Renaissance*, eds I. Bardiès-Fronty and M. Bimbenet-Privat (Paris: Gallimard, 2009), 329.
54. Hans Maler, *Portrait of Anton Fugger*, c. 1525. Paris, musée du Louvre, inv.: RF2002–28.
55. Bardiès-Fronty and Bimbenet-Privat, *Le bain et le miroir:* p. 315.
56. On the corporal hexes and the habitus, see Marcel Mauss, “Les techniques du corps,” *Journal de Psychologie*, XXXII, mars–avril 1936: 363–86; Pierre Bourdieu, *La distinction, Critique sociale du jugement* (Paris: Minuit, 1979).
57. John Bulwer, *Anthropometamorphosis* (London: J. Hardesty, 1650).

Chapter 4

1. Willliam Durand, *On the Clergy and their Vestments*, trans. and intro. Timothy M. Thibodeau (Chicago: University of Scranton Press, 2010).
2. Quoted in Ulinka Rublack, *Dressing Up: Cultural Identity in Renaissance Europe* (Oxford: Oxford University Press, 2010), 82.
3. Thomas M. Izbicki, “Forbidden Colors in the Regulation of Clerical Dress from the Fourth Lateran Council (1215) to the Time of Nicholas of Cusa (d. 1464),” *Medieval Dress and Textiles* 1 (2005): 105.
4. Rublack, *Dressing Up*, 85.
5. Andrea Denny-Brown, “Old Habits Die Hard: Vestimentary Change in William Durandus’ *Rationale Divinorum Officiorum*,” *Journal of Medieval and Early Modern Studies* 39/3 (2009): 547.
6. Innocent III, *De sacro altaris mysterio* (Sylvae-Ducum: Verhoeven, 1846), 86–92.
7. J. Wickham Legg, *Notes on the History of the Liturgical Colours* (London: John S. Leslie, 1882).
8. John Gage, *Colour and Culture* (London: Thames & Hudson, 1993), 84.

9. Girolamo Savonarola, *De simplicitate christianae vitae*, ed. Pier Giorgio Ricci (Rome: Angelo Belardetti Editore, 1959), 100–1 (liber IV, conclusio VIII): "et cum votum paupertatis emiserint, fugiunt eam quasi leaenam et ursam captis filiis."
10. Alison Wright, *The Pollaiuolo Brothers: The Arts of Florence and Rome* (New Haven and London: Yale University Press, 2005), 257–86.
11. Ibid., 260.
12. Ibid., 261.
13. Sharon Strocchia, *Nuns and Nunneries in Renaissance Florence* (Baltimore: Johns Hopkins University Press, 2009), 126–44.
14. Craig A. Monson, "The Council of Trent Revisited," *Journal of the American Musicological Society* 55/1 (2002): 10.
15. Graeme Murdock, "Dressed to Repress? Protestant Clerical Dress and the Regulation of Morality in Early Modern Europe," *Fashion Theory: The Journal of Dress, Body and Culture* 4/2 (2000): 179–99.
16. Ibid., 181.
17. Quotation and translation taken from Carl Piepkorn, *The Survival of the Historic Vestments in the Lutheran Church after 1555* (St. Louis, MO: Concordia Press, 1958), 9.
18. Ibid., 9.
19. Bodo Nischan, "The Second Reformation in Brandenburg: Aims and Goals," *The Sixteenth Century Journal* 14/2 (1983): 181–2.
20. Piepkorn, *The Survival*, 8.
21. Ibid., 12–30.
22. Patrick Collinson, *The Elizabethan Puritan Movement* (Oxford: Clarendon Press, 1990, 1st ed. 1967), 67–96.
23. The instruction is given before the order for morning prayer in chapter VI of the *Book of Common Prayer printed by Whitchurch 1552, commonly called the Second Book of Edward VI*, (London: William Pickering, 1844). I have modernized the spelling.
24. Janet Mayo, *A History of Ecclesiastical Dress* (New York: Holmes & Meier, 1984), 67.
25. Ibid., 68.
26. Ibid., 69.
27. Diane Cole Ahl, "Benozzo Gozzoli's Frescoes of the Life of Saint Augustine in San Gimignano: Their Meaning in Context," *Artibus et Historiae* 7/13 (1986): 35–53.
28. Kaspar Elm, "Augustinus Canonicus—Augustinus Eremita: A Quattrocento Cause Célèbre," in *Christianity and the Renaissance: Image and Religious Imagination in the Quattrocentro*, eds Timothy Verdon and John Henderson (Syracuse, NY: Syracuse University Pres, 1990), 83–107.
29. For a discussion of importance of the representation of the habit of the Augustinian Hermits in visual art between the fourteenth and the fifteenth century, see Cordelia Warr, "Hermits, Habits and History," in *Art and the Augustinian Order in Early Renaissance Italy*, eds Louise Bourdua and Anne Dunlop (Aldershot: Ashgate, 2007), 17–28, republished in Cordelia Warr, *Dressing for Heaven: Religious Clothing in Italy, 1215–1545* (Manchester: Manchester University Press, 2010), 117–30.
30. The rule is published in *Seraphicae legislationis textus originales*, Typographia Collegii S. Bonaventurae: Quaracchi (1897), 35–47. Translation taken from Paschal Robinson, *The Writings of Saint Francis* (London: J.M. Dent and Co., 1906), 66.
31. Duncan Nimmo, *Reform and Division in the Medieval Franciscan Order: From Saint Francis to the Foundation of the Capuchin* (Rome: Capuchin Historical Institute, 1987), 100.
32. Ibid., 121, 133, 157–8.
33. Father Cuthbert (ed. and trans.), *A Capuchin Chronicle* (London: Sheed & Ward, 1931), vii–ix.
34. Ibid., 2–3.
35. Father Cuthbert, *The Capuchins: A Contribution to the History of the Counter Reformation*, 2 vols. (London: Sheed & Ward, 1928 and 1929), 1:21.

36. Cuthbert, *A Capuchin Chronicle*, 3.
37. Ibid., 3–4.
38. Eric Young, "An Unknown Saint Francis by Francisco de Zurbarán," in *The Burlington Magazine* 115/841 (1973): 245–7.
39. Norman P. Tanner, *Decrees of the Ecumenical Councils*, 2 vols. (London: Sheed & Ward, 1990), 2: 774–6.
40. John Harvey, *Men in Black* (London: Reaktion, 1995), 83.
41. John W. O'Malley, *The First Jesuits* (Cambridge MA and London: Harvard University Press, 1993), 341–2.
42. Harvey, *Men in Black*, 84.
43. Jennifer Woodward, *The Theatre of Death: The Ritual Management of Royal Funerals in Renaissance England, 1570–1625* (Woodbridge: Boydell Press, 1997), 19.
44. Juan Luis Vives, *The Education of a Christian Woman*, ed. and trans. Charles Fantazzi (Chicago and London: University of Chicago Press, 2000), 311.
45. Lou Taylor, *Mourning Dress* (London: George Allen & Unwin, 1983), 86.
46. Cesare Vecellio, *Cesare Vecellio's Habiti Antichi e Moderni*, eds and trans. Margaret F. Rosenthal and Ann Rosalind Jones (London: Thames & Hudson, 2008), 186 (fol. 133 v and 134 r).
47. Luke Syson and Dora Thornton, *Objects of Virtue: Art in Renaissance Italy* (London: British Museum Press, 2001), 32.
48. Thomas Tuohy, *Herculean Ferrara* (Cambridge: Cambridge University Press, 1996), 9–10.
49. Michel Pastoureau, *Black: The History of a Colour* (Princeton and Oxford: Princeton University Press, 2008), 102–3; Harvey, *Men in Black*, 52–8.
50. Pastoureau, *Black*, 103; Gabriel Guarino, "Regulation of Appearances during the Catholic Reformation: Dress and Morality in Spain and Italy," in *Le deux réformes chrétiennes: propagation et diffusion*, eds Ilan Zinguer and MyriamYardeni (Leiden and Boston: Brill, 2004), 501.
51. Baldassare Castiglione, *The Book of the Courtier: The Singleton Translation*, ed. Daniel Javitch (New York and London: W.W. Norton & Company, 2002), 89 (Book 2, para. 27).
52. Ibid., 90.
53. Ibid., 88.
54. Ulrike Ulg, "The Cultural Significance of Costume Books in Sixteenth-Century Europe," in *Clothing Culture, 1350–1650*, ed. Catherine Richardson (Aldershot: Ashgate, 2004), 29.
55. Ibid., 40.
56. Ibid., 43.
57. Translation in ibid., 40.
58. A translation and facsimile of the 1562 edition has been published by Sara Shannon (ed. and trans.) and Carol Urness (intro.): François Deserps, *François Deserps, A Collection of the Various Styles of Clothing* (Minneapolis: University of Minnesota Press, 2001).
59. Translation given by Ulg, "The Cultural Significance," 45, from the 1564 edition (*Receuil*, fol. A3-A3 verso).
60. Translation from *Cesare Vecellio's Habiti Antichi e Moderni*, ed. and trans. Rosenthal and Jones, 88 (fol. 35 v and 35 r).
61. Tessa, Storey, "Clothing Courtesans: Fabric, Signals and Experiences," in *Clothing Culture*, ed. Richardson, 104.
62. Ulg, "The Cultural Significance," 46–7.
63. A.L. Beier, *Masterless Men: The Vagrancy Problem in England, 1560–1640* (London: Methuen & Co. Ltd, 1985), 131.
64. Claire Bartram, "Social Fabric in Thynne's *Debate between Pride and Lowliness*," in *Clothing Culture*, ed. Richardson, 137–49.
65. John Block Friedman, "The Iconography of Dagged Clothing and its Reception by Moralist Writers," *Medieval Clothing and Textiles* 9 (2013): 121–38.

66. John Bulwer, *Anthropometamorphosis: Man transformed: or, the artificial changling* (London: William Hunt, 1653, 2nd edition).
67. Rublack, *Dressing Up*, 9.
68. Bulwer, *Anthropometamorphosis*, 458.
69. Joel Konrad, "'Barbarous Gallants': Fashion, Morality, and the Marked Body in English Culture, 1590–1660," *Fashion Theory* 15/1 (2011), 29–48.
70. Aileen Ribeiro, *Dress and Morality* (Oxford: Berg, 2003), 62–3.
71. David Lindsay, *The Minor Poems of Lyndesay*, ed. J.A.H. Murray (London: Trübner, 1871), 574–9.
72. Ribeiro, *Dress and Morality*, 68–9.
73. Philip Stubbes, *The Anatomie of Abuses*, ed. Margaret Jane Kidnie, Renaissance English Text Society, 7th series, vol. 27, Arizona Center for Medieval and Renaissance Studies (Arizona: Tempe, 2002), 66–7, lines 536–54.
74. Stubbes, *The Anatomie of Abuses*, 90–128, lines 1386–2270.
75. Margaret Jane Kidnie, "Introduction," in Stubbes, *The Anatomie of Abuses*, 28–35.
76. Vives, *The Education*, 107.
77. Ibid., 236.
78. Ibid., 311.
79. Rudolph M. Bell, *How To Do It: Guides to Good Living for Renaissance Ladies* (Chicago and London: University of Chicago Press, 1999), 265.
80. Savonarola, *De Simplicitate*, 70–8 (liber III, conclusio VII).
81. See the discussion by Diane Owen Hughes, "Sumptuary Law and Social Relations in Renaissance Italy," in *Disputes and Settlements: Law and Human Relations in the West*, ed. John Bossy (Cambridge: Cambridge University Press, 1983), 69–100.
82. Translation in John Martin Vincent, *Costume and Conduct in the Laws of Basel, Bern and Zurich, 1370–1800* (New York: Greenwood Press, 1969, first published 1935), 141.
83. Alonso Carranza, *Discurso contra malos trajes y adornos lascivos*, Francisco Martinez: Madrid (1639). Translation taken from Amanda Wunder, "Dress (Spain)," in *A Lexicon of the Hispanic Baroque: Transatlantic Exchange and Transformation*, eds Evonne Levy and Kenneth Mills (Austin: University of Texas Press, 2013), 108.
84. Eugenia Paulicelli, *Writing Fashion in Early Modern Italy: From Sprezzatura to Satire* (Farnham: Ashgate, 2014), 215–20.
85. Guarino, "Regulation of Appearances," 507.
86. Michael Carter, "Remembrance, Liturgy and Status in a late medieval English Cistercian Abbey: The Mourning Vestment of Abbot Robert Thornton of Jervaulx," *Textile History* 41/2 (2010), 145–60.
87. Maria Hayward, *Rich Apparel: Clothing and the Law in Henry VIII's England* (Aldershot: Ashgate, 2009), 12.
88. Sharon Strocchia, *Death and Ritual in Renaissance Florence* (Baltimore: Johns Hopkins University Press, 1992), 39–43.
89. Ibid., 21.
90. Sally J. Cornelison, *Art and the Relic Cult of St. Antoninus in Renaissance Florence* (Farnham: Ashgate, 2012), 17–18.
91. Carlos M.N. Eire, *From Madrid to Purgatory: The Art and Craft of Dying in Sixteenth-Century Spain* (Cambridge: Cambridge University Press, 2002), 105–7.
92. Antonio Daza, *Historia de las Llagas de Nuestro Seráfico Padre San Francisco, colegida del Martirologio y Breviario Romano y Treynta Bulas y Dozientos Autores y Santos* (Valladolid, 1617), fols 57 recto – 64 recto.
93. Richard C. Trexler, "Dressing and Undressing Images: An Analytic Sketch," in *Religion and Social Context in Europe and America, 1200–1700*, Richard C. Trexler, Arizona Center for Medieval and Renaissance Studies (Arizona: Tempe, 2002), 381.
94. Christiane Klapisch-Zuber, *Women, Family and Ritual in Renaissance Italy* (Chicago and London: University of Chicago Press, 1985), 324.

95. Trexler, "Dressing and Undressing," 400.
96. Placido Tommaso Lugano, *I processi inediti per Francesca Bussa dei Ponziani* (Città del Vaticano: Bibliotheca Apostica Vaticana, 1945), 257–8.
97. Ibid., 288.

Chapter 5

1. *Hic Mulier* and *Haec Vir* [1620] 1985, in *Half Humankind: Contexts and Texts of the Controversy about Women in England, 1540–1640,* eds Katherine Usher Henderson and Barbara McManus (Urbana: University of Illinois Press, 1985), 265.
2. Janet Winter and Carolyn Savoy, index of "Unisex Clothing," in *Elizabethan Costuming for the Years 1550–1580.* (Oakland, CA: Other Times Publications, 1987).
3. Ulinka Rublack, *Dressing Up: Cultural Identity in Renaissance Europe* (Oxford: Oxford University Press, 2010), 248.
4. Maria Hayward, *Rich Apparel: Clothing and the Law in Henry VIII's England* (Burlington, VT: Ashgate, 2009), 125.
5. Evelyn Welch, "Scented Buttons and Perfumed Gloves: Smelling Things in Renaissance Italy," in *Ornamentalism: The Art of the Renaissance Accessory,* ed. Bella Mirabella (Ann Arbor: University of Michigan Press, 2011), 24–8.
6. Doretta Davanzo Poli, *Il Merletto Veneziano* (Venice: Novara, 1998); Santina Levey, *Lace: A History* (London: Victoria & Albert Museum in association with W.S. Maney & Son, 1983).
7. Eugenia Paulicelli, *Writing Fashion in Early Modern Italy: From Sprezzatura to Satire,* (Burlington, VT: Ashgate, 2014), 145.
8. Ibid., 144–5.
9. Karen Raber, "Chains of Pearls: Gender, Property, Identity," in *Ornamentalism: The Art of the Renaissance Accessory*, ed. Bella Mirabella (Ann Arbor: University of Michigan Press, 2011), 165.
10. Anthony Holden, 2002. "That's no lady, that's . . ." *The Guardian* (April 21, 2002): 15.
11. Jane Ashelford, *A Visual History of Costume in the Sixteenth Century* (London: Batsford, 1993), 15.
12. Ibid., 14.
13. Anne H. Van Buren, with Roger S. Wieck, *Illuminating Fashion: Dress in the Art of Medieval France and the Netherlands, 1325–1515* (London: Giles/New York: The Morgan Library and Museum, 2001). 7; Hayward, *Rich Apparel*, 135.
14. Timothy McCall, "Brilliant Bodies: Material Culture and the Adornment of Men's Bodies in North Italy's Quattrocento Courts," *I Tatti Studies in the Italian Renaissance* 16 (1 & 2) (2013): 451.
15. Hayward, *Rich Apparel*, 119.
16. Baldasar Heseler, in *Andreas Vesalius' First Public Anatomy at Bologna, 1540: An Eyewitness Report,* ed. and trans., Ruben Eriksson (Uppsala: Almqvist & Wiksells, [1540] 1959), 181.
17. Katharine Park, "Was there a Renaissance Body?" in *The Italian Renaissance in the Twentieth Century: Acts of an International Conference, Florence, Villa I Tatti, June 9–11, 1999*, eds Allen J. Grieco, Michael Rocke, and Fiorella Giofreddi Superbi (1999): 325; Gianna Pomata, "Knowledge-Freshening Wind: Gender and the Renewal of Renaissance Studies," in *The Italian Renaissance in the Twentieth Century: Acts of an International Conference, Florence, Villa I Tatti, June 9–11, 1999*, eds Allen J. Grieco, Michael Rocke, and Fiorella Giofreddi Superbi, (Florence: Olschki, 2002), 186–8.
18. Patricia Simons, *The Sex of Men in Premodern Europe: A Cultural History* (Cambridge: Cambridge University Press, 2011), 16.
19. Claude Dubois, "Introduction to Artus Thomas" [1605], *Les Hermaphrodites* (Geneva: Droz, 1996), 18–22.
20. Ann Rosalind Jones and Peter Stallybrass, "Fetishizing Gender: Constructing the Hermaphrodite in Renaissance Europe," in *Body Guards: The Cultural Politics of Gender*

Ambiguity, eds Julia Epstein and Kristina Straub (New York and London: Routledge, 1991), 92.

21. Van Buren, *Illuminating Fashion*, 56.
22. Rublack, *Dressing Up: Cultural Identity in Renaissance Europe*, 17.
23. Ibid., 16.
24. Cesare Vecellio, *Degli Habiti antichi et moderni di diverse parti del Mondo*, trans. Margaret F. Rosenthal and Ann Rosalind Jones (London: Thames & Hudson [1590] 2008), 274.
25. Ann Rosalind Jones and Peter Stallybrass, "Busks, Bodices, Bodies," in *Ornamentalism: The Art of the Renaissance Accessory*, ed. Bella Mirabella (Ann Arbor: University of Michigan Press, 2011), 90.
26. Paulicelli, *Writing Fashion in Early Modern Italy*, 16.
27. Graeme Murdock, "Dress, Nudity and Calvinist Culture in Sixteenth-Century France," in *Clothing Culture, 1350–1650*, ed. Catherine Richardson (Burlington, VT: Ashgate, 2004), 131.
28. Vecellio, *Degli Habiti antichi et moderni*, fol. 145v.
29. Simons, *The Sex of Men in Premodern Europe*, 98.
30. Ibid.
31. Konrad Eisenblicher, "Bronzino's Portrait of Guidobaldo II dellaRovere," Renaissance and Reformation, Vol. 24 (1) (1988): 21–33.
32. Rublack, *Dressing Up*, 135.
33. Michel Eyquem de Montaigne, *Essais*, 1575, quoted in Jeffery Persels, "Bragueta Humanistica, or Humanism's Codpiece," *Sixteenth Century Journal*, 28(1) (1997): 83.
34. Paulicelli, *Writing Fashion in Early Modern Italy*, 104.
35. Will Fisher, "'Had it a codpiece, 'twere a man indeed': The Codpiece as Constitutive Accessory in Early Modern Culture," in *Ornamentalism: The Art of the Renaissance Accessory*, ed. Bella Mirabella (Ann Arbor: University of Michigan Press, 2011), 103.
36. François Rabelais, *Gargantua*, trans. J.M. Cohen (Harmondsworth: Penguin, [1532] 1955), 55.
37. Fisher, "Had it a codpiece," pp. 120–1.
38. Tessa Storey, "Clothing Courtesans: Fabrics, Signals and Experiences," in *Clothing Culture 1350–1650*, ed. Catherine Richardson (Aldershot: Ashgate, 2004), 98.
39. Ibid., 99.
40. Richard Trexler, "La prostitution florentine au XVe siècle: patronage et clientele," *Annales*, Year 36 (6) (1981): 995.
41. Ibid., 996.
42. Ibid., 997–8.
43. Patrizia Cibin, "Meretrici e cortigiane a Venezianel '500," *Donna Woman Femme, Quaderni internazionali di studi sulla donna* 25 (6) (1985): 99.
44. Margaret F. Rosenthal, *The Honest Courtesan: Veronica Franco, Citizen and Writer in Renaissance Venice* (Chicago: University of Chicago Press, 1992), 291 n. 29, 327; Jennifer Haraguchi, "Debating Women's Fashion in Renaissance Venice," in *A Well-Fashioned Image: Clothing and Costume in European Art, 1500–1850*, eds Elizabeth Rodini and Elissa B. Weaver (Chicago: The David and Alfred Smart Museum/University of Chicago, 2002), 30.
45. Vecellio, *Degli Habiti antichi et moderni*, fol. 145v.
46. Henderson and McManus, *Half Humankind*, 267 n. 12; Ann Rosalind Jones and Peter Stallybrass, *Renaissance Clothing and the Materials of Memory* (Cambridge: Cambridge University Press, 2000), 80–1.
47. Ibid., 135.
48. Ibid., 41.
49. Ibid., 41.
50. Susan Vincent, *Dressing the Elite: Clothes in Early Modern England* (Oxford and New York: Berg, 2003), 171–2.

51. In Henderson and McManus, *Half Humankind*, p. 267.
52. Ibid., 282.
53. Ibid., 283–4.
54. Peter Goodrich, "Signs taken for wonders: Community, Identity and a History of Sumptuary Law," *Law and Social Inquiry*, 23 (3) (1998): 715.
55. Van Buren, *Illuminating Fashion*, 4.
56. Hayward, *Rich Apparel*, 29–39.
57. Marzia Cataldi Gallo, "Per una storia del costume genovese nel primo quarto del seicento," in *Van Dyck 350*, eds Susan Barnes and Arthur Wheelock, Jr. (Washington DC and Hanover, NH: National Gallery of Art/University of New England Press, 1994), 119–20.
58. Cataldi Gallo, "Per una storia del costume genovese", 119.
59. Maria Giuseppina Muzzarelli, "Reconciling the Privilege of a Few with the Common Good: Sumptuary Laws in Medieval and Early Modern Europe," *Journal of Medieval and Early Modern Studies* 39 (3), special issue (2009) ed. Margaret F. Rosenthal, *Cultures of Clothing in Later Medieval and Early Modern Europe*: 609.
60. Patricia Fortini Brown, "The Venetian Casa," in *At Home in Renaissance Italy* eds Marta Ajmar-Wollheim and Flora Dennis (London: V&A Publications, 2006) 60.
61. Giacomo Franco, *Habiti delle donne veneziane*, ed. Lina Urban (Venice: Centro Internazionale della Grafica di Venezia, [1610] 1990), 3.
62. Rita Casagrande di Villaviera, *Le cortigiane venetiane nel Cinquecento* (Milan: Longanesi, 1986), 60–1.
63. Christine Varholy, "'Rich like a Lady': Cross-class Dressing in the Brothels and Theaters of Early Modern London Authors," *Journal for Early Modern Cultural Studies*, 8 (1) (2008): 9.
64. Will Fisher, "Making most solemne love to a petticote": Clothing Fetishism in Early Modern English Culture," Renaissance Society of America conference, Berlin, March 27, 2015.
65. Thomas Nashe, "A choise of valentines (1592–3), in *The Penguin Book of Renaissance Verse*, H.R. Wudhuysen (ed.), David Norbrook (ed. intro), (London: Allen Lane/Penguin, 1992), 255.
66. Kathleen Brown, "'Changed into the Fashion of a Man': The Politics of Sexual Difference in a Seventeenth-Century Anglo-American Settlement," *Journal of the History of Sexuality* 6 (2) (1995): 171.
67. Ibid., 176.
68. Ibid., 175.

Chapter 6

1. Thomas Kemp, ed., *The Black Book of Warwick* (Warwick, n.d.), 1.
2. Key works on English clothing and social hierarchies include Maria Hayward, *Rich Apparel: Clothing and the Law in Henry VIII's England* (Aldershot: Ashgate, 2009); Alan Hunt, *Governance of the Consuming Passions: A History of Sumptuary Law* (London: Palgrave Macmillan, 1996), especially chapter 12; Negley Harte, "State Control of Dress and Social Change in Pre-Industrial England," in *Trade, Government and Economy in Pre-Industrial England*, eds D.C. Coleman and A.H. John (London: Weidenfeld & Nicolson, 1976); F.E. Baldwin, *Sumptuary Legislation and Personal Regulation in England* (Baltimore: Johns Hopkins University Press, 1926); Susan Vincent, *Dressing the Elite, Clothes in Early Modern England* (Oxford: Berg, 2003); Roze Hentschell, *The Culture of Cloth in Early Modern England: Textual Construction of a National Identity* (Aldershot: Ashgate, 2008); Section 3, plus chapters by Bartram and Hentschell in *Clothing Culture 1350–1650*, ed. Catherine Richardson (Aldershot: Ashgate, 2004).
3. Hunt, *Governance of the Consuming Passions*, 36, tables on 29–33; he argues that "the discourses of sumptuarism became integrated within and then submerged by those of protectionism" in the seventeenth century, offering another route for "the sumptuary spirit," 324.

4. Hayward, *Rich Apparel*, 17.
5. See Baldwin, *Sumptuary Legislation and Personal Regulation in England*, chapters IV and V; summary in Hayward, *Rich Apparel*, Table 1.1, 29–39.
6. The 1563 act made clear its intention to stop individuals spending money they did not have, threatening, "whosoever shall sell or deliver to any person (having not in possession lands or fees to the clear yearly value of £3000) any foreign [clothing] wares . . . for which wares, or the workmanship thereof, the seller shall not have received the whole money or satisfaction in hand" or within twenty-eight days following—you had to have a supply of ready money to be served by the mercer or tailor, Baldwin, *Sumptuary Legislation and Personal Regulation in England*, 209.
7. Kemp, *The Black Book of Warwick*, xxvii–xxviii.
8. On the history of the order see Peter Begent ed., *The Most Noble Order of the Garter, 650 years* (London: Spink & Son, 1999).
9. Janet Arnold, *Queen Elizabeth's Wardrobe Unlock'd* (Leeds: Maney, 1988), 67. Henry VIII had owned a similar "mantell of clothe of Silver lyned withe white Satten" to wear when he celebrated the saint's day, his decorated "withe Scalloppe Shelles," and a gold collar of alternating paired cockle shells and friar's girdles; Maria Hayward, *Dress at the Court of King Henry* VIII (Leeds: Maney, 2007), 138.
10. Hayward, *Dress at the Court of King Henry VIII*, 129–31.
11. Arnold, *Queen Elizabeth's Wardrobe Unlock'd*, 76.
12. The bill for their wages and the cloth for their liveries in 1540 was "£6,121 14s 11½d for the king's side and £571 2s 3½d for the queen's," Hayward, *Rich Apparel*, 244, 246.
13. Simon Adams ed., *Household Accounts and Disbursement Books of Robert Dudley, Earl of Leicester*, Camden Society Fifth Series (No. 6), (Cambridge: Cambridge University Press, 1996), 426–8.
14. For a discussion of the mentality behind livery see A.R. Jones and P. Stallybrass, *Renaissance Clothing and the Materials of Memory* (Cambridge: Cambridge University Press, 2000). especially pp. 17–21.
15. Hayward, *Rich Apparel*, 33.
16. Hayward, *Dress at the Court of King Henry VIII*, 95, 10.
17. Arnold, *Queen Elizabeth's Wardrobe Unlock'd*, 93; Jane A. Lawson ed., *The Elizabethan New Year's Gift Exchanges, 1559–1603* (Records of Social and Economic History 51), (Oxford: Oxford University Press, 2013).
18. Janet Cox-Rearick, "Power-Dressing at the Courts of Cosimo de' Medici and François I: The 'moda alla spagnola' of Spanish Consorts Eléonore d'Autriche and Eleonora di Toledo," *Artibus et Historiae* 30: 60, 2009: 39. For the relationship between style and cloth in the construction of Florentine identity see Elizabeth Currie, "Clothing and a Florentine style, 1550–1620," *Renaissance Studies*, 23: 1, 2009: 33–52.
19. "'Living Dolls': François Ier Dresses His Women," *Renaissance Quarterly*, 60: 1, 2007: 94–130.
20. For further details of his life see N.G. Jones, "Puckering, Sir John," *ODNB*, xlv, 503–4; A. Thrush and J.P. Ferris, *History of Parliament, House of Commons, 1604–1629*, v (Cambridge: Cambridge University Press, 2010), 773–7.
21. See Ann Hughes, *Politics, Society and Civil War* (Cambridge: Cambridge University Press, 2002), 21–4.
22. J. Whittle and E. Griffiths, *Consumption and Gender in the Early Seventeenth-Century Household: the world of Alice Le Strange* (Oxford: Oxford University Press, 2012), 18, 21, 23.
23. Ibid., 51–2.
24. Hayward, *Dress at the Court of King Henry VIII*, 32–3.
25. For more on the development of the season see the pioneering article by F.J. Fisher, "The development of London as a centre of conspicuous consumption in the sixteenth and

seventeenth centuries," *Transactions of the Royal Historical Society*, 4th ser., 30, 1948: 37–50; on new shopping practices Linda Levy Peck, *Consuming Splendor: Society and Culture in Seventeenth-Century England* (Cambridge: Cambridge University Press, 2005), 71. She also comments that the "secondhand market in goods re-circulated aristocratic clothing to those of lower status," although this downwards circulation of fashionable dress was apparently much less prominent and widespread than it was in Italy, where "the diffuse practice of recirculating material goods . . . brought people from across the social scale into contact with dealers"; Ann Matchette, "Credit and credibility: used goods and social relations in sixteenth-century Florence," in *The Material Renaissance*, eds Michelle O'Malley and Evelyn Welch (Manchester: Manchester University Press, 2007), 225–41.

26. Evelyn Welch, *Shopping in the Renaissance* (New Haven: Yale, 2005); for Germany see Ulinka Rublack, *Dressing Up: Cultural Identity in Renaissance Europe* (Oxford: Oxford University Press, 2010).
27. The purchases are listed in the account book, Shakespeare Centre Library and Archive DR 37/3/17, and a transcription and further analysis of his purchasing patterns can be found in *The Household Account Book of Sir Thomas Puckering of Warwick 1620: Living in London and the Midlands*, eds Mark Merry and Catherine Richardson (Stratford-upon-Avon: Dugdale Society, 2012), 6–72.
28. Whittle and Griffiths, *Consumption and Gender in the Early Seventeenth-Century Household*, 58, 61.
29. See Vincent, *Dressing the Elite, Clothes in Early Modern England*, 33 for the different forms of labor needed; for Elizabeth's dressing, Arnold, *Queen Elizabeth's Wardrobe Unlock'd,* 157, 112, 12.
30. My thanks to David Mitchell for this information, based on his work on the silk trades in Restoration London; see also Peck, *Consuming Splendor: Society and Culture in Seventeenth-Century England*, chapter 2, for English efforts to establish a native industry. The opening of foreign markets had an impact on elite dress across Europe, B. Lemire and G. Riello, "East and West: textiles and fashion in early modern Europe," *Journal of Social History*, 41: 4, 2008: 887–916. In France for instance, the Siamese Embassy of 1686 brought back appealingly distinctive ikats from Thailand which were quickly adopted by the French nobility, Ina Baghdiantz McCabe, *Orientalism in Early Modern France* (Oxford: Berg, 2008).
31. Margaret Spufford, "Fabric for Seventeenth-Century Children and Adolescents' Clothes," *Textile History* 34: 1 (2003): 48–9.
32. Danae Tankard, "A Pair of Grass-Green Woollen Stockings: The Clothing of the Rural Poor in Seventeenth-Century Sussex," *Textile History* 43:1 (2012): 9–13.
33. Canterbury Cathedral Archives and Library PRC 11.63.350. Tankard argues for the seventeenth century that "all but the truly indigent would have had a minimum of two sets" of clothing.
34. Spufford, "Fabric for Seventeenth-Century Children and Adolescents' Clothes": 51–2.
35. Ibid., 61; Tankard, "A Pair of Grass-Green Woollen Stockings": 10; Diana O'Hara, "Ruled by my friends: aspects of marriage in the diocese of Canterbury, c. 1540–1570," *Continuity and Change*, 6 (1991): 9–41; Catherine Richardson, "A very fit hat; personal objects and early modern affection," in *Everyday Objects*, eds C. Richardson and T. Hamling (Aldershot: Ashgate, 2010), 289–98.
36. Records in F.G. Emmison, *Elizabethan Life: Home, Work and Land* (Chelmsford: Essex Record Office Publication no. 69, 1976), 165, 92, 167.
37. For notions of credit in this period see Craig Muldrew, *The Economy of Obligation, the Culture of Credit and Social Relations in Early Modern England* (London: Palgrave Macmillan, 1998).
38. Sheila Sweetinburgh, "Clothing the Naked in Late Medieval East Kent," in *Clothing Culture, 1350–1650*, ed. Catherine Richardson (Aldershot: Ashgate, 2004), 110, 114, 117, 119.

39. William Dugdale, *The Antiquities of Warwickshire* (2nd edition, Rev. William Thomas, 1730), 417. Beier states that a quarter of the population were living in poverty in the town during challenging times, "The social problems of an Elizabethan country town: Warwick, 1580–90," in *Country Towns in Pre-Industrial England*, ed. Peter Clark (Leicester: Leicester University Press, 1981), 50.
40. Dugdale, *The Antiquities of Warwickshire*, 463.
41. Examples include the Common Chest of Leisnig in Saxony or the general almonries of Lyon, Rouen, Antwerp and the cities of Holland, Brian Pullan, "Catholics, Protestants, and the Poor in Early Modern Europe," *The Journal of Interdisciplinary History*, 35: 3(2005): 441–56.
42. A.S. Saunders, "Provision of apparel for the poor in London, 1630–1680," *Costume* 40, (2006): 22.
43. Ibid., 26.
44. Spufford sets £300 and above as the value of the goods of "the normal bottom of the range for inferior gentry," 53.
45. Keith Wrightson, "Sorts of People in Tudor and Stuart England," in *The Middling Sort of People: Culture, Society, and Politics in England, 1550–1800*, eds Jonathan Barry and Christopher Brooks (New York: St. Martin's Press, 1994), 30, 38, 37, 35, 40. For more on the materiality of English middling status see Henry French, *The Middle Sort of People in Provincial England 1600–1750* (Oxford: Oxford University Press, 2007), chapter 3; and Catherine Richardson and Tara Hamling, *A Day at Home in Early Modern England: The Materiality of Domestic Life, 1500–1700* (New Haven: Yale University Press, forthcoming 2015).
46. Barry and Brooks (eds), *The Middling Sort of People*, 15, 2.
47. Ibid., 14–15.
48. For Italy and Germany see, for instance, Caroline Collier Frick, *Dressing Renaissance Florence* (Baltimore: Johns Hopkins Press, 2002); Rublack, *Dressing Up*.
49. Quoted in Graham Durkin, "The Civic Government and Economy of Elizabethan Canterbury," unpublished PhD thesis (Canterbury Christchurch, 2001), 55.
50. See for instance Canterbury Cathedral Archives and Library, PRC 21.1.25, inventory of Christopher Scott, alderman, 1568, whose gown of scarlet with a velvet tippet is valued at £3 6s 8d; further analysis of the bequest of such items is being undertaken for a project on, "Material Communities: clothing and early modern urban space," on which I am currently working.
51. Towns usually paid for such portraits: see Robert Tittler, *The Face of the City* (Manchester: Manchester University Press, 2007), 120.
52. Joseph Meadows Cowper (ed.), *The Diary of Thomas Cocks, March 25th, 1607, to December 31st, 1610* (Cross and Jackson, 1901).
53. T.N. Brushfield, "The Financial Diary of a Citizen of Exeter, 1631–43," *Reports and Transactions of the Devonshire Association* 3 (1901).
54. Richardson, forthcoming 2016.
55. In Florence, mercantile time also went into "the minutiae of the marketplace," including negotiation over embellishments such as pearls, feathers, ribbons and spangles, Frick, *Dressing Renaissance Florence*, 222–3.
56. For comparative examples see Anne E.C. McCants, "Good at Pawn: the overlapping worlds of material possessions and family finance in Early Modern Amsterdam," *Social Science History* 31:2 (2007), where she argues that both shop credit and pawning were more available to the middling sort than those beneath them.
57. Brushfield, "The Financial Diary of a Citizen of Exeter, 1631–43," 199.
58. For details of Philip Henslowe's pawnbroking business, in which clothing made up 62.2 percent of pawns, see J. Boulton, *Neighbourhood and Society: A London Suburb in the Seventeenth Century* (Cambridge: Cambridge University Press, 1987), 87–97.
59. For the development of the early modern grocery trade see, Jon Stobart, *Sugar and Spice: grocers and groceries in Provincial England, 1650–1830* (Oxford: Oxford University Press, 2013).

60. See for comparison the inventory of Hans Dinesen of Odense in Denmark in the 1580s, which lists, among other contents of his daughter's chest, several goods given for weddings including two satin collars one of which was given to her "for her sister Anne's wedding" and a black cloak of English cloth that her mother gave her "for Doctor Peder's wedding." Project website "Fashioning the Early Modern," http://www.fashioningtheearlymodern.ac.uk/object-in-focus/the-probate-of-hans-dinesen/
61. Brushfield, "The Financial Diary of a Citizen of Exeter, 1631–43"; 208.
62. Ibid., 203.
63. Richardson, "'As my whole trust is in him': Jewellery and the Quality of Early Modern Relationships," in *Ornamentalism: The Art of Renaissance Accessories*, ed. Bella Mirabella (Ann Arbor: University of Michigan Press, 2011), 182–201.
64. Only "four of the 50 Elizabethan mayors came from outside the merchant class," Muldrew, *The Economy of Obligation*, 57.
65. Barry and Brooks, *The Middling Sort of People*, 17.
66. Hunt, *Governance of the Consuming Passions*, 105.
67. Brushfield, p. 243; for the significance of gloves in urban culture see Robert Titller, "Freemen's Gloves and Civic Authority: The Evidence from Post-Reformation Portraiture," *Costume* 40, 2006, 13–20.
68. For more on developing national and international markets see Keith Wrightson, *Earthly Necessities: Economic Lives in Early Modern Britain*, Yale University Press, 2000.

Chapter 7

1. Sydney Nettleton Fisher, *The Middle East: A History* (London: Routledge, 1971).
2. Salih Özbaran, *Bir Osmanlı Kimliği: 14.–17. Yüzyıllarda Rum/Rumi Aidiyetve İmgeleri* (İstanbul: Kitapevi, 2004).
3. Ibid.
4. Stephen Spencer, *Race and Ethnicity: Culture, Identity, and Representation* (London: Routledge, 2006).
5. Ibid.
6. Stephen Cornell and Douglas Hartmann, *Ethnicity and Race: Making Identities in a Changing World* (London: Pine Forge Press, 1998).
7. Robert Bartlett, "Medieval and Modern Concepts of Race and Ethnicity," *Journal of Medieval and Early Modern Studies* 31, no. 1 (2001): 39–56.
8. Spencer, *Race and Ethnicity*.
9. Cornell and Hartmann, *Ethnicity and Race*.
10. Spencer, *Race and Ethnicity*.
11. Margaret F. Rosenthal and Ann Rosalind Jones, *Cesare Vecellio's Habiti Antichi et Moderni: The Clothing of the Renaissance World* (London: Thomas & Hudson, 2008); Mehmet Genç, *Osmanlı İmparatorluğu'nda Devlet ve Ekonomi* (İstanbul: Ötüken, 2007).
12. Hans Dernschwam, *İstanbul ve Anadolu'ya Seyahat Günlüğü*, trans. Yaşar Önen (Mersin: Mersin İmar Basımevi, 1992).
13. The Nishava River flows from Bulgaria to Serbia, passing near the city of Nish.
14. Thorstein Veblen, *The Theory of Leisure Class* (New York: Dover Publications, [1899] 1994).
15. Eminegül Karababa, "Investigating Early Modern Ottoman Consumer Culture in the Light of Bursa Probate Inventories," *Economic History Review* 65, no. 1 (2012): 194–219; Suraiya Faroqhi, *Stories of Ottoman Men and Women* (İstanbul: Eren, 2002), 66–74. See these references for a more detailed explanation of Muslim women's clothing.
16. Dernschwam, *İstanbul ve Anadolu'ya Seyahat*, 338.
17. Stephen Gerlach, *Türkiye Günlüğü 1573–1576*, ed. Kemal Beydilli, trans. Turkis Noyan (İstanbul: KitapYayınevi, 2007), 825–6.
18. Ogier Chiselin de Busbecq, *Türkiye'yi Böyle Gördüm* (Ankara: Kesit, 2004), 21.

19. Ibid.
20. Ibid.
21. Gerlach, *Türkiye Günlüğü,* 821–6, 841.
22. Dernschwam, *İstanbul ve Anadolu'ya Seyahat*, 338; Solomon Schweigger, *Sultanlar Kentine Yolculuk (1578–1581)*, ed. Heidi Stein, trans. S. Türkis Noyan (İstanbul: Kitap Yayınevi, 2004), 46.
23. Dernschwam, *İstanbul ve Anadolu'ya Seyahat*, 31.
24. Ibid.
25. Busbecq, *Türkiye'yi Böyle Gördüm*, 21.
26. Gerlach, *Türkiye Günlüğü*, 841.
27. Bursa is a city located to the south of Istanbul, within Marmara region. It served as the first major capital city of the Empire, until Edirne was conquered in 1363.
28. Karababa, *Investigating Early Modern Ottoman Consumer Culture.*
29. Dernschwam, *İstanbul ve Anadolu'ya Seyahat*, 338.
30. Gerlach, *Türkiye Günlüğü*, 74.
31. Ibid.
32. Dernschwam, *İstanbul ve Anadolu'ya Seyahat*, 32.
33. Charles Schefer, *Antoine Galland: İstanbul'a Ait Günlük Hatıralar (1672–1673)* vol. 1, trans. Nahid Sırrı Örik (Ankara: Türk Tarih Kurumu, 1998), 102; Michael Heberer, *Osmanlı'da Bir Köle: Brettenli Michael Heberer'in Anıları (1585–1588)*, trans. Türkis Noyan (İstanbul: Kitap Yayınevi, 2003), 295; Nicolas de Nicolay, *Muhteşem Süleyman'ın İmparatorluğu'nda,* eds Marie-Christine Gomes-Geraud and Stefanos Yerasimos, trans. Şirin Tekeli and Menekşe Tokyay (İstanbul: KitapYayınevi, [1576] 2014), 182–3; Gerlach, *Türkiye Günlüğü*, 451.
34. In my analysis, I use a recent Turkish translation of Nicolas de Nicolay's book, *Muhteşem Süleyman'ın İmparatorluğu'nda.*
35. Nicolay, *Muhteşem Süleyman'ın İmparatorluğu'nda*, 182–3.
36. This engraving must have been colored at a later period in reference to his text: the original would have been in black and white. I would like to thank Dr. Ayşe Yetişkin Kubilay for providing the image of Nicolay's engraving of the *Greek Girl in Pera.*
37. See Sevgi Gürtuna, *Osmanlı Kadın Giysisi* (Ankara: T.C. Kültür Bakanlığı Yayınevi, 1999) for clothing styles of Ottoman Muslim women.
38. Gerlach, *Türkiye Günlüğü*, 250; Heberer, *Osmanlı'da Bir Köle*, 297.
39. Gerlach, *Türkiye Günlüğü*, 451.
40. Rosenthal and Jones, *Cesare Vecellio's Habiti*, 422.
41. Karababa, *Investigating Early Modern Ottoman Consumer Culture.*
42. Gerlach, *Türkiye Günlüğü*; Heberer, *Osmanlı'da Bir Köle.*
43. Karababa, *Investigating Early Modern Ottoman Consumer Culture.*
44. Edirne is a city in the Thrace region and remained the capital of the Empire until Istanbul was conquered in 1453.
45. Schefer, *Antoine Galland.*
46. Nicolay, *Muhteşem Süleyman'ın İmparatorluğu'nda*, 183; Heberer, *Osmanlı'da Bir Köle,* 295.
47. Chandra Mukerji, "Costume and Character in the Ottoman Empire: Design as Social Agent in Nicolay's Navigations," in *Early Modern Things,* ed. P. Findlen, (London: Routledge, 2013).
48. Nicolay, *Muhteşem Süleyman'ın İmparatorluğu'nda*, 182; Gerlach, *Türkiye Günlüğü*, 95; Heberer, *Osmanlı'da Bir Köle*, 297.
49. Gerlach, *Türkiye Günlüğü*, 95.
50. Ibid.
51. In 1550 and 1584, one Venetian ducat was worth 60 and 65 to 70 akçes respectively: Şevket Pamuk, *Osmanlı İmparatorluğu'nda Paranın Tarihi* (İstanbul: Tarih Vakfı Yurt Yayınları, 1999), 69.

52. Probate books dating back to mid-sixteenth-century Bursa provide us with information about the monetary value of jewelry. For example, in probate book number A71 of Bursa, record number 496 belongs to a Muslim woman from a high-status group. She had 17,000 akçes in total wealth, of which her jewelry was valued at 7,859 akçes. In probate book number A77 of Bursa, record number 152 belongs to another Muslim townswoman, of lower status. She had 33,547 akçes in total wealth, of which jewelry amounted to around 8,297 akçes.
53. Rosenthal and Jones, *Cesare Vecellio's Habiti*, 422
54. Gerlach, *Türkiye Günlüğü*, 95.
55. Karababa, *Investigating Early Modern Ottoman Consumer Culture.*
56. Anne Hollander, *Fabric of Vision: Dress and Drapery in Painting* (London: National Gallery, 2002).
57. Heberer, *Osmanlı'da Bir Köle*, 297.
58. Gülgün Üçel-Aybet, *Avrupalı Seyyahların Gözünden Osmanlı Dünyası ve İnsanları* (İstanbul: İletişim, 2003), 193.
59. Dernschwam, *İstanbul ve Anadolu'ya Seyahat*, 147; Nicolay, *Muhteşem Süleyman'ın İmparatorluğu'nda*, 288.
60. Nicolay, *Muhteşem Süleyman'ın İmparatorluğu'nda*, 288.
61. Ibid.
62. Amnon Cohen, *Jewish Life under Islam* (Cambridge, MA: Harvard University Press, 1984), 73.
63. Nicolay, *Muhteşem Süleyman'ın İmparatorluğu'nda*, 132, 316.
64. Üçel-Aybet, *Avrupalı Seyyahların Gözünden Osmanlı*, 205.
65. Ibid.
66. Dernschwam, *İstanbul ve Anadolu'ya Seyahat*, 151.
67. Ibid.
68. Ibid., 158.
69. Macit Kenanoğlu, *Osmanlı Millet Sistemi: Mit ve Gerçek* (İstanbul: Klasik, 2004), 342–6.
70. Gerlach, *Türkiye Günlüğü*. 633–4.
71. Ibid.
72. Ibid.
73. Ibid, 327.
74. Ahmet Refik Altınay, *Onaltıncı Asırda İstanbul Hayatı* (İstanbul: Enderun, 1988), 51.
75. Gerlach, *Türkiye Günlüğü*, 327.
76. Ibid., 613.
77. Karababa, *Investigating Early Modern Ottoman Consumer Culture.*
78. Rifa'at 'Ali Abou-El-Haj, *Formation of the Modern State: The Ottoman Empire, Sixteenth to Eighteenth Centuries* (Syracuse, NY: Syracuse University Press, 2005), 36.
79. Şerif Mardin, *Türkiye'de Toplum ve Siyaset: Makaleler 1* (İstanbul: İletişim, 2000), 97–101.
80. Donald Quataert, "Clothing Laws, State, and Society in the Ottoman Empire, 1720–1829," *International Journal of Middle East Studies* 29, no: 3 (1997): 403–25.
81. Altınay, *Onaltıncı Asırda İstanbul*; Mardin, *Türkiye'de Toplum ve Siyaset*, 182.
82. Suraiya Faroqhi, "The Ottoman Ruling Group and the Religions of its Subjects in the Early Modern Age: A Survey of Current Research," *Journal of Early Modern History* 14, no. 3 (2010): 259.
83. Altınay, *Onaltıncı Asırda İstanbul*; Kenanoğlu, *Osmanlı Millet Sistemi*, 349–50.
84. Kenanoğlu, *Osmanlı Millet Sistemi*, 342–50.
85. Ibid.
86. Ibid.
87. Kenanoğlu, *Osmanlı Millet Sistemi*, 342–5.
88. Altınay, *Onaltıncı Asırda İstanbul*, 51.

89. Mehmet Şeker, *Gelibolulu Mustafa ʻÂli ve meva ʻidu'n-nefais fi-kava ʻidi'lmecalis* (Ankara: Türk Tarih Kurumu, 1992), 156.
90. Altınay, *Onaltıncı Asırda İstanbul*, 47.
91. *Tarama Sözlüğü* (Ankara: Türk Dil Kurumu Yayınları, 1996). *Tarama Sözlüğü* is a dictionary formed from an analysis of old Turkish texts that date back to the thirteenth century onwards. It is very useful in identifying terms and objects in old Turkish. Each item in the dictionary contains examples from these old texts.
92. Altınay, *Onaltıncı Asırda İstanbul*, 47.
93. Janice Denegri-Knott and Elizabeth Parsons, "Disordering Things," *Journal of Consumer Behavior* 13, no. 2 (2014): 89–98.

Chapter 8

1. Katlijne van der Stighelen, *De portretten van Cornelis de Vos (1584/5–1651): Een Kritische Catalogus* (Brussels: AWLSK, 1990), 71–2.
2. Mark Weiss, "Catherine Carey, Countess of Nottingham," *Tudor and Stuart Portraits* (London: Weiss Gallery, 2012), 32–7.
3. Anne Van Buren, *Illuminating Fashion: Dress in the Art of Medieval France and the Netherlands, 1325–1515* (London: D. Giles Ltd., 2011), 30.
4. Ann Jones and Peter Stallybrass, *Renaissance Clothing and the Materials of Memory* (Cambridge: Cambridge University Press, 2000), 40.
5. Lisa Monnas, *Merchants, Princes and Painters: Silk Fabrics in Italian and Northern Paintings, 1300–550* (New Haven: Yale University Press, 2008), 197.
6. Emilie Gordenker, *Anthony Van Dyck (1599–1641) and the Representation of Dress in Seventeenth-Century Portraiture* (Belgium: Brepols Publishers, 2001), 22.
7. Van Buren, *Illuminating Fashion*, 29.
8. Jones and Stallybrass, *Renaissance Clothing and the Materials of Memory*, 42–5.
9. Dirk De Vos, *Hans Memling: The Complete Works* (London: Harry N. Abrams, 1994), 241.
10. Van Buren, *Illuminating Fashion*, 242.
11. De Vos, *Hans Memling*, 241.
12. Susan Broomhall, *Early Modern Women in the Low Countries: Feminizing Sources and Interpretations of the Past* (Aldershot: Ashgate, 2011), 54.
13. Todd Richardson, *Pieter Bruegel the Elder: Art Discourse in the Sixteenth-Century Netherlands* (Farnham: Ashgate, 2011), 84.
14. Anna Reynolds, *In Fine Style: The Art of Tudor and Stuart Fashion* (London: Royal Collection Trust, 2013), 270–6.
15. Isaac Oliver, *Anne of Denmark*, c. 1610, Royal Collection Trust (RCIN 420025).
16. John Hoskins, *Henrietta Maria*, c. 1632, Royal Collection Trust (RCIN 420891).
17. Jean Cadogan, *Domenico Ghirlandaio: Artist and Artisan* (New Haven: Yale University Press, 2000), 90.
18. Carole Collier Frick, *Dressing Renaissance Florence: Families, Fortunes and Fine Clothing* (Baltimore: Johns Hopkins University Press, 2002), 210.
19. Elizabeth Birbari, *Dress in Italian Painting 1460–1500* (London: John Murray, 1975), 25.
20. Frick, *Dressing Renaissance Florence*, 297.
21. The authorship of this painting is disputed. In some publications it is described as Haarlem School but the Frans Hals Museum currently attributes it to Hendrick Gerritsz Pot.
22. Margriet Van Eikema Hommes, *Changing Pictures: Discoloration in 15th-17th Century Oil Paintings* (London: Archetype Books, 2004), 91.
23. Margaret Scott, *Fashion in the Middle Ages* (Los Angeles: J. Paul Getty Museum, 2011), 109.
24. Ibid.
25. Annamaria Petrioli Tofani et al, *Drawing: Forms, Techniques, Meanings* (Turin: Istituto Bancario San Paolo di Torino, 1991), 198.

26. For example, Inigo Jones's costume design for Queen Henrietta Maria as *Divine Beauty and the Stars* in Tempe Restor'd of 1632 at Chatsworth House, Derbyshire. This includes a flap of paper which offers two choices for the design of the skirt.
27. Jean Michel Massing, "Albrecht Dürer's Irish Warriors and Peasants," *Irish Arts Review Yearbook*, Vol. 10 (1994): 223–6.
28. Another version is in the Albertina in Vienna. For the relationship between the two see Walter Strauss, *The Complete Drawings of Albrecht Dürer. Volume II* (New York: Abaris Books, 1974), 506.
29. Agathe Lewin, *Dürer and Costume: A Study of the Dress in some of Dürer's paintings and drawings* (London, 1993), PhD thesis, 107–10.
30. Carl Goldstein, *Print Culture in Early Modern France: Abraham Bosse and the Purposes of Print* (Cambridge: Cambridge University Press, 2012), 58.
31. George Duplessis, *Catalogue de l'oeuvre de Abraham Bosse*, Nos. 1044–6. (Paris, 1859).
32. Linda Levy Peck, *Consuming Splendor: Society and Culture in Seventeenth-Century England* (Cambridge: Cambridge University Press, 2005), 25–72.
33. Jo Anne Olian, "Sixteenth-Century Costume Books," *Dress: The Journal of the Costume Society of America* 3 (1977), 20–48.
34. Margaret Rosenthal and Ann Jones (eds), *The Clothing of the Renaissance world: Europe, Asia, Africa, the Americas: Cesare Vecellio's Habiti Antichi et Moderni* (London: Thames & Hudson, 2008), 21.
35. Margaret Beam Freeman, *The Unicorn Tapestries* (New York: E.P. Dutton, 1976), 96.
36. Keith Christiansen (ed.), *The Renaissance Portrait: from Donatello to Bellini* (New York: Yale, 2011), 166.
37. John Pope-Hennessy, *Italian Renaissance Sculpture* (London: Phaidon Press, 1996), 181–2.
38. *Giovanni de Medici*, Mino da Fiesole, c. 1455, Museo Nazionale del Bargello, Florence.
39. Peter and Ann Mactaggart, "The Rich Wearing Apparel of Richard, 3rd Earl of Dorset," *Costume*, vol. 14 (1980), 44–7.
40. Sara Stevenson and Helen Bennet, *Van Dyck in Check Trousers: Fancy Dress in Art and Life* (Edinburgh; Scottish National Portrait Gallery, 1978), 19–27.
41. Ibid., 83–5.

Chapter 9

1. Roland Barthes, *The Fashion System,* trans. Matthew Ward and Richard Howard (New York: Hill and Wang, 1983) and *The Language of Fashion*, ed. and trans. Andy Stafford (New York: Berg, 2006). For a history of two centuries of fashion theory see Michael Carter, *Fashion Classics from Carlyle to Barthes* (New York: Berg, 2003).
2. Eugenia Paulicelli, *Writing Fashion: From Sprezzatura to Satire* (Farnham: Ashgate, 2014), 3.
3. Agostino Lampugnani, *La carrozza da nolo. Ovvero del vestire e usanze alla moda* (Bologna and Milan, 1648). On etymology of "moda" see Doretta Davanzo Poli, *Il sarto,* in *Storia d'Italia: La Moda*, eds C. Marco Belfanti and F. Giusberti (Turin: Einaudi, 2003), 541–3.
4. On Italy see Paulicelli, *Writing Fashion*. See also Ann Rosalind Jones and Peter Stallybrass, *Renaissance Clothing and the Material of Memory* (Cambridge: Cambridge University Press, 2000).
5. English translation in Petrarch, *Letters of Old Age,* trans. Aldo Bernardo, Saul Levin, and Rita Bernardo, 2 vols. (Baltimore: Johns Hopkins University Press, 1992).
6. English and Italian texts can be found in Francesco Petrarch, *Canzoniere,* ed. and trans. Mark Musa (Bloomington: Indiana University Press, 1996), 196–7 (translation of poem 126 slightly altered). On Petrarch's personification of literature in the clothing of vernacular or Latin see Jane Tylus, "Petrarch's Griselda and the Sense of an Ending," *Nottingham Medieval Studies* 56 (2012): 421–45.

7. John Florio's Italian–English dictionary of 1598 defines *tela* as any woven cloth that is not made of wool, *A Worlde of Words* (London: Arnold Hatfield, 1598), 414.
8. On the metaphor of the tapestry in Ariosto see Louis C. Pérez, "The Theme of the Tapestry in Ariosto and Cervantes," *Revista de Estudios Hispánicos* 7 (1973): 289–98; Peter De Sa Wiggins, *Figures in Ariosto's Tapestry: Character and Design in the "Orlando Furioso"* (Baltimore: Johns Hopkins University Press, 1986).
9. All translations of Ariosto, unless indicated, are from Ludovico Ariosto, *Orlando Furioso,* trans. Guido Waldman (Oxford: Oxford University Press, 1983).
10. See Ornella Moroni, "Il velo: un excursus nella letteratura italiana," in *Abito e identità: Ricerche di storia letteraria e culturale,* ed. Cristina Giorcelli (Palermo: Ila Palma, 2009); Andrea Busto (ed.), *Il velo tra mistero, seduzione, misticismo, sensualità, potere e religione* (Milan: Silvana editoriale, 2007).
11. Dante Alighieri, *Inferno,* ed. and trans. Mark Musa (Bloomington: Indiana University Press, 1996), 85.
12. Leon Battista Alberti, *On Painting,* ed. and trans. Rocco Sinisgalli (New York: Cambridge University Press, 2011), 51–3.
13. Margaret Brose, "Fetishizing the Veil: Petrarch's Poetics of Rematerialization," *The Body in Early Modern Italy,* eds Julia L. Hairston and Walter Stephens (Baltimore: Johns Hopkins University Press, 2010), 23.
14. Eugenia Paulicelli, "From the Sacred to the Secular: The Gendered Geography of Veils in Italian Cinquecento Fashion," in *Ornamentalism: The Art of Renaissance Accessories,* ed. Bella Mirabella (Ann Arbor: University of Michigan Press, 2011), 40–58.
15. Translation Musa 83.
16. See also Paul Hills, "Titian's Veils," *Art History* 29 (2006).
17. Othello demands "ocular proof" of Desdemona's infidelity (3.3.365). On the handkerchief see Bella Mirabella, "Embellishing Herself with a Cloth: The Contradictory Life of the Handkerchief," in *Ornamentalism,* ed. Mirabella, 59–84.
18. Jane Tylus, *Writing and Vulnerability in the Late Renaissance* (Stanford: Stanford University Press, 1993).
19. Ibid., 84.
20. Translation from ibid., 89.
21. Translation from ibid., 85.
22. Ibid., 91.
23. Cited in Paulicelli, "From the Sacred to the Secular," 51.
24. Ibid.
25. On the color yellow see Michel Pastoreau and Dominique Simonnet, *Il piccolo libro dei colori* (Milan: Ponte delle Grazie, 2006). On Tullia d'Aragona who resisted the Florentine law requiring prostitutes to wear a yellow veil, see Paul Larivaille, *La vita quotidiana nell'Italia del Rinascimento* (Milan: Biblioteca Universale Rizzoli, 1983), 9; Salvatore Bongi, "Il velo giallo di Tullia d'Aragona," *Rivista critica della letteratura italiana* III (March 1886): 85–6.
26. Ann Rosalind Jones and Margaret Rosenthal, *The Clothing of the Renaissance World: Cesare Vecellio's Habiti Antichi et Moderni* (New York: Thames & Hudson, 2008), 36, 88.
27. For an analysis of the social anxieties created by the veiled woman in the Hispanic world see Laura R. Bass and Amanda Wunder, "The Veiled Ladies of the Early Modern Spanish World: Seduction in Seville, Madrid, and Lima," *Hispanic Review* 77:1 Winter (2009): 97–144.
28. Giovanni Boccaccio, *The Corbaccio,* trans. and ed. Anthony K. Cassell (Urbana: University of Illinois Press, 1975), 59.
29. Stefano Guazzo, *Civile Conversazione*, Book III (Venice: Gio. Battista Somasco, 1580), 464. (Translation mine.)
30. Arcangela Tarabotti, *Paternal Tyranny*, ed. and trans. Letizia Panizza (Chicago: University of Chicago Press, 2004), 130.
31. See Jerome's "Letter to Eustochium" for his advice on the proper dress of Christian women.

32. Judith 10:4 as cited in Elena Ciletti, "Patriarchal Ideology in the Renaissance Iconography of Judith," in *Refiguring Woman: Perspectives on Gender and the Italian Renaissance,* ed. Marilyn Migiel and Juliana Schiesari (Ithaca: Cornell University Press, 1991), 45. On Jerome and Judith see Elena Ciletti and Henrike Lähnemann, "Judith in the Christian Tradition," in *The Sword of Judith; Judith Studies Across the Disciplines,* eds Kevin R. Brine, Elena Ciletti, and Henrike Lähnemann (Cambridge: Open Book Publishers, 2010), 41–65.
33. For a study on developments in sixteenth-century artistic representations of Judith's fashions, particularly ornaments and jewelry, see Diane Apostolos-Cappadona, "Costuming Judith in Italian Art of the Sixteenth Century," in *The Sword of Judith* eds Brine, Ciletti, and Lähnemann, 325–43.
34. Translations of *Judith* and *Esther* found in Lucrezia Tornabuoni, *Sacred Narratives,* ed. and trans. Jane Tylus (Chicago: University of Chicago Press, 2001), 193. See also Gerry Milligan, "Unlikely Heroines in Lucrezia Tornauoni's *Judith* and *Esther*," *Italica* 88:4 (2011), 538–64.
35. Adrian W.B. Randolph, "Performing the Bridal Body in Fifteenth-Century Florence," *Art History* 21:2 (1998).
36. Randolph cites the 1472 Florentine sumptuary law declaring women should wear bridal jewels for a limited period (three years) after their wedding, 189.
37. Tornabuoni, *Sacred Narratives*, 147.
38. Ibid.
39. On the episode of Tristan's castle see Deanna Shemek, *Ladies Errant: Wayward Women and Social Order in Early Modern Italy* (Durham, N.C.: Duke University Press, 1998).
40. Trans. from ibid., 83.
41. Ibid., 103.
42. On supplementarity in Ariosto see ibid., 109–24.
43. Trans. from ibid., 99.
44. On the power of transvestism to create a third, androgynous figure see Gerry Milligan, "Behaving Like a Man: Performed Masculinities in *Gl'ingannati*," *Forum Italicum*, March 41 (2007): 23–42.
45. In *The Deceived*, a male character Fabrizio, dressed in men's clothing, is believed to be a girl dressed in men's clothing. On the use of transvestism in Italian comedy see Laura Giannetti, *Lelia's Kiss: Imagining Gender, Sex and Marriage in Italian Renaissance Comedy* (Toronto: University of Toronto Press, 2009).
46. Ilaria Taddei, *Fanciulli e giovani*: *crescere a Firenze nel Rinascimento* (Florence: Olschki, 2001), 58.
47. Francesco Pontano, "Dello integro e perfetto stato delle donzelle," *Raccolta di scritture varie pubblicata nell'occasione delle nozze Riccomanni-Fineschi*, ed. Cesare Riccomanni (Turin: Vercellino, 1863).
48. For a study on the positive reception of male ornament see Timothy McCall, "Brilliant Bodies: Material Culture and the Adornment of Men in North Italy's Quattrocento Courts," *I Tatti Studies* 16, 1–2 (2013): 445–90.
49. Silvio Antoniano, *Tre libri dell'educazione cristiana de'figliuoli* (Verona: Sebastiano dalle Donne & Girolamo Stringari, 1584), 1.3, 408–410.
50. See also Antoniano's chapter dedicated to ornaments, 228 (quoted in Taddei, 91).
51. Anton Francesco Doni, *I Marmi*, 167–8. Doni's *I marmi* is also available in digital form through www.liberliber.it. Pages given are from the digital format.
52. On the internalization of the dissimulated self see Jon R. Snyder, *Dissimulation and the Culture of Secrecy in Early Modern Europe* (Berkeley: University of California Press, 2009).
53. Jane Bridgeman, "'Condecenti et netti . . .': Beauty, Dress and Gender in Italian Renaissance Art," in *Concepts of Beauty in Renaissance Art,* eds Francis Ames-Lewis and Mary Rogers (Aldershot: Ashgate, 1998), 44–51.
54. Translation of Leon Battista Alberti's *Vita,* Renée Watkins, "L.B. Alberti in the Mirror: An Interpretation of the *Vita*, with a New Translation," *Italian Quarterly* 30 (1989): 9.

55. Baldesare Castiglione, *The Book of the Courtier*, trans. Charles Singleton, ed. Daniel Javitch (New York: Norton, 2002), I.XXVI.32. On the reception of the *Courtier* see Peter Burke, *The Fortunes of the Courtier* (University Park, PA: Penn State University Press, 1996).
56. Castiglione, *The Book of the Courtier,* 49.
57. Paulicelli, *Writing Fashion,* 52–5.
58. On cosmetics throughout history see Michelle A. Laughran, "Oltre la pelle: I cosmetici e il loro uso," in *Storia d'Italia: Annali. La moda* (Turin: Einaudi, 2003), 43–82.
59. On Alberti see Carla Freccero, "Loving the Other: Masculine Subjectivity in Early Modern Europe," in *The Poetics of Early Modern Masculinity*, eds Gerry Milligan and Jane Tylus, (Toronto: Centre for Renaissance and Reformation Studies, 2010), 101–18.
60. Amadeo Quondam, *Questo povero cortegiano: Castiglione, il libro, la storia* (Rome: Bulzoni, 2000), 386; Paulicelli, *Writing*, 51–88; Gerry Milligan, "The Politics of Effeminacy in *Il Cortegiano*," *Italica* 83:3–4 (2006), 347–69.

参考文献

Archival Sources

Archivio di Stato di Firenze, *Decima Grand ducale* 3784.
Canterbury Cathedral Archives and Library PRC 11.63.350 and 21.1.25.
Public Record Office, State Papers Domestic, Charles I, SP16/479/78.
Shakespeare Centre Library and Archive DR 37/3/17.
The National Archives, Kew, E101/417/4.

Websites

http://www.fashioningtheearlymodern.ac.uk/object-in-focus/the-probate-of-hans-dinesen/
www.concealedgarments.org

Abou-El-Haj, R.A.A. (2005), *Formation of the Modern State: The Ottoman Empire, Sixteenth to Eighteenth Centuries,* Syracuse, New York: Syracuse University Press.

Adams, S., ed. (1996), *Household Accounts and Disbursement Books of Robert Dudley, Earl of Leicester*, Camden Society Fifth Series (No. 6), Cambridge: Cambridge University Press.

Adshead, S.A.M. (1997), *Material Culture in Europe and China 1400–1800*, Basingstoke: Macmillan.

Ahl, D. Cole (1986), "Benozzo Gozzoli's frescoes of the life of Saint Augustine in San Gimignano: their meaning in context," *Artibus et Historiae* 7/13: 35–53.

Ajmar-Wollheim, M. and L. Molà (2011), "The Global Renaissance: Cross-Cultural Material Culture," in G. Adamson, G. Riello and S. Teasley (eds), *Global Design History*, London: Taylor & Francis.

Alberti, L.B. (2011), *On Painting,* ed. and trans. Rocco Sinisgalli, New York: Cambridge University Press.

Alcega, J. De (1580), *Libro de geometria, práctica y traça, el cual trata de lo tocante al officio del sastre*, Madrid: Guillermo Drouy.

Alighieri, D., *Inferno* (1996), ed. and trans. Mark Musa, Bloomington: Indiana University Press.

Allerston, P. (1993), "Reconstructing the Second-Hand Clothes Trade in Sixteenth- and Seventeenth-Century Venice." *Costume* 33: 46–56.

—— (2010), "Clothing and Early Modern Venetian Society," in Giorgio Riello and Peter McNeil (eds), *The Fashion History Reader: Global Perspectives*, London and New York: Routledge.

Allison, K.J. (1958), "Flock management in the sixteenth and seventeenth centuries," *Economic History Review*, 2nd series, 11: 98–112.

Altınay, A.R. (1988), *On altıncı Asırda İstanbul Hayatı*, İstanbul: Enderun Yayınevi.

Amman, J. (1586), *Gynaeceum, siue, Theatrum mulierum*, S. Feyrabend: Frankfurt.

Andersson, E.I. (2014), "Foreign Seductions: Sumptuary laws, consumption and national identity in early modern Sweden," in T. Engelhardt Mathiassen, M.-L. Nosch, M.

Ringgaard, K. Toftegaard, M. Venborg Pedersen (eds), *Fashionable Encounters: Perspectives and Trends in Textile and Dress in the Early Modern Nordic World*, Oxford and Oakville: Oxbow Books.
Anthony, I.E. (1980), "Clothing Given to a Servant of the Late Sixteenth Century in Wales," *Costume* 14: 32–40.
Antoniano, Silvio (1584), *Tre libri del'educazione cristiana de'figliuoli,* Verona: Sebastiano dalle Donne & Girolamo Stringari.
Apostolos-Cappadona, Diane (2010), "Costuming Judith in Italian Art of the Sixteenth Century," in Kevin R. Brine, Elena Ciletti, and Henrike Lähnemann (eds), *The Sword of Judith: Judith Studies across the Disciplines*, Cambridge: Open Book Publishers, 325–43.
Aribaud, C. (2006), "Les taillades dans le vêtement de la Renaissance: l'art des nobles écritures," in *Paraître et se vêtir*, Sainte-Etienne: PU Sainte-Etienne.
Ariès, P. (1975), *L'Enfant et la vie familiale*, Paris: Seuil, 79.
Ariosto, L. (1983), *Orlando Furioso,* trans. Guido Waldman, Oxford: Oxford University Press.
Arnold, J. (1978), *A Handbook of Costume*, London: Macmillan.
—— (1985), *Patterns of Fashion: The Cut and Construction of Clothes for Men and Women c. 1560–1620*, London: Macmillan.
—— (1988), *Queen Elizabeth's Wardrobe Unlock'd,* Leeds: Maney.
—— (2000), *Make or Break: The Testing of Theory by Reproducing Historic Techniques*, in M.M. Brooks (ed.), *Textiles Revealed*, London: Archetype Publications.
—— (2008), *Patterns of Fashion 4: The Cut and Construction of Linen Shirts, Smocks, Neckwear, Headwear and Accessories for Men and Women, c. 1540–1660*, completed by Jenny Tiramani and Santina Levey, London: Macmillan.
Ashelford, J. (1988), *Dress in the Age of Elizabeth*, London: Batsford.
—— (1993), *A Visual History of Costume in the Sixteenth Century*, London: Batsford.
—— (1996), *The Art of Dress: Clothes and Society 1500–1914*, London: National Trust.
Ashley, K. (2004), "Material and Symbolic Gift-Giving: Clothes in English and French Wills," in E. Jane Burns (ed.), *Medieval Fabrications: Dress, Textiles, Cloth Work, and Other Cultural Imaginings*, New York: Palgrave Macmillan.
Bailey, A. (2001), "Monstrous Manner: Style and the Early Modern Theater," *Criticism*, vol. 43, no. 3, Summer: 249–84.
Bald, R.C. (1986), *Donne and the Drurys*, Westport CT: Greenwood Press.
Baldwin, F.E. (1926), *Sumptuary Legislation and Personal Regulation in England*, Baltimore: Johns Hopkins University Press.
Bardiès-Fronty, I. and M. Bimbenet-Privat, eds (2009), *Le bain et le miroir: soins du corps et cosmétique de l'Antiquité à la Renaissance*, Paris: Gallimard.
Barthes, R. (1983), *The Fashion System,* trans. Matthew Ward and Richard Howard, New York: Hill & Wang.
—— (2006), *The Language of Fashion*, ed. and trans. Andy Stafford, New York: Berg.
Bartlett, R. (2001), "Medieval and Modern Concepts of Race and Ethnicity," *Journal of Medieval and Early Modern Studies* 31, no. 1: 39–56.
Bartram, C. (2004), "Social fabric in Thynne's *Debate between Pride and Lowlines*," in *Clothing Culture 1350–1650*, Aldershot: Ashgate.
Bass, L.R. (2008), *The Drama of the Portrait*, University Park: Penn State Press.
Bass, L.R. and A. Wunder (2009), "The Veiled Ladies of the Early Modern Spanish World: Seduction in Seville, Madrid, and Lima," *Hispanic Review* 77:1 Winter: 97–144.
Begent, P., ed. (1999), *The most noble Order of the Garter, 650 years*, London: Spink & Son Ltd.

Beier, A.L. (1981), "The social problems of an Elizabethan country town: Warwick, 1580–90," in Peter Clark (ed.), *Country Towns in Pre-Industrial England*, Leicester: Leicester University Press.

—— (1985), *Masterless men: the vagrancy problem in England, 1560–1640*, London: Methuen & Co. Ltd.

Belfanti, C.M. and F. Giusberti (2000), "Clothing and Social Inequality in Early Modern Europe: Introductory Remarks," in *Continuity and Change* 15.3, 359–65.

Bell, R.M. (1999), *How To Do It: guides to good living for renaissance ladies*, Chicago and London: University of Chicago Press.

Benedetto, A. Di, ed. (1991), *Prose di Giovanni Della Casa e altri trattatisti cinequecenteschi di comportamento*, Turin: Utet.

Berger, H. (2000), *The Absence of Grace: Sprezzatura and Suspicion in Two Renaissance Courtesy Books*, Stanford: Stanford University Press.

Berger, R.M. (1993), *The Most Necessary Luxuries: The Mercers' Company of Coventry, 1550–1680*. University Park: Penn State Press.

Bernis, C. (1962), *Indumentaria española en tiempos de Carlos V*, Madrid: Instituto Diego Velázquez.

Bertelli, P. (1589), *Diversarum Nationum Habitus Gentum*, Padua: Alci.

Blanc, O. (1997), *Parades et parures. L'invention du corps de mode à la fin du Moyen Age*, Paris: Gallimard.

Blum, S. Neilsen (1969), *Early Netherlandish Triptychs: A Study in Patronage*, Berkeley: University of California Press.

Boccaccio, G. (1975), *The Corbaccio,* ed. and trans. Anthony K. Cassell, Urbana: University of Illinois Press.

Bongi, S. (1889), "Il velo giallo di Tullia d'Aragona," *Rivista critica della letteratura italiana*III (March 1886): 85–6.

Bolton, J.L. (1980), *The Medieval English Economy 1150–1500*, London: J.M. Dent Ltd.

Boucher, J. (1981), *Société et mentalités autour de Henri III*, Lille: Atelier de reproduction des theses.

Boulton, J. (1987), *Neighbourhood and Society: A London Suburb in the Seventeenth Century*, Cambridge: Cambridge University Press.

Bourdieu, P. (1979), *La distinction, Critique sociale du jugement*, Paris, Minuit.

Boverius, Z. (1632–39), *Annalium seu sacrarum historiarum ordinis minorum S. Francisci qui Capucini nuncupantur*, 2 vols., Claudius Landry: Lyons.

Brandi, E. Tosi (2002), *Introduzione a Cesena*, in M.G. Muzzarelli (ed.), *La Legislazione Suntuaria Secoli XIII–XVI, Emilia Romagna*, Rome: Ministero per i beni e le attività culturali.

Brantôme (1991), *Recueil des Dames*, Paris: Gallimard.

Braudel, F. (1981), *The Structure of Everyday Life: Civilization and Capitalism 15th to 18th Century*, vol. 1, London: Harper Collins Ltd.

Braunstein, Ph., ed. (1992), *Un banquier mis à nu. Autobiographie de Matthäus Schwarz, bourgeois d'Augsbourg,* Paris, Gallimard.

Bridgeman, J. (1998), "'Condecenti et netti . . .': Beauty, Dress and Gender in Italian Renaissance Art," in Francis Ames-Lewis and Mary Rogers (eds), *Concepts of Beauty in Renaissance Art,* Aldershot: Ashgate.

—— (2000), "Dress in Moroni's Portraits," in Peter Humfrey (ed.), *Giovanni Battista Moroni: Renaissance Portraitist*, Fort Worth: Kimbell Art Museum.

Broomhall, S. (2008), "Women, Work, and Power in Female Guilds of Rouen," in Megan Cassidy-Welch and Peter Sherlock (eds), *Practices of Gender in Late Medieval and Early Modern Europe*, Turnhout: Brepols.

—— (2011), *Early Modern Women in the Low Countries: Feminizing Sources and Interpretations of the Past*, Aldershot: Ashgate.
Brose, M. (2010), "Fetishizing the Veil: Petrarch's Poetics of Rematerialization," in Julia L. Hairston and Walter Stephens (eds), *The Body in Early Modern Italy,* Baltimore: Johns Hopkins University Press.
Brown, H.F., ed. (1894), *Calendar of State Papers Venetian, vol. 2, 1607–1610*, London: HMSO.
Brown, J. (1987), "Patronage and piety: religious imagery in the art of Francisco de Zurbáran," in Jeannine Baticle, *Zurbarán*, Abrams: New York, 1–24.
Brown, K. (1995), "'Changed into the Fashion of a Man': The Politics of Sexual Difference in a Seventeenth-Century Anglo-American Settlement," *Journal of the History of Sexuality*, 6 (2): 171–93.
Brown, P. Fortini (2006), "The Venetian Casa," in Marta Ajmar-Wollheim and Flora Dennis (eds), *At Home in Renaissance Italy*, London: V&A Publications.
Brushfield, T.N. (1901), "The Financial Diary of a Citizen of Exeter, 1631–43," *Reports and Transactions of the Devonshire Association* 3.
Buck, A. (2000), "Clothing and Textiles in Bedfordshire Inventories, 1617–1620," *Costume* 34: 25–37.
Bulwer, J. (1650 and 1653), *Anthropometamorphosis: man transformed: or, the artificial changeling*, London: J. Hardesty and London: William Hunt.
Burke, P. (1987), *The Historical Anthropology of Early Modern Italy*, Cambridge: Cambridge University Press.
—— (1996a), *The Fortunes of the Courtier*, University Park: Penn State Press.
—— (1996b), "Representations of the Self from Petrarch to Descartes," in Roy Porter (ed.), *Re-writing the Self*, London and New York: Routledge.
Burkholder, K.M. (2005), "Threads Bared: Dress and Textiles in Late Medieval English Wills," in Robin Netherton and Gale Owen-Crocker (eds), *Medieval Clothing and Textiles* 1, Woodbridge: Boydell Press.
Busbecq, O.C. De (2004), *Türkiye'yi Böyle Gördüm*, Ankara: Kesit.
Buss, C. (2009), "Silk, Gold, Crimson," in C. Buss (ed.), *Silk, Gold, Crimson: Secrets and Technology at the Visconti and Sforza Courts*, Milan: Silvana Editoriale.
Busto, A., ed. (2007), *Il velo tra mistero, seduzione, misticismo, sensualità, potere e religione*, Milan: Silvana editoriale.
Butazzi, G. (rev edn. 1997), "'The Scandalous Licentiousness of Tailors and Seamstresses': Considerations on the Profession of the Tailor in the Republic of Venice," in *I Mestieri della Moda a Venezia: The Arts and Crafts of Fashion in Venice, from the 13th to the 18th Century*, Exhibition Catalogue.
Butler Greenfield, A. (2005), *A Perfect Red: Empire, Espionage and the Quest for the Colour of Desire*, London: Doubleday.
Cadogan, J. (2000), *Domenico Ghirlandaio: Artist and Artisan*, New Haven: Yale University Press.
Carleton, D. (1972), *Dudley Carleton to John Chamberlain 1603–1624: Jacobean Letters*, ed. Maurice Lee, New Brunswick: Rutgers University Press.
Canny, N. (1998), *The Oxford History of the British Empire: Volume 1. The Origins of Empire, British Overseas Enterprise to the Close of the Seventeenth Century*, Oxford: Oxford University Press.
Caracausi, A. (2014), "Beaten Children and Women's Work in Early Modern Italy," *Past and Present*, no. 222, Feb.: 95–128.
Carnesecchi, C. (1902), *Cosimo I e la legge suntuaria del 1562*, Florence: Stabilimento Pellas.

Carranza, A. (1639), *Discurso contra malos trajes y adornos lascivos*, Francisco Martinez: Madrid.
Casagrande di Villaviera, R. (1986), *Le cortigiane venetiane nel Cinquecento*, Milan: Longanesi.
Castiglione, B. (1528), *Il Libro del Cortegiano*, Venice: Aldo Manuzio.
—— (2002), *The Book of the Courtier: the Singleton translation*, trans. Charles Singleton, ed. Daniel Javitch, New York and London: W.W. Norton & Company.
Cataldi Gallo, M. (1994), "Per una storia del costume genovese nel primo quarto del seicento," in Susan Barnes and Arthur Wheelock, Jr. (eds), *Van Dyck 350*, Washington DC and Hanover, NH: National Gallery of Art/University of New England Press.
Cavallo, A. (1998), *The Unicorn Tapestries at the Metropolitan Museum of Art*, New York: Harry N. Abrams.
Cavallo, S. and T. Storey (2013), *Healthy Living in Late Renaissance Italy*, Oxford: Oxford University Press.
Céard, J. et al., eds (1990), *Le corps à la Renaissance, Actes du colloque de Tours, 1987*, Paris: Amateurs de livres.
Cerri, M. (1995), "Sarti toscani nel seicento: attività e clientela," in Anna Giulia Cavagna and Grazietta Butazzi (eds), *Le Trame della moda*, Rome: Bulzoni.
Channing Linthicum, M. (1936), *Costume in the Drama of Shakespeare and his Contemporaries*, Oxford: Clarendon Press.
Cherry, J. (1991), "Leather," in J. Blair and N. Ramsey (eds), *English Medieval Industries: Craftsmen, Techniques, Products*, London: A.&C. Black Publishers, 295–318.
Chirelstein, E. (1995), "Emblem and Reckless Presence: The Drury Portrait at Yale," in L. Gent (ed.), *Albion's Classicism: The Visual Arts in Britain, 1550–1660*, New Haven and London: Yale University Press.
Chojnacki, S. (1980), "La Posizione della Donna a Venezia nel Cinquecento," in M. Gemin and G. Paladini (eds), *Tiziano e Venezia*, Vicenza: Neri Pozza.
Christiansen, K., ed. (2011), *The Renaissance Portrait: from Donatello to Bellini*, New York: Metropolitan Museum of Art.
Cibin, P. (1985), "Meretrici e cortigiane a Venezia nel '500," *Donna Woman Femme, Quaderni internazionali di studi sulla donna* 1985, 25 (6): 79–102.
Ciletti, E. (1991), "Patriarchal Ideology in the Renaissance Iconography of Judith," in Marilyn Migiel and Juliana Schiesari (eds), *Refiguring Woman: Perspectives on Gender and the Italian Renaissance,* Ithaca: Cornell University Press.
Ciletti, E. and Henrike Lähnemann (2010), "Judith in the Christian Tradition," in Kevin R. Brine, Elena Ciletti, and Henrike Lähnemann (eds), *The Sword of Judith; Judith Studies Across the Disciplines,* Cambridge: Open Book Publishers, 41–65.
Clark, P. and P. Slack (1976), *English Towns in Transition 1500–1700*, Oxford: Oxford University Press.
Clark, S. (1985), "'Hic Mulier,' 'Haec Vir,' and the Controversy over Masculine Women," *Studies in Philology*, vol. 82 (2): 157–83.
Clarkson, L. (2003), "The linen industry in early modern Europe," in D. Jenkins (ed.), *The Cambridge History of Western Textiles*, vol. 1, Cambridge: Cambridge University Press, 476–7.
Clifford, A. *The Diaries of Lady Anne Clifford*, ed. D.J.H. Clifford. Stroud: Sutton, 1990.
Clunas, C. (2004), *Superfluous Things: Material Culture and Social Status in Early Modern China,* Honolulu: University of Hawai'i Press.
Cockayne, E. (2007), *Hubbub: Filth, Noise and Stench in England, 1600–1770*, New Haven and London: Yale University Press.
Cohen, A. (1984), *Jewish Life under Islam*, Cambridge, MA: Harvard University Press.
Collinson, P. (1990), *The Elizabethan Puritan Movement*, Oxford: Clarendon Press.

Colomer, J.L. (1990, first ed. 1967) and A. Descalzo, eds, *Spanish Fashion at the Courts of Early Modern Europe*, vols. I & II, London: Paul Holberton.
Cornelison, S.J. (2012), *Art and the Relic Cult of St. Antoninus in Renaissance Florence*, Aldershot: Ashgate.
Cornell, S., and D. Hartmann (1998), *Ethnicity and Race: Making Identities in a Changing World*, London: Pine Forge Press.
Costa, D. (1998), "La Raffaella di Alessandro Piccolomini: un'armonia nella disarmonia?" in L. Rotondi Secchi Tarugi (ed.), *Disarmonia, bruttezza e bizzarria nel Rinascimento*, Florence: F. Cesati.
Cowper, J. Meadows, ed. (1901), *The Diary of Thomas Cocks, March 25th, 1607, to December 31st, 1610*, Canterburg: Cross and Jackson.
Cox-Rearick, J. (2009), "Power-Dressing at the Courts of Cosimo de' Medici and François I: The 'moda alla spagnola' of Spanish Consorts Eléonore d'Autriche and Eleonora di Toledo," *Artibus et Historiae* vol. 30, no. 60: 39–69.
Crawford, J. (2004), "Clothing Distributions and Social Relations c. 1350–1500," in C. Richardson (ed.), *Clothing Culture 1350–1650*, Aldershot: Ashgate.
Croizat, Y. (2007), "'Living Dolls': François Ier Dresses His Women," *Renaissance Quarterly* 60: 94–130.
Cronin, J.M. (1990), *The Elements of Archaeological Conservation*, London: Routledge.
Crouzet, Denis (1974), "Imaginaire du corps et violence au temps des troubles de Religion," in P.E. Cunnington, *Costume of Household Servants*, London: A.&C. Black Publishers.
Currie, E. (2000), "Prescribing Fashion: Dress, Politics, and Gender in Sixteenth Century Conduct Literature," *Fashion Theory* 4: 157–78.
—— (2007), "Diversity and Design in the Florentine Tailoring Trade, 1550–1620," in Michelle O'Malley and Evelyn Welch (eds), *The Material Renaissance*, Manchester: Manchester University Press.
—— (2009), "Fashion Networks: Consumer Demand and the Clothing Trade in Florence from the mid-Sixteenth to Early Seventeenth Century," *Journal of Medieval and Early Modern Studies* 39: 483–509.
Cuthbert, Father, ed. and trans. (1931), *A Capuchin chronicle*, London: Sheed and Ward.
Damme, I. van (2010), "Middlemen and the Creation of a 'Fashion Revolution': The Experience of Antwerp in the Late Seventeenth and Eighteenth Centuries," in B. Lemire (ed.), *The Force of Fashion in Politics and Society*, Ashford: Ashgate.
Dasent, J. R., ed. (1897), *Acts of the Privy Council of England*, 1586–87, vol. 14, London: HMSO.
Davanzo Poli, D. (1998), *Il Merletto Veneziano*, Venice: Novara.
—— (2003), *Il sarto,* in C. Marco Belfanti and F. Giusberti (eds), *Storia d'Italia: La Moda*, Turin: Einaudi.
Davidsohn, R. (1965), *Storia di Firenze,* vol. 7, Florence: Sansoni.
Davidson, N. (1994), "Theology, Nature and the Law," in T. Dean and K.J.P. Lowe (eds), *Crime, Society and the Law in Renaissance Italy*, Cambridge: Cambridge University Press.
Davies, M. and Ann Saunders (2004), *The History of the Merchant Taylors' Company*, Leeds: Maney.
Davis, F. (1992), *Fashion, Culture and Identity*, Chicago: University of Chicago Press.
Daza, A. (1617), *Historia de las llagas de nuestro seráfico Padre San Francisco, colegida del martirologio y breviario romano y treynta bulas y dozientos autores y santos*, Luis Sánchez: Valladolid.
Dean, T. (2001), *Crime in Medieval Europe 1200–1550*, Harlow and London: Longman.

Deceulaer, H. (2000), "Entrepreneurs in the Guilds: Ready-to-wear Clothing and Subcontracting in Late Sixteenth- and Early Seventeenth-Century Antwerp," *Textile History* 31: 133–49.

—— (2008), "Second-Hand Dealers in the Early Modern Low Countries: Institutions, Markets and Practices," in Laurence Fontaine (ed.) *Alternative Exchanges: Second-Hand Circulations from the Sixteenth Century to the Present*, New York and Oxford: Berghahn Books.

Dee, J. (1842), *The Private Diary of Dr. John Dee*, ed. James Orchard Halliwell, Camden Society, o.s. 19.

Dekker, T. (1606), *The Seven Deadly Sinnes of London*, London.

Denegri-Knott, J., and E. Parsons (2014), "Disordering Things," *Journal of Consumer Behavior* 13, no. 2: 89–98.

Denny-Brown, A. (2009), "Old habits die hard: vestimentary change in William Durandus' *Rationale divinorum officiorum*," *The Journal of Medieval and Early Modern Studies* 39/3: 545–70.

Dernschwam, H. (1992), *İstanbul ve Anadolu'ya Seyahat Günlüğü*, trans. Yaşar Önen, Mersin: Mersin İmar Basımevi.

Deserps, F. (1562), *Receuil de la diversité des habits qui sont de present en usaige tant es pays d'Europe, Asie, Affrique & Illes sauvages, le tout fait apres le naturel*, Paris: Richard Breton.

De Vos, D. (1994), *Hans Memling: The Complete Works*, London: Thames & Hudson.

Dubois, C. (1996), Introduction to Artus Thomas [1605], *Les Hermaphrodites*, Geneva: Droz.

Dugdale, W. (1730), *The Antiquities of Warwickshire*, 2nd ed. rev. William Thomas.

Duplessis, G. (1859), *Catalogue de l'oeuvre de Abraham Bosse*, Paris.

Durand, W. (2010), *On the clergy and their vestments*, (trans. and intro.) Timothy M. Thibodeau, Chicago: University of Scranton Press.

Durkin, G. (2001), *The Civic Government and Economy of Elizabethan Canterbury*, unpublished PhD thesis, Canterbury Christchurch.

Eastop, D. (2000), "Textiles as Multiple and Competing Histories," in M.M. Brooks, (ed.), *Textiles Revealed*, London: Archetype Publications.

Egan, G. (2005), *Material Culture in London in an Age of Transition: Tudor and Stuart Period Finds c. 1450–c. 1700 from Excavations at Riverside Sites in Southwark*, MoLAS Monograph 19, London: Museum of London.

Eikema Hommes, M. van (2004), *Changing Pictures: Discoloration in 15th–17th Century Oil Paintings*. London: Archetype Books.

Eire, C.M.N. (2002), *From Madrid to Purgatory: the art and craft of dying in sixteenth-century Spain*, Cambridge: Cambridge University Press.

Eisenblicher, Konrad (1988), "Bronzino's Portrait of Guidobaldo II della Rovere," *Renaissance and Reformation*, vol. 24 (1): 21–33.

Elm, K. (1990), "Augustinus canonicus—Augustinus eremita: a quattrocento *cause célèbre*," in T. Verdon and J. Henderson (eds), *Christianity and the Renaissance: image and religious imagination in the quattrocento*, Syracuse: Syracuse University Press, 83–107.

Emmison, F.G. (1976), *Elizabethan Life: Home, Work and Land*, Essex Record Office Publication no. 69, Chelmsford: Essex Record Office.

Entwistle, J. (2000), *The Fashioned Body. Fashion, Dress and Modern Social Theory*, Cambridge: Polity.

Erasmus, D. (1997), *Collected Works of Erasmus: Colloquies*, vol. I, (trans. and annotated) Craig R. Thompson, Toronto: University of Toronto Press.

Erondelle, P. (1605), *The French Garden*, London: Edward White.

Evelyn, J. (1897), *Memoirs of John Evelyn*, ed. William Bray, London: Frederick Warne & Co.

Faroqhi, S. (2002), *Stories of Ottoman Men and Women*, İstanbul: Eren.
—— (2010), “The Ottoman Ruling Group and the Religions of Its Subjects in the Early Modern Age: A Survey of Current Research,” *Journal of Early Modern History* 14, no. 3: 239–66.
Farr, J.R. (1997), “Cultural Analysis and Early Modern Artisans,” in G. Crossick (ed.), *The Artisan and the European Town 1500–1900*, Aldershot: Scolar Press.
—— (2000), *Artisans in Europe, 1300–1914*, Cambridge: Cambridge University Press.
Finucci, V. (1994), “The Female Masquerade: Ariosto and the Game of Desire,” in Valeria Finucci and Regina Schwartz (eds), *Desire in the Renaissance: Psychoanalysis and Literature*, Princeton: Princeton University Press.
Fisher, F.J. (1948), “The development of London as a centre of conspicuous consumption in the sixteenth and seventeenth centuries,” *Transactions of the Royal Historical Society*, 4th ser., 30: 37–50.
Fisher, S.N. (1971), *The Middle East: A History*, London: Routledge.
Fisher, W. (2011), “Had it a codpiece, ’twere a man indeed,” in B. Mirabella (ed.), *Ornamentalism: The Art of Renaissance Accessories*, Ann Arbor: University of Michigan Press.
—— (2015), “Making most solemne love to a petticote: Clothing Fetishism in Early Modern English Culture,” Unpublished conference paper, Berlin: RSA.
Florio, J. (1598), *A Worlde of Words,* London: Arnold Hatfield, 1598.
Franco, G. (1990), *Habiti delle donne veneziane* (1610), ed. Lina Urban, Venice: Centro Internazionale dell Grafica di Venezia.
Freccero, C. (2010), “Loving the Other: Masculine Subjectivity in Early Modern Europe,” in Gerry Milligan and Jane Tylus (eds), *The Poetics of Early Modern Masculinity,* Toronto: Centre for Renaissance and Reformation Studies, 101–18.
Freeman, M. Beam (1976), *The Unicorn Tapestries*, New York: E.P. Dutton.
French, H. (2007), *The Middle Sort of People in Provincial England 1600–1750*, Oxford: Oxford University Press.
Frick, C. Collier (2002), *Dressing Renaissance Florence: Families, Fortunes, and Fine Clothing,* Baltimore: Johns Hopkins University Press.
—— (2004), “The Florentine ‘Rigattieri’: Second Hand Clothing Dealers and the Circulation of Goods in the Renaissance,” in Alexandra Palmer and Hazel Clark (eds), *Old Clothes, New Looks: Second-Hand Fashion*, Oxford: Berg.
Friedman, J. Block (2013), “The iconography of dagged clothing and its reception by moralist writers,” *Medieval Clothing and Textiles* 9: 121–38.
Gage, J. (1993), *Colour and Culture*, London: Thames & Hudson.
Gawdy, P. (1906), *Letters of Philip Gawdy*, ed. Isaac Herbert Jeayes, London: J.B. Nichols & Sons.
Geffe, N. (1607), *The Perfect Use of Silk-Wormes and their Benefit*, London.
Genç, M. (2007), *Osmanlı İmparatorluğu’nda Devlet ve Ekonomi*, İstanbul: Ötüken.
Gerlach, S. (2007), *Türkiye Günlüğü 1573–1576*, ed. K. Beydilli, trans. T. Noyan, İstanbul: Kitap Yayınevi.
Giannetti, L. (2009), *Lelia’s Kiss: Imagining Gender, Sex and Marriage in Italian Renaissance Comedy*, Toronto: University of Toronto Press.
Gilbert, D. (2000), “Urban Outfitting: The City and the Spaces of Fashion Culture,” in S. Bruzzi and P. Church-Gibson (eds), *Fashion Cultures: Theories, Explanations and Analysis*, London: Routledge.
Goffman, E. (1959), *The Presentation of Self in Everyday Life*, New York: Anchor Books.

Gohl, E.P.G. and L.D. Vilensky (1980), *Textile Science: An Explanation of Fibre Properties*, Melbourne: Longman Cheshire.

Goldstein, C. (2012), *Print Culture in Early Modern France: Abraham Bosse and the Purposes of Print*, Cambridge: Cambridge University Press.

Goldthwaite, R.A. (2009), *The Economy of Renaissance Florence*, Baltimore: Johns Hopkins University Press.

Goodrich, P. (1998), "Signs taken for wonders: Community, Identity and a History of Sumptuary Law," *Law and Social Inquiry*, 23(3): 707–28.

Gordenker, E. (2001), *Van Dyck (1599–1641) and the Representation of Dress in Seventeenth-Century Portraiture*, Turnhout: Brepols.

Goulemot, J.M. et al, eds (1995), "Voyage de J. Lippomano, ambassadeur de Venise en France en 1577," in *Le Voyage en France. Anthologie des voyageurs européens en France, du Moyen Age à la fin de l'Empire* Montaigne, *Journal de voyage en Italie*, in *Oeuvres complètes*, Paris: Laffont.

Greenblatt, S. (1980), *Renaissance Self-Fashioning: From More to Shakespeare*, Chicago: University of Chicago Press.

Greenblatt, S. (1997), "Mutilation and Meaning," in D. Hillman, and C. Mazzio (eds), *The Body in Parts*, London: Routledge.

Grieco, A.J. (2006), "Meals," in *At Home in Renaissance Italy*, Marta Ajmar-Wollheim and Flora Dennis (eds), London: V&A Publications.

Grimes, K.I. (2002), "Dressing the World: Costume Books and Ornamental Cartography in the Age of Exploration," in E. Rodini and E.B. Weaver (eds), *A Well-Fashioned Image: Clothing and Costume in European Art, 1500–1850*, Chicago: University of Chicago.

Guarino, G. (2004), "Regulation of appearances during the Catholic reformation: dress and morality in Spain and Italy," in Ilan Zinguer and Myriam Yardeni (eds), *Le deux réformes chrétiennes: propagation et diffusion*, Leiden and Boston: Brill, 492–510.

Guazzo, S. (1580), *La Civil Conversazione* Book III, Venice: Gio. Battista Somasco.

—— (1993), *La Civil Conversazione*, ed. A. Quondam, Modena: Panini.

Guérer, A. Le. (2005), *Le parfum des origines à nos jours*, Paris: Odile Jacob.

Gürtuna, S. (1999), *Osmanlı Kadın Giysisi*, Ankara: T.C. Kültür Bakanlığı Yayınevi.

Guy, J. (1998), *Woven Cargoes: Indian Textiles in the East*, London: Thames & Hudson.

Haigh, C. (1981), "The continuity of Catholicism in the English reformation," *Past and Present* 93: 37–69.

Hamling, T. and Catherine Richardson (forthcoming), *A Day at Home in Early Modern England: The Materiality of Domestic Life, 1500–1700*. New Haven and London: Yale University Press.

Haraguchi, J. (2002), "Debating Women's Fashion in Renaissance Venice," in Elizabeth Rodini and Elissa B. Weaver (eds), *A Well-Fashioned Image: Clothing and Costume in European Art, 1500–1850*. Chicago: The David and Alfred Smart Museum/University of Chicago.

Harley, Lady B. (1854), *Letters of the Lady Brilliana Harley*, ed. Thomas Taylor Lewis, London: Camden Society, 58.

Harman, T. (1567), *A caueat for common cursetors vvlgarely called uagaboes*, London: Wylliam Gryffith.

Harris, J., ed. (1993), *Textiles: 5000 Years*, London: Harry N. Abrams.

Harrison, W. (1994), *Description of England*, Washington: Folger Shakespeare Library.

Harte, N. (1976), "State Control of Dress and Social Change in Pre-Industrial England," in D.C. Coleman and A.H. John (eds), *Trade, Government and Economy in Pre-Industrial England*, London.

Harvey, J. (1995), *Men in Black*, London: Reaktion.

Hayward, M.A. (2002), "Reflections on gender and status distinctions: an analysis of the liturgical textiles recorded in mid-sixteenth century London," *Gender and History* 14/3, 403–25.

—— (2004), "Fashion, Finance, Foreign Politics and the Wardrobe of Henry VIII," in *Clothing Culture 1350–1650*, ed. C. Richardson, Aldershot: Ashgate.

—— (2007), *Dress at the Court of King Henry VIII*, Leeds: Maney Publishing.

—— (2009), *Rich Apparel: Clothing and the Law in Henry VIII's England*, Aldershot: Ashgate.

Hayward, M.A., ed. (2012), *The Great Wardrobe Accounts of Henry VII and Henry VIII*, London Record Society, 47, Woodbridge: Boydell and Brewer.

Heberer, M. (2003), *Osmanlı'da Bir Köle: Brettenli Michael Heberer'in Anıları (1585–1588)*, trans. T. Noyan, İstanbul: Kitap Yayınevi.

Henderson K. Usher and B. McManus, eds (1985), *Half Humankind: Contexts and Texts of the Controversy about Women in England, 1540–1640*. Urbana: University of Illinois Press.

Hentschell, R. (2008), *The Culture of Cloth in Early Modern England: Textual Constructions of a National Identity*, Aldershot: Ashgate.

Herald, J. (1981), *Renaissance Dress in Italy 1400–1500*, London: Bell & Hyman.

Heseler, B. (1959), *Andreas Vesalius' First Public Anatomy at Bologna, 1540: An Eyewitness Report*, ed. and trans. Ruben Eriksson, Uppsala: Almqvist & Wiksells.

Hillman, D. and Carla Mazzio, eds (1997), *The Body in Parts: Fantasies of Corporeality in Early Modern Europe*, London: Routledge.

Hills, P. (2006), "Titian's Veils," *Art History* 29.

Hofenk de Graaff, J.H. (2004), *The Colourful Past: Origins, Chemistry and Identification of Natural Dyestuffs*, Berne: Abegg-Stiftung Foundation.

Holden, A. (2002), "That's no lady, that's . . ." *The Guardian*, Sunday April 21.

Hollander, A. (2002), *Fabric of Vision: Dress and Drapery in Painting*, London: National Gallery Company.

Hoskins, W.G. (1976), *The Age of Plunder: The England of Henry VIII 1500–1547*, London: Longman.

Howell, M.C. (2010), *Commerce Before Capitalism*, Cambridge: Cambridge University Press.

Huggett, J.E. (1999), "Rural Costume in Elizabethan Essex: A Study Based on the Evidence of Wills," *Costume* 33: 74–88.

Hughes, A. (2002), *Politics, Society and Civil War*, Cambridge: Cambridge University Press.

Hughes, D. Owen (1983), "Sumptuary Law and Social Relations in Renaissance Italy," in John Bossy (ed.), *Disputes and Settlements: Law and Human Relations in the West*, Cambridge: Cambridge University Press, 69–99.

Hunt, A. (1996), *Governance of the Consuming Passions: A history of sumptuary law*, Basingstoke: Macmillan.

Hutchinson, L. (1995), *Memoirs of the Life of Colonel Hutchinson*, ed. N.H. Keeble, London: Dent.

Innocent III (1846) *De sacro altaris mysterio*, Sylvae-Ducum: Verhoeven, 86–92.

Izbicki, T.M. (2005), "Forbidden colors in the regulation of clerical dress from the Fourth Lateran Council (1215) to the time of Nicholas of Cusa (d. 1464)," *Medieval Dress and Textiles* 1: 105–14.

Jacobs, F. (2012), "Sexual Variations: Playing with (Dis)similitude," in B. Talvacchia (ed.), *A Cultural History of Sexuality in the Renaissance*, London: Bloomsbury.

Jones, A.R. (2011), "Busks, Bodices, Bodies," in B. Mirabella (ed.), *Ornamentalism: The Art of Renaissance Accessories,* Ann Arbor: University of Michigan Press.

Jones, A.R., and M. Rosenthal (2008), *The Clothing of the Renaissance World: Cesare Vecellio's Habiti Antichi et Moderni,* New York: Thames & Hudson.

Jones, A.R. and Peter Stallybrass (1991), "Fetishizing Gender: Constructing the Hermaphrodite in Renaissance Europe," in Julia Epstein and Kristina Straub (eds), *Body Guards: The Cultural Politics of Gender Ambiguity*, New York and London: Routledge, 1991.

—— (2000), *Renaissance Clothing and the Materials of Memory*, Cambridge: Cambridge University Press.

Jones, N.G. (2007), "Puckering, Sir John," *ODNB,* xlv, 503–4.

Karababa, E. (2012), "Investigating Early Modern Ottoman Consumer Culture in the Light of Bursa Probate Inventories," *Economic History Review* 65, no: 1: 194–219.

Kay-Williams, S. (2013), *The Story of Colour in Textiles*, London: Bloomsbury.

Kelsey Staples, K. (2010), "Fripperers and the Used Clothing Trade in Late Medieval London," in Robin Netherton and Gale Owen-Crocker (eds), *Medieval Clothing and Textiles* 6, Woodbridge: Boydell Press.

Kemp, T., ed. (n.d.), *The Black Book of Warwick*, Warwick.

Kenanoğlu, M. (2004), *Osmanlı Millet Sistemi: Mitve Gerçek*, İstanbul: Klasik.

Kerridge, E. (1985), *Textile Manufactures in Early Modern England*, Manchester: Manchester University Press.

Kidnie, M.J. (2002), "Introduction," in P. Stubbes, *The anatomie of abuses*, ed. Margaret Jane Kidnie, Renaissance English Text Society, seventh series, vol. 27. Arizona Center for Medieval and Renaissance Studies: Tempe, Arizona, 2002, 1–35.

Killerby, C. Kovesi (2002), *Sumptuary Law in Italy 1200–1500,* Oxford: Clarendon Press.

King, M. and D. King, eds (1990), *European Textiles in the Kerr Collection 400 BC to 1800 AD*, London and Boston: Faber & Faber.

Klapisch-Zuber, C. (1985), *Women, Family and Ritual in Renaissance Italy*, London: University of Chicago Press, 1985.

Köhler, Neeltje (2006), *Painting in Haarlem 1500–1850: The collection of the Frans Hals Museum*, Gent: Ludion Editions.

Konrad, J. (2011), "'Barbarous Gallants': fashion, morality, and the marked body in English culture, 1590–1660," *Fashion Theory* 15/1: 29–48.

Kren, T., ed. (1997), *Masterpieces of the J. Paul Getty Museum. Illuminated Manuscripts*, Oxford: Oxford University Press.

—— (2003), *Illuminating the Renaissance: The Triumph of Flemish Manuscript Painting in Europe*, Los Angeles: J. Paul Getty Museum.

Lambin, R. (1999), *Le voile des femmes. Un inventaire historique, social et psychologique,* Bern: Peter Lang.

Lampugnani, A. (1648), *La carrozza da nolo. Ovvero del vestire e usanze alla moda,* Bologna and Milan.

Landini, R. Orsi and B. Niccoli (2005), *Moda a Firenze 1540–1580: lo stile di Eleonora di Toledo e la sua influenza,* Florence: Polistampa.

Larivaille, P. (1983), *La vita quotidiana nell'Italia del Rinascimento*, Milan: Biblioteca Universale Rizzoli.

Larkin, J.F. and P.L. Hughes, eds (1969), *Tudor Royal Proclamations: The Later Tudors 1553–1587*, vol. II, Oxford: Clarendon Press.

Larkin, J.F. and P.L. Hughes, eds (1973), *Stuart Royal Proclamations: Royal Proclamations of King James I, 1603–1625*, vol. I, Oxford: Clarendon Press.

Laughran, M.A. (2003), "Oltre la pelle: I cosmetici e il loro uso," in *Storia d'Italia: Annali. La moda,* Turin: Einaudi.

Lawson, J.A., ed. (2013), *The Elizabethan New Year's Gift Exchanges, 1559–1603*, Records of Social and Economic History 51, Oxford: Oxford University Press.
Legg, J. Wickham (1882), *Notes on the History of the Liturgical Colours*, London: John S. Leslie.
Leibacher-Ouvrard, L. (2000), "Decadent Dandies and Dystopian Gender-Bending: Artus Thomas's *L'Isle des hermaphrodites* (1605)," *Utopian Studies*, 11(1): 124–31.
Lemire, B. (2003), "Fashioning cottons: Asian trade, domestic industry and consumer demand, 1660–1780," in D. Jenkins (ed.), *The Cambridge History of Western Textiles*, vol. 1, Cambridge: Cambridge University Press.
—— (2004), "Shifting Currency: The Culture and Economy of the Second Hand Trade in England, c. 1600–1850," in Alexandra Palmer and Hazel Clark (eds), *Old Clothes, New Looks: Second-Hand Fashion*, Oxford: Berg.
—— (2006), "Plebeian Commercial Circuits and Everyday Material Exchange in England, c. 1600–1900," in Bruno Blondé, Peter Stabel, Jon Stobart, and Ilja Van Damme (eds), *Buyers and Sellers: Retail Circuits and Practices in Medieval and Early Modern Europe*, Turnhout: Brepols.
Lemire, B. and G. Riello (2008), "East and West: textiles and fashion in early modern Europe," *Journal of Social History*, 41: 4: 887–916.
Léry, J. de (1990), *History of a voyage to the land of Brazil, otherwise called America* (1578), ed. J. Whatley, Berkeley: University of California Press.
Lestringant, F., ed. (1997), *Le Brésil d'André Thévet. Les singularités de la France Antartique (1557)*, Paris: Chandeigne.
Levey, S. (1990), *Lace: a History*, Leeds: Maney.
—— (2003), "Lace in the early modern period, c. 1500–1780," in D. Jenkins (ed.), *The Cambridge History of Western Textiles*, vol. 1, Cambridge: Cambridge University Press, 585–96.
Levine, L. (1994), *Men in Women's Clothing: Anti-Theatricality and Effeminization, 1579–1642*. Cambridge: Cambridge University Press.
Lewin, A. (1993), *Dürer and Costume: A Study of the Dress in some of Dürer's paintings and drawings,* London, PhD Thesis.
Lindsay, D. (1871), *The minor poems of Lyndesay*, ed. J.A.H. Murray, London: Trübner.
Llewellyn, N. (2000), *Funeral Monuments in Post-Reformation England*, Cambridge: Cambridge University Press.
Lockyer, R. (1974), *Habsburg and Bourbon Europe 1470–1720*, Harlow: Longman.
Luders, A., ed. (1810–20), *The Statutes of the Realm*, 11 vols., London: Records Commission.
Lugano, P.T. (1945), *I processi inediti per Francesca Bussa dei Ponziani*, Città del Vaticano: Bibliotheca Apostica Vaticana.
Lüttenberg, T. (2005), "The Cod-piece. A Renaissance Fashion between Sign and Artefact," *The Medieval History Journal*, vol. 8, no. 1,: 49–81.
MacKinnon, D. (2008), "Charitable Bodies: Clothing as Charity in Early-Modern Rural England," in Megan Cassidy-Welch and Peter Sherlock (eds), *Practices of Gender in Late Medieval and Early Modern Europe*, Turnhout: Brepols.
Mactaggart, P. and A. Mactaggart (1980), "The Rich Wearing Apparel of Richard, 3rd Earl of Dorset," *Costume* 14: 44–7.
Malanima, P. (1990), *Il Lusso dei Contadini, consumi e industrie nelle campagne toscane del sei e settecento*, Bologna: Il Mulino Ricerca.
Mann, C. (2005), "Clothing Bodies, Dressing Rooms: Fashioning Fecundity in The Lisle Letters," *Parergon*, vol. 22, no. 1, January, 137–57.
Mardin, Ş. (2000), *Türkiye'de Toplum ve Siyaset: Makaleler 1*, İstanbul: İletişimYayınevi.

Marly, D. de (1986), *Working Dress: A History of Occupational Clothing*, London: B.T. Batsford Ltd.

Marouby, C. (1990), *Utopie et primitivisme. Essai sur l'imaginaire anthropologique à l'âge classique*, Paris: Seuil.

Matchette, A. (2007), "Credit and Credibility: Used Goods and Social Relationships in Sixteenth-Century Florence," in Michelle O'Malley and Evelyn Welch (eds), *The Material Renaissance*, Manchester: Manchester University Press.

Mauss, M. (1936), "Les techniques du corps," *Journal de Psychologie*, XXXII, mars-avril: 363–86

Mayo, J. (1984), *A History of Ecclesiastical Dress*, London: Batsford.

McCabe, I. Baghdiant (2008), *Orientalism in Early Modern France*, Oxford: Berg.

McCall, T. (2013), "Brilliant Bodies: Material Culture and the Adornment of Men in North Italy's Quattrocento Courts," *I Tatti Studies* 16, 1–2: 445–490.

McCants, A.E.C. (2007), "Good at Pawn: the overlapping worlds of material possessions and family finance in Early Modern Amsterdam," *Social Science History* 31:2.

Mendelson, S. and P. Crawford (1998), *Women in Early Modern England 1530–1720,* Oxford: Clarendon Press.

Merry, M. and C. Richardson, eds (2012), *The Household Account Book of Sir Thomas Puckering of Warwick 1620: Living in London and the Midlands*, Stratford-upon-Avon: Dugdale Society.

Meteren, E. van (1614), *Nederlandtsche Historie*, Delft.

Middleton, T. (2007), *Thomas Middleton: The Collected Works*, eds Gary Taylor and John Lavagnino, Oxford: Oxford University Press.

Mikhaila, N. and J. Malcolm-Davies (2006), *The Tudor Tailor: Reconstructing Sixteenth-Century Dress.* London: Batsford.

Miller, O. (1963), *The Tudor and Stuart Paintings in the Collection of Her Majesty The Queen*, London: Royal Collection Trust.

Milligan, G. (2006), "The Politics of Effeminacy in *Il Cortegiano,*" *Italica* 83:3–4: 347–69.

—— (2007), "Behaving Like a Man: Performed Masculinities in *Gl'ingannati,*" *Forum Italicum,* March 41:23–42.

—— (2011), "Unlikely Heroines in Lucrezia Tornauoni's *Judith* and *Esther,*" *Italica* 88:4: 538–64.

Mirabella, B. (2011), "Embellishing Herself with a Cloth: The Contradictory Life of the Handkerchief," in B. Mirabella (ed.), *Ornamentalism: The Art of Renaissance Accessories*, Ann Arbor: University of Michigan Press.

Molà, L. (2000), *The Silk Industry of Renaissance Venice*, Baltimore and London: Johns Hopkins University Press.

Molli, G. Baldissin (2006), *Fioravante, Nicolò e altri artigiani del lusso nell'età di Mantegna: ricerche di archivio a Padova,* Saonora: Il Prato.

Monnas, L. (1989), "New documents for the vestments of Henry VII at Stonyhurst College," *Burlington Magazine*, 131: 345–9.

—— (2008), *Merchants, Princes and Painters: Silk Fabrics in Italian and Northern Paintings 1300–1550*, New Haven and London: Yale University Press.

Monson, C.A. (2002), "The Council of Trent revisited," *Journal of the American Musicological Society* 55/1: 1–37.

Montaigne, M. de (1962), *Oeuvres completes*, Paris: Gallimard.

—— (1989), *Essais (1575)*, trans. Donald M. Frame, Stanford: Stanford University Press.

Morison, F. (1617), *An Itinerary*, London.

Moroni, O. (2009), "Il velo: un excursus nella letteratura italiana," in Cristina Giorcelli (ed.), *Abito e identità: Ricerche di storia letteraria e culturale,* Palermo: Ila Palma.

Mukerji, C. (2013), "Costume and Character in the Ottoman Empire: Design as Social Agent in Nicolay's Navigations," in P. Findlen (ed.), *Early Modern Things*, London: Routledge.

Muldrew, C. (1998), *The Economy of Obligation, the Culture of Credit and Social Relations in Early Modern England*, New York: Palgrave.

Mullins, W.G. (2009), *Felt*, Oxford and New York: Berg.

Murdock, G. (2000), "Dressed to repress? Protestant clerical dress and the regulation of morality in early modern Europe," *Fashion Theory: The Journal of Dress, Body and Culture* 4/2: 179–99.

—— (2004), "Dress, Nudity and Calvinist Culture in Sixteenth-Century France," in C. Richardson (ed.), *Clothing Culture 1350–1650*, Aldershot: Ashgate, 2004.

Muzzarelli, M.G. (2000), "Seta posseduta e seta consentita: dalle aspirazioni individuali alle norme suntuarie nel basso Medioevo," in L. Molà, R.C. Mueller, and C. Zanier (eds), *La seta in Italia dal Medioevo al Seicento: dal baco al drappo*, Venice: Marsilio.

—— (2006), "Nuovo, moderno e moda tra Medioevo e Rinascimento," in Eugenia Paulicelli (ed.), *Moda e Moderno,* Rome: Meltemi, 17–38.

—— (2009), "Reconciling the Privilege of a Few with the Common Good: Sumptuary Laws in Medieval and Early Modern Europe," *Journal of Medieval and Early Modern Studie*, 39 (3), special issue, Margaret F. Rosenthal (ed.), *Cultures of Clothing in Later Medieval and Early Modern Europe*: 597–617.

Nashe, T. (1992), "A choise of valentines (1592–3)," in David Norbrook (intro) and H.R. Wudhuysen (ed.), *The Penguin Book of Renaissance Verse*, London: Allen Lane/Penguin, 253–63.

Newman, K. (1991), *Fashioning Femininity and English Renaissance Drama*, Chicago: University of Chicago Press.

—— (2007), *Cultural Capitals: Early Modern London and Paris*, Princeton: Princeton University Press.

Nevinson, J. (1978), "The Dress of the Citizens of London," in Joanna Bird, Hugh Chapman, John Clark (eds), *Collectanea Londiniensia: Studies in London Archaeology and History*, London: London and Middlesex Archaeological Society.

Nevola, F. (2006), "Più honorati et suntuosi ala Republica': botteghe and luxury retail along Siena's Strada Romana," in B. Blondé, P. Stabel, J. Stobart, I. Van Damme (eds), *Buyers and Sellers, Retail Circuits and Practices in Medieval and Early Modern Europe*, Turnhout: Brepols.

Nicolay, N. de (2014), *Muhteşem Süleyman'ın İmparatorluğu'nda* (1576), eds M.C. Gomes-Geraud and S. Yerasimos, trans. Ş. Tekeli and M. Tokyay, İstanbul: Kitap Yayınevi.

Nieuwdorp, Hans (2006), *A Publication on the Portrait of Jan Vekemans by the Celebrated Portrait Artist Conelis De Vos*, Antwerp: Cultural Heritage Fund.

Nimmo, D. (1987), *Reform and Division in the Medieval Franciscan Order: From Saint Francis to the Foundation of the Capuchins*, Rome: Capuchin Historical Institute.

Nischan, B. (1983), "The second reformation in Brandenburg: aims and goals," *The Sixteenth Century Journal* 14/2: 173–87.

North, S. and J. Tiramani, eds (2011), *Seventeenth-Century Women's Dress Patterns: Book One.* London: V&A Publishing.

O'Hara, D. (1991), "'Ruled by my friends': aspects of marriage in the diocese of Canterbury, c. 1540–1570," *Continuity and Change*, 6: 9–41.

Olian, J.A. (1977), "Sixteenth Century Costume Books," *Dress* 3: 20–48.

O'Malley, J.W. (1993), *The First Jesuits*, Cambridge, MA, and London: Harvard University Press.
Özbaran, S. (2004), *Bir Osmanlı Kimliği: 14.–17. Yüzyıllarda Rum/Rumi Aidiyetveİmgeleri*, İstanbul: Kitapevi.
Pacheco, F. (1956), *Arte de la pintura*, 2 vols., ed. F.J. Sanchez Canton, Madrid: Instituto de Valencia de Don Juan.
Pamuk, Ş. (1999), *Osmanlı İmparatorluğu'nda Paranın Tarihi*, İstanbul: TarihVakfı Yurt Tatınları.
Paresys, I. (2007), "The Dressed Body: the Moulding of Identities in 16th Century France," in H. Roodenburg (ed.), *Cultural Exchange in Early Modern Europe*, vol. 4, *Forging European Identities, 1400–1700*, Cambridge: Cambridge University Press/European Science Foundation.
—— (2011), "Vêtir les souverains français à la Renaissance: les garde-robes d'Henri II et de Catherine de Médicis en 1556 et 1557," in I. Paresys and N. Coquery (eds), *Se vêtir à la cour en Europe (1400–1815)*, Villeneuve d'Ascq: Centre de recherche du château de Versailles-IRHiS-CEGES Lille 3.
—— (2012), "A profusion of ruffs," in S. Boucher, A-C Laronde and I. Paresys, (ed.), *A Feast for the Eyes: Spectacular Fashions*, Milan: Silvana Editoriale.
Park, K. (1999), "Was there a Renaissance Body?" in A.J. Grieco, M. Rocke, and F. Giofreddi Superbi (eds), *The Italian Renaissance in the Twentieth Century: Acts of an International Conference, Florence, Villa I Tatti, June 9–11, 1999*, Florence: Olschki.
Pastoureau, M. (2001), *Blue: the History of a Colour*, Princeton: Princeton University Press.
—— (2008), *Black: the history of a colour*, Princeton and Oxford: Princeton University Press.
Pastoreau, M. and Dominique Simonnet (2006), *Il piccolo libro dei colori*, Milan: Ponte delle Grazie.
Paulicelli, E. (2011), "From the Sacred to the Secular: The Gendered Geography of Veils in Italian Cinquecento Fashion," in B. Mirabella (ed.), *Ornamentalism: The Art of Renaissance Accessories*, Ann Arbor: University of Michigan Press.
—— (2014), *Writing Fashion in Early Modern Italy: from sprezzatura to satire*, Aldershot: Ashgate.
Peck, L. Levy (2005), *Consuming Splendor: Society and Culture in Seventeenth-Century England*, Cambridge: Cambridge University Press.
Pérez, L.C. (1973), "The Theme of the Tapestry in Ariosto and Cervantes," *Revista de Estudios Hispánicos* 7: 289–98.
Perouse, G.A. (1990), "La Renaissance et la beauté masculine," in J. Céard et al (eds), *Le Corps à la Renaissance. Actes du XXXe colloque de Tours 1987*, Paris: Amateurs de Livres.
Perrot, P. (1981), *Les dessus et le dessous de la bourgeoisie, une histoire du vêtement au XIX*es., Paris: Fayard.
Persels, J.C. (1997), "Bragueta Humanistica, or Humanism's Codpiece," *Sixteenth-Century Journal* 28 (1).
Petrarch, F. (1992), *Letters of Old Age*, 2 vols., trans. Aldo Bernardo, Saul Levin, and Rita Bernardo, Baltimore: Johns Hopkins University Press.
—— (1996), *Canzoniere*, ed. and trans. Mark Musa, Bloomington: Indiana University Press.
Piepkorn, C. (1958), *The Survival of the Historic Vestments in the Lutheran Church After 1555*, St. Louis, MO: Concordia Press.
Poli, D. Davanzo (2003), "Il sarto," *Storia d'Italia, Annali 19, La moda,* ed. M. Belfanti and F. Giusberti, Torino: Einaudi.
Pomata, G. (2002), "Knowledge-Freshening Wind: Gender and the Renewal of Renaissance Studies," in A.J. Grieco, Michael Rocke, and F. Giofreddi Superbi (eds), *The Italian*

Renaissance in the Twentieth Century: Acts of an International Conference, Florence, Villa I Tatti, June 9–11, 1999, Florence: Olschki.
Pontano, F. (1863), "*Dello integro e perfetto stato delle donzelle*," *Raccolta di scritture varie pubblicata nell'occasione delle nozze Riccomanni-Fineschi,* ed. Cesare Riccomanni, Turin: Vercellino.
Pope-Hennessy, J. (1996), *Italian Renaissance Sculpture*, London: Phaidon.
Pullan, B. (2005), "Catholics, Protestants, and the Poor in Early Modern Europe," *The Journal of Interdisciplinary History*, 35: 3: 441–56.
Quataert, D. (1997), "Clothing Laws, State, and Society in the Ottoman Empire, 1720–1829," *International Journal of Middle East Studies* 29, no. 3: 403–25.
Quondam, A. (2000), *Questo povero cortegiano: Castiglione, il libro, la storia*. Rome: Bulzoni.
Rabelais, F. (1955), *Gargantua*, trans. J.M. Cohen, Harmondsworth: Penguin.
—— (1968) *Gargantua*, Paris: Garnier-Flammarion.
Raber, K. (2011), "Chains of Pearls: Gender, Property, Identity," in B. Mirabella (ed.), *Ornamentalism: The Art of Renaissance Accessories*, Ann Arbor: University of Michigan Press.
Randolph, A.W.B. (1998), "Performing the Bridal Body in Fifteenth-Century Florence," *Art History* 21:2.
Reichman, E. (2010), "Anatomy and the Doctrine of the Seven-chamber Uterus in Rabbinic Literature," *Hakira,* The Flatbush Journal of Jewish Law and Thought, 9: 245–265.
Reynolds, A. (2013), *In Fine Style*, London: Royal Collection Trust.
Ribeiro, A. (2003) *Dress and Morality*, Oxford: Berg.
Richardson, C., ed. (2004), *Clothing Culture, 1350–1650*, Aldershot: Ashgate.
Richardson, C. (2011), "'As my whole trust is in him': Jewellery and the Quality of Early Modern Relationships," in B. Mirabella (ed.), *Ornamentalism: The Art of Renaissance Accessories*, Ann Arbor: University of Michigan Press.
Richardson, C. and T. Hamling, eds (2010), *Everyday Objects*, Aldershot: Ashgate.
Richardson, T.M. (2007), *Pieter Bruegel the Elder: Art Discourse in the Sixteenth Century Netherlands*, Ph.D. thesis, Leiden University, https://openaccess.leidenuniv.nl/bitstream/handle/1887/12377/03.pdf?sequence=10.
Ridderbos, B., ed. (2005), *Early Netherlandish Paintings: Rediscovery, Reception, and Research*, Amsterdam: Amsterdam University Press.
Riello, G. (2012), "From Renaissance Platforms to Modern High Heels: Disequilibrium of gait," in A.C. Laronde, S. Boucher and I. Paresys (eds), *A Feast for the Eyes! Spectacular Fashions*, Milano: Silvana Editoriale.
—— (2013), *Cotton: The Fabric that Made the Modern World*, Cambridge: Cambridge University Press.
Roberts, B.B. (2012), *Sex and Drugs before Rock 'n' Roll: Youth Culture during Holland's Golden Age*, Chicago: University of Chicago Press.
Robinson, P. (1906), *The Writings of Saint Francis*, London: J.M. Dent & Co.
Rocha Burguen, F. de la (1618), *Geometria y Traça perteneciente al officio de Sastres,* Valencia: Pedro Patricio Mey.
Roche, D. (1996), *The Culture of Clothing: Dress and Fashion in the Ancien Régime*, Cambridge: Cambridge University Press.
Rogers, J.M. and R.M. Ward (1988), *Süleyman the Magnificent*, London: The British Museum Press.

Rogers, M. and P. Tinagli, eds (2005), *Women in Italy, 1350–1650: Ideals and Realities*, Manchester: Manchester University Press.

Rosenthal, M.F. (1992), *The Honest Courtesan: Veronica Franco, Citizen and Writer in Renaissance Venice*, Chicago: University of Chicago Press.

—— (2013), "Clothing, Fashion, Dress, and Costume in Venice (c. 1450–1650)," in Eric R. Dursteler (ed.), *A Companion to Venetian History, 1400–1797*, Leiden and Boston: Brill.

Rublack, U. (2010), *Dressing Up: Cultural Identity in Renaissance Europe,* Oxford: Oxford University Press.

—— (2013), "Matter in the Material Renaissance," *Past and Present*, no. 219, May: 41–85.

Rye, W. Brenchley (1967), *England as Seen by Foreigners in the Days of Elizabeth and James I*, New York: B. Bloom.

Salisbury, W.N., ed. (1860), *Calendar of State Papers, Colonial America and West Indies*, I, 1574–1660, London: HMSO.

Salter, E. (2004), "Reworked Material: Discourses of Clothing Culture in Early Sixteenth-Century Greenwich," in Catherine Richardson (ed.), *Clothing Culture 1350–1650*, Aldershot: Ashgate.

Sanbenedetti, B. (1643), *Annali dell'ordine de'Frati Minori Cappuccini*, Venice: Giunti.

Saunders, A.S. (2006), "Provision of apparel for the poor in London, 1630–1680," *Costume* 40: 21–7.

Savonarola, G. (1959), *De simplicitate christianae vitae*, ed. Pier Giorgio Ricci, Rome: Angelo Belardetti Editore.

Schefer, C. (1998), *Antoine Galland: İstanbul'a Ait Günlük Hatıralar (1672–1673)*, vol. 1, trans. N.S. Örik, Ankara: Türk Tarih Kurumu.

Schuessler, M. (2009), "French Hoods: Development of a Sixteenth-Century Court Fashion," in R. Netherton and G. R. Owen-Crocker (eds), *Medieval Clothing and Textiles*, vol. 5, Woodbridge: Boydell & Brewer.

Scott, M. (2011), *Fashion in the Middle Ages*, Los Angeles: J. Paul Getty Museum.

Seiler-Baldinger, A. (1994), *Textiles: A Classification of Techniques*, Bathurst: Crawford House Press.

Şeker, M. (1997), *Gelibolulu Mustafa 'Âlivemeva 'idu'n-nefais fi-kava 'idi'lmecalis*, Ankara: Türk Tarih Kurumu.

Sella, D. (1968), "The rise and fall of the Venetian woollen industry," in B. Pullan (ed.), *Crisis and Change in the Venetian Economy in the 16th and 17th Centuries*, London: Methuen & Co.

Seraphicae Legislationis Textus Originales, (1897), Quaracchi: Typographia Collegii S. Bonaventurae.

Shemek, D. (1998), *Ladies Errant: Wayward Women and Social Order in Early Modern Italy*, Durham, NC: Duke University Press.

Sherrill, T. (2006), "Fleas, fur and fashion: Zibellini as luxury accessories of the Renaissance," *Medieval Clothing and Textiles*, 2, London: Boydell Press: 121–50.

Simons, P. (2011), *The Sex of Men in Premodern Europe: A Cultural History*, Cambridge: Cambridge University Press.

Smith, W.D. (2002), *Consumption and the Making of Respectability, 1600–1800*, New York and London: Routledge.

Snyder, J.R. (2009), *Dissimulation and the Culture of Secrecy in Early Modern Europe*, Berkeley: University of California Press.

Spencer, S. (2006), *Race and Ethnicity: Culture, Identity, and Representation*, London: Routledge.

Spufford, M. (1984), *The Great Reclothing of Rural England: Petty Chapmen and their Wares in the Seventeenth Century*, London: Hambledon Press.
—— (2003), "Fabric for Seventeenth-Century Children and Adolescents' Clothes," *Textile History* 34: 1: 47–63.
Spufford, P. (2002), *Power and Profit: The Merchant in Medieval Europe*, London: Thames & Hudson.
Steinberg, S. (2001), *La Confusion des sexes. Le travestissement de la Renaissance à la Révolution*, Paris: Fayard.
Stevens, S. Manning (2003), "New World Contacts and the Trope of the 'Naked Savage'," in Elizabeth D. Harvey (ed.), *Sensible Flesh: On Touch in Early Modern Culture,* Philadelphia: University of Pennsylvania Press.
Stevenson, S. and Helen Bennet (1978), *Van Dyck in Check Trousers: Fancy Dress in Art and Life, 1700–1900*, Edinburgh: Scottish National Portrait Gallery.
Stobart, J. (2004), *Sugar and Spice: grocers and groceries in Provincial England, 1650–1830*, Oxford: Oxford University Press.
Storey, T. (2004), "Clothing courtesans: fabric, signals and experiences," in C. Richardson (ed.), *Clothing culture 1350–1650*, Aldershot: Ashgate, 95–108.
Stowe, J. [1598, 1603], *The Survey of London*, London: Nicholas Bourn.
Strauss, W.L. (1974), *The Complete Drawings of Albrecht Dürer. Volume II*, New York: Abaris Press.
Strocchia, S. (1992), *Death and Ritual in Renaissance Florence*, Baltimore: Johns Hopkins University Press.
Strong, R. (1983), *Artists of the Tudor Court: The Portrait Miniature Rediscovered 1520–1620*, London: Victoria & Albert Museum.
Stuard, S. Mosher (2006), *Gilding the Market: Luxury and Fashion in Fourteenth-Century Italy,* Philadelphia: University of Pennsylvania Press.
Stubbes, P. (1595), *The anatomie of abuses*, London: Richard Iohnes, at the sign of the Rose and Crowne.
—— (2002), *The anatomie of abuses*, ed. Margaret Jane Kidnie, Renaissance English Text Society, seventh series, vol. 27, Tempe, Arizona: Arizona Center for Medieval and Renaissance Studies.
Styles, J. (2007), *The Dress of the People: Everyday Fashion in Eighteenth-Century England*, New Haven and London: Yale University Press.
Sutton, A. (2005), *The Mercery of London: Trade, Goods and People, 1130–1578*, Aldershot: Ashgate.
Sutton, E. (2012), *Early Modern Dutch Prints of Africa*, Aldershot: Ashgate.
Syson, L. and D. Thornton (2001), *Objects of Virtue: art in renaissance Italy*, London: British Museum Press.
Swann, J. (2001), *History of Footwear in Norway, Sweden and Finland*, Stockholm: The Royal Academy of Letters, History and Antiquities.
Swanson, H. (1989), *Medieval Artisans: An Urban Class in Late Medieval England,* Oxford: Blackwell.
Sweetinburgh, S. (2004), "Clothing the Naked in Late Medieval East Kent," in C. Richardson (ed.), *Clothing Culture, 1350–1650*, Aldershot: Ashgate.
Sweigger, S. (2004), *Sultanlar Kentine Yolculuk (1578–1581)*, ed. H. Stein, trans. S.T. Noyan, İstanbul: Kitap Yayınevi.
Taddei, I. (2001), *Fanciulli e giovani*: *crescere a Firenze nel Rinascimento*, Florence: Olschki.

Tankard, D. (2012), "'A Pair of Grass-Green Woollen Stockings': The Clothing of the Rural Poor in Seventeenth-Century Sussex," *Textile History* 43:1.

Tanner, N.P. (1990), *Decrees of the Ecumenical Councils*, 2 vols., London: Sheed & Ward.

Tarabotti, A. (2004), *Paternal Tyranny*, ed. and trans. Letizia Panizza, Chicago: University of Chicago Press.

Tarama Sözlüğü (Turkish language dictionary) (1996), Ankara: Türk Dil Kurumu Yayınları6.

Taylor, L. (1983), *Mourning Dress*, London: George Allen & Unwin.

—— (2001a), *The Study of Dress History*, Manchester: Manchester University Press.

—— (2001b), "Dangerous Vocations," in L. Taylor (ed.), *Preachers and People in the Reformations and Early Modern Period*, Leiden and Boston: Brill, 2001, 91–124.

The Lisle Letters (1981), ed. Muriel St. Clare Byrne, 6 vols., Chicago and London: University of Chicago Press.

The Paston Letters: A Selection in Modern Spelling (1983), ed. Norman Davies, Oxford: Oxford University Press.

Thirsk, J. (1973), "The fantastical folly of fashion: the English stocking knitting industry, 1500–1700," in N.B. Harte and K.G. Ponting (eds), *Textile History and Economic History: Essays in Honour of Miss Julia de Lacy Mann*, Manchester: Manchester University Press.

—— (2003), "Knitting and knitware c. 1500–1780," in D. Jenkins (ed.), *The Cambridge History of Western Textiles*, vol. 1, Cambridge: Cambridge University Press, 565–6.

Thrush, A. and J.P. Ferris (2010), *History of Parliament, House of Commons, 1604–1629*, v, Cambridge: Cambridge University Press.

Thomas, Artus (previously known as Thomas Artus) (1996), *Les Hermaphrodites* (1605), ed. Claude Dubois, Geneva: Droz.

Thomson, R. (1981), "Leather manufacture in the post-medieval period with special reference to Northamptonshire," *Post Medieval Archaeology*, 15: 161–75.

Tiramani, J. (2010), "Pins and Aglets," in T. Hamling & C. Richardson (eds), *Everyday Objects: Medieval and Early Modern Material Culture and its Meanings,* Aldershot: Ashgate.

Tittler, R. (2006), "Freemen's Gloves and Civic Authority: The Evidence from Post-Reformation Portraiture," *Costume* 40: 13–20.

—— (2007), *The Face of the City*, Manchester: Manchester University Press.

Tornabuoni, L. (2001), *Sacred Narratives,* ed. and trans. Jane Tylus, Chicago: University of Chicago Press.

Trexler, R. (1981), "La prostitution florentine au XVe siècle: patronage et clientele," *Annales*, Year 36 (6): 983–1015.

—— (2002), "Dressing and undressing images: an analytic sketch," in Richard Trexler, *Religion and Social Context in Europe and America, 1200–1700*, Tempe, Arizona: Arizona Center for Medieval and Renaissance Studies: 374–408.

Tuohy, T. (1996), *Herculean Ferrara*, Cambridge: Cambridge University Press.

Tylus, J. (1993), *Writing and Vulnerability in the Late Renaissance*, Stanford: Stanford University Press.

—— (2012), "Petrarch's Griselda and the Sense of an Ending," *Nottingham Medieval Studies* 56: 421–45.

Üçel-Aybet, G. (2003), *Avrupalı Seyyahların Gözünden Osmanlı Dünyasıve İnsanları (1530–1699)*, İstanbul: İletişim.

Ulg, U. (2004), "The cultural significance of costume books in sixteenth-century Europe," in C. Richardson (ed.), *Clothing Culture, 1350–1650*, Aldershot: Ashgate.

Van Buren, A. (2011), *Illuminating Fashion: Dress in the Art of Medieval France and the Netherlands, 1325–1515*, London: Giles; New York: The Morgan Library and Museum.

Varholy, C. (2008), "'Rich like a Lady': Cross-class Dressing in the Brothels and Theaters of Early Modern London Authors," *Journal for Early Modern Cultural Studies*, 8(1): 4–34.

Veale, E. (2003), *The English Fur Trade in the Later Middle Ages*, London Record Society, Woodbridge: Boydell & Brewer.

—— (2012), "From sable to mink," in M. A. Hayward and P. Ward (eds), *The 1547 Inventory of King Henry VIII: Volume 2 Textiles and Dress*, London: Harvey Miller for the Society of Antiquaries, 335–43.

Veblen, T. (1994), *The Theory of Leisure Class*, New York: Dover Publications.

Vecellio, C. (1590), *De gli habit antichi e moderni di diverse parti del mondo*, Venice: Damiano Zenaro.

Verney, F.P. (1892), *Memoirs of the Verney Family During the Civil War*, 4 vols., London: Longmans.

Verville, B. de (2002), *Le Moyen de parvenir (1617)*, Albi: éd. du Passage.

Vicary, G.Q. (1989), "Visual Art as Social Data: The Renaissance Codpiece," *Cultural Anthropology*, vol. 4 (1): 8–9.

Vigarello, G. (1978), *Le corps redressé. Histoire d'un pouvoir pédagogique*, Paris: Delarge.

—— (1988), *Concepts of Cleanliness: changing attitudes in France since the Middle Age*, Cambridge: Cambridge University Press.

Villiers, H. de (1824), *Essais historiques sur les modes et la toilette française par le chevalier de***, tome premier*, Paris: Librairie universelle Pierre Mongie.

Vincent, J.M. ([1935] 1969), *Costume and Conduct in the Laws of Basel, Bern and Zurich, 1370–1800*, New York: Greenwood Press.

Vincent, S.J. (2003), *Dressing the Elite: Clothes in Early Modern England,* Oxford: Berg.

—— (2009), *The Anatomy of Fashion: Dressing the body from the Renaissance to today*, Oxford: Berg.

—— (2013), "From the cradle to the grave. Clothing the early modern body," in Sarah Toulalan and Kate Fisher (eds), *The Routledge History of Sex and the Body, 1500 to the Present*, London and New York: Routledge.

Vives, J.L. (2000), *The Education of a Christian Woman*, ed. and trans. Charles Fantazzi, Chicago and London: University of Chicago Press.

Walsh, C. (2006), "The Social Relations of Shopping in Early Modern England," in Bruno Blondé, Peter Stabel, Jon Stobart, and Ilja Van Damme (eds), *Buyers and Sellers: Retail Circuits and Practices in Medieval and Early Modern Europe*, Turnhout: Brepols.

Warr, C. (2007), "Hermits, habits and history," in Louise Bourdua and Anne Dunlop (eds), *Art and the Augustinian Order in Early Renaissance Italy*, Aldershot: Ashgate.

—— (2010), *Dressing for Heaven: religious clothing in Italy, 1215–1545* Manchester: Manchester University Press.

Watkins, R. (1989), "L.B. Alberti in the Mirror: An Interpretation of the *Vita*, with a New Translation," *Italian Quarterly* 30.

Wee, H. van der (in collaboration with John Munro) (2003), "The western European woollen industries, 1500–1750," in D. Jenkins (ed.), *The Cambridge History of Western Textiles*, vol. I, Cambridge: Cambridge University Press.

Weiss, M. (2012), "Catherine Carey, Countess of Nottingham," *Tudor and Stuart Portraits*, London: 32–7.

Welch, E. (2000), "New, Old and Second hand Culture: the Case of the Renaissance Sleeve," in G. Neher and R. Shepherd (eds), *Revaluing Renaissance Art*, Aldershot: Ashgate.

—— (2005), *Shopping in the Renaissance,* New Haven and London: Yale University Press.

Whitelocke, J. (1858), *Liber Famelicus of Sir James Whitelocke*, ed. John Bruce, London: Camden Society 70.

Whittle, J. and E. Griffiths (2012), *Consumption and Gender in the Early Seventeenth-Century Household: the world of Alice Le Strange*, Oxford: Oxford University Press.

Wiggins, P. DeSa (1986), *Figures in Ariosto's Tapestry: Character and Design in the "Orlando Furioso,"* Baltimore: Johns Hopkins University Press.

Willan, T.S. (1962), *A Tudor Book of Rates*, Manchester: Manchester University Press.

Winkel, M. de (2006), *Fashion and Fancy: Dress and Meaning in Rembrandt's Paintings*, Amsterdam: Amsterdam University Press.

Winter, J. and C. Savoy (1987), Index of "Unisex Clothing," in *Elizabethan Costuming for the Years 1550–1580,* Oakland, CA: Other Times Publications.

Woodward, J. (1997), *The Theatre of Death: the ritual management of royal funerals in renaissance England, 1570–1625*, Woodridge: Boydell Press.

Wright, A. (2005), *The Pollaiuolo Brothers: the arts of Florence and Rome*, New Haven and London: Yale University Press.

Wrightson, K. (1994), "'Sorts of People' in Tudor and Stuart England," in J. Barry and C. Brooks (eds), *The Middling Sort of People: Culture, Society, and Politics in England, 1550–1800*, New York: St. Martin's Press.

Wunder, A. (2013), "Dress (Spain)," in Evonne Levy and Kenneth Mills (eds), *A Lexicon of the Hispanic Baroque: transatlantic exchange and transformation*, Austin: University of Texas Press.

—— (2015), "Seventeenth-Century Spain: The Rise and Fall of the *Guardainfante*," *Renaissance Quarterly*, vol. 68 no. 1, Spring.

Young, E. (1973), "An unknown Saint Francis by Francisco de Zurbarán," *The Burlington Magazine* 115/841: 245–7.

图书在版编目（CIP）数据

西方服饰与时尚文化. 文艺复兴 /（英）伊丽莎白·柯里（Elizabeth Currie）编; 施霁涵, 李思达译. -- 重庆: 重庆大学出版社, 2024.1

（万花筒）

书名原文: A Cultural History of Dress and Fashion in the Renaissance

ISBN 978-7-5689-4212-6

Ⅰ. ①西… Ⅱ. ①伊… ②施… ③李… Ⅲ. ①服饰文化—文化史—西方国家—中世纪 Ⅳ. ①TS941.12-091

中国国家版本馆CIP数据核字(2023)第214784号

西方服饰与时尚文化：文艺复兴

XIFANG FUSHI YU SHISHANG WENHUA：WENYI FUXING

[英] 伊丽莎白 · 柯里（Elizabeth Currie）——编

施霁涵　李思达 —— 译

策划编辑：张　维

责任编辑：鲁　静

责任校对：刘志刚

书籍设计：崔晓晋

责任印制：张　策

重庆大学出版社出版发行

出版人：陈晓阳

社址：（401331）重庆市沙坪坝区大学城西路 21 号

网址：http：//www.cqup.com.cn

印刷：天津图文方嘉印刷有限公司

开本：720mm×1020mm　1/16　印张：22.5　字数：293 千

2024 年 1 月第 1 版　　2024 年 1 月第 1 次印刷

ISBN 978-7-5689-4212-6　定价：99.00 元

版贸核渝字（2020）第 102 号